Estatística e Probabilidade

Com Ênfase em Exercícios Resolvidos e Propostos

O GEN | Grupo Editorial Nacional – maior plataforma editorial brasileira no segmento científico, técnico e profissional – publica conteúdos nas áreas de ciências exatas, humanas, jurídicas, da saúde e sociais aplicadas, além de prover serviços direcionados à educação continuada e à preparação para concursos.

As editoras que integram o GEN, das mais respeitadas no mercado editorial, construíram catálogos inigualáveis, com obras decisivas para a formação acadêmica e o aperfeiçoamento de várias gerações de profissionais e estudantes, tendo se tornado sinônimo de qualidade e seriedade.

A missão do GEN e dos núcleos de conteúdo que o compõem é prover a melhor informação científica e distribuí-la de maneira flexível e conveniente, a preços justos, gerando benefícios e servindo a autores, docentes, livreiros, funcionários, colaboradores e acionistas.

Nosso comportamento ético incondicional e nossa responsabilidade social e ambiental são reforçados pela natureza educacional de nossa atividade e dão sustentabilidade ao crescimento contínuo e à rentabilidade do grupo.

Estatística e Probabilidade

Com Ênfase em Exercícios Resolvidos e Propostos

3ª Edição

Francisco Estevam Martins de Oliveira

Professor titular da Universidade de Fortaleza (Unifor)

O autor e a editora empenharam-se para citar adequadamente e dar o devido crédito a todos os detentores dos direitos autorais de qualquer material utilizado neste livro, dispondo-se a possíveis acertos caso, inadvertidamente, a identificação de algum deles tenha sido omitida.

Não é responsabilidade da editora nem do autor a ocorrência de eventuais perdas ou danos a pessoas ou bens que tenham origem no uso desta publicação. Apesar dos melhores esforços do autor, do editor e dos revisores, é inevitável que surjam erros no texto.

Assim, são bem-vindas as comunicações de usuários sobre correções ou sugestões referentes ao conteúdo ou ao nível pedagógico que auxiliem o aprimoramento de edições futuras. Os comentários dos leitores podem ser encaminhados à **LTC — Livros Técnicos e Científicos Editora** pelo e-mail ltc@grupogen.com.br.

Direitos exclusivos para a língua portuguesa
Copyright © 2017 by
LTC — Livros Técnicos e Científicos Editora Ltda.
Uma editora integrante do GEN | Grupo Editorial Nacional

Reservados todos os direitos. É proibida a duplicação ou reprodução deste volume, no todo ou em parte, sob quaisquer formas ou por quaisquer meios (eletrônico, mecânico, gravação, fotocópia, distribuição na internet ou outros), sem permissão expressa da editora.

Travessa do Ouvidor, 11
Rio de Janeiro, RJ — CEP 20040-040
Tels.: 21-3543-0770 / 11-5080-0770
Fax: 21-3543-0896
ltc@grupogen.com.br
www.ltceditora.com.br

Designer de capa: Hermes Menezes

Editoração eletrônica: ┼era

CIP-BRASIL. CATALOGAÇÃO NA PUBLICAÇÃO
SINDICATO NACIONAL DOS EDITORES DE LIVROS, RJ

O47e
3. ed.

Oliveira, Francisco Estevam Martins de
Estatística e probabilidade com ênfase em exercícios resolvidos e propostos / Francisco Estevam Martins de Oliveira. – 3. ed. – Rio de Janeiro : LTC, 2017.
24 cm.

Inclui bibliografia e índice
ISBN: 978-85-216-3364-8

1. Estatística. 2. Probabilidades. I. Título.

17-40410	CDD: 519.5
	CDU: 519.2

Prefácio

Levar o aluno a pensar é fundamental para a aprendizagem em qualquer área de conhecimento. Isso é inquestionável. Principalmente quando se trata de conteúdos de Estatística, ramo da Matemática Aplicada.

Uma estratégia já consagrada por matemáticos experientes (V. POLYA, 1967), que visa ao alcance dessa aprendizagem, é o ensino por meio de problemas. Problemas não triviais, de preferência extraídos do cotidiano, com significado, portanto, e que desafiem a mente do aluno.

Os exercícios propostos neste trabalho constituem uma contribuição aos professores de estatística que desejem enveredar por essa linha de ensino. Ancorados por um resumo teórico claro e objetivo, esses exercícios podem facilitar, por meio de uma abordagem ativa, o desempenho de professores e alunos no processo ensino-aprendizagem.

O Autor

Material Suplementar

Este livro conta com o seguinte material suplementar:

- Ilustrações da obra em formato de apresentação em (.pdf) (restrito a docentes).

DigiAulas

Este livro contém amostras de DigiAulas.

O que são DigiAulas? São videoaulas sobre temas comuns a todas as habilitações de Engenharia. Foram criadas e desenvolvidas pela LTC Editora para auxiliar os estudantes no aprimoramento de seu aprendizado.

As DigiAulas são ministradas por professores com grande experiência nas disciplinas que apresentam em vídeo. Saiba mais em www.digiaulas.com.br.

Em *Estatística e Probabilidade*, as videoaulas são as seguintes:*

- **Videoaulas 1.1 e 1.2** - Capítulo 1 - Estatística Descritiva
- **Videoaulas 1.4, 1.5 e 1.8** - Capítulo 3 - Introdução ao Cálculo das Probabilidades
- **Videoaulas 2.1, 2.4 e 2.12** - Capítulo 4 - Variáveis Aleatórias Discretas
- **Videoaulas 4.1, 4.2, 4.5 e 4.6** - Capítulo 5 - Distribuições Teóricas de Probabilidades
- **Videoaulas 9.1, 9.2 e 9.9** - Capítulo 6 - Regressão Linear Simples.

Observação:
- As instruções para o acesso às videoaulas encontram-se na orelha deste livro.

GEN-IO (GEN | Informação Online) é o repositório de materiais suplementares e de serviços relacionados com livros publicados pelo GEN | Grupo Editorial Nacional, maior conglomerado brasileiro de editoras do ramo científico-técnico-profissional, composto por Guanabara Koogan, Santos, Roca, AC Farmacêutica, Forense, Método, Atlas, LTC, E.P.U. e Forense Universitária. Os materiais suplementares ficam disponíveis para acesso durante a vigência das edições atuais dos livros a que eles correspondem.

Sumário

Capítulo 1 Estatística Descritiva   1

1.1 Conceitos Básicos   2
1.2 Medidas de Tendência Central   3
   1.2.1 Média Aritmética   3
   1.2.2 Moda   5
   1.2.3 Mediana   6
1.3 Medidas Separatrizes   6
   1.3.1 Quartis   6
   1.3.2 Decis   7
   1.3.3 Percentis   7
1.4 Medidas de Dispersão   8
   1.4.1 Amplitude Total   8
   1.4.2 Desvio Médio   8
   1.4.3 Desvio Padrão   8
   1.4.4 Variância   10
   1.4.5 Coeficiente de Variação de Pearson   10
1.5 Medidas de Assimetria   11
   1.5.1 Coeficiente de Pearson   11
   1.5.2 Coeficiente de Bowley   12
1.6 Coeficiente Percentílico de Curtose   12
1.7 Taxa de Variação Aritmética e Geométrica   13
   1.7.1 Taxa Aritmética   13
   1.7.2 Taxa Geométrica   13
1.8 Notação Somatório   14
Exercícios Resolvidos   15
Exercícios Propostos   65
Sugestões para Leitura   80

Capítulo 2 Fundamentos da Contagem   81

2.1 Análise Combinatória   82
   2.1.1 Regra do Produto   82
   2.1.2 Arranjos   82
   2.1.3 Permutações   83
   2.1.4 Combinações   83
Exercícios Resolvidos   84
Exercícios Propostos   100
Sugestões para Leitura   104

Capítulo 3 Introdução ao Cálculo das Probabilidades   105

3.1 Experiência Aleatória   106
3.2 Espaço Amostral   106
3.3 Evento   106
3.4 Probabilidade   106
   3.4.1 Probabilidade a Priori ou Clássica   106
   3.4.2 Probabilidade a Posteriori ou Frequencialista   107
   3.4.3 Axiomas da Probabilidade   107
   3.4.4 Principais Teoremas sobre Probabilidade   107
   3.4.5 Probabilidade Condicional   108
3.5 Teorema do Produto   108
3.6 Independência Estatística   108
3.7 Teorema da Probabilidade Total   109
3.8 Teorema de Bayes   109
Exercícios Resolvidos   110
Exercícios Propostos   139
Sugestões para Leitura   149

Capítulo 4 Variáveis Aleatórias Discretas 150

4.1 Variável Aleatória Discreta 151
4.2 Esperança Matemática ou Valor Esperado 151
  4.2.1 Teoremas sobre a Esperança Matemática 151
4.3 Variância 152
  4.3.1 Teoremas sobre a Variância 152
4.4 Covariância 153
4.5 Coeficiente de Correlação Linear de Pearson 153
Exercícios Resolvidos 154
Exercícios Propostos 174
Sugestões para Leitura 180

Capítulo 5 Distribuições Teóricas de Probabilidades 181

5.1 Distribuição de Probabilidade 182
5.2 Distribuição Binomial 182
5.3 Distribuição Hipergeométrica 182
5.4 Distribuição de Poisson 183
5.5 Distribuição Normal 184
Exercícios Resolvidos 185
Exercícios Propostos 211
Sugestões para Leitura 218

Capítulo 6 Regressão Linear Simples 219

6.1 Análise de Regressão Linear Simples 220
  6.1.1 Variável Dependente 220
  6.1.2 Variável Independente 220
6.2 Modelo de Regressão Linear Simples 220
  6.2.1 Pressupostos do Modelo de Regressão Linear Simples 221
6.3 Estimação dos Parâmetros 221
6.4 Coeficiente de Correlação Linear Simples de Pearson 222
  6.4.1 Propriedades do Coeficiente de Correlação Linear de Pearson 223
6.5 Coeficiente de Determinação ou Explicação 224
Exercícios Resolvidos 225
Exercícios Propostos 240
Sugestões para Leitura 245

Tabelas Estatísticas 246

Respostas dos Exercícios Propostos 250

Índice 263

Estatística Descritiva

"Nem tudo que se enfrenta pode ser modificado, mas nada pode ser modificado até que seja enfrentado."

Albert Einstein

Resumo Teórico

1.1 Conceitos Básicos

- **Estatística** – é o conjunto de métodos e processos quantitativos que serve para medir e estudar os fenômenos coletivos.
- **Estatística Descritiva** – é a parte da estatística que trata da coleta, organização e descrição dos dados.
- **Estatística Inferencial** – é a parte da estatística que trata da análise, interpretação e tomada de decisão. É também chamada de **Estatística Indutiva**.
- **Universo** – é o conjunto de todos os elementos (pessoas, animais, células, objetos etc.) que interessam a determinada pesquisa. Evidentemente, trata-se de um conjunto infinito, ou melhor, hipotético. Portanto, o Universo pode gerar infinitas populações. Exemplo: mercado consumidor de Fortaleza.
- **População** – trata-se do conjunto formado pelas medidas que se fazem sobre os elementos do Universo. Exemplos: sexo dos consumidores de Fortaleza, renda dos consumidores de Fortaleza, escolaridade dos consumidores de Fortaleza etc.
- **Amostra** – é qualquer subconjunto de uma população.
- **Dados Brutos** – são dados não organizados numericamente, ou seja, aqueles que não se encontram preparados para análise.
- **Rol** – é o arranjo dos dados brutos em ordem crescente ou decrescente.
- **Variável Contínua** – diz-se da variável que pode assumir, teoricamente, qualquer valor em certo intervalo da reta real. Exemplo: a altura dos alunos constitui uma variável contínua, pois, teoricamente, um aluno poderá possuir altura igual a 1,80 m, 1,81 m, 1,811 m, 1,812 m...
- **Variável Discreta** – é aquela que assume valores em pontos da reta real, ou seja, constituem pontos bem definidos na reta de números reais. Exemplo: número de erros em um livro: 0, 1, 2, 3, ...
- **Amplitude Total** – a amplitude do intervalo de variação ou amplitude total é dada pela diferença entre os valores extremos da variável, isto é, entre o valor máximo e o valor mínimo. É uma medida de variabilidade ou de dispersão que possui como desvantagem principal o fato de não ser sensível aos valores intermediários.
- **Classe** – é o grupo de valores numéricos situados em cada um dos intervalos em que é dividida uma variável cuja distribuição de frequências se quer determinar.
- **Amplitude de Classe** – é igual ao quociente entre a amplitude total da série e o número de classes escolhido.
- **Distribuição de Frequências** – é a tabela que indica as frequências com que ocorrem os casos correspondentes aos valores de uma população ou amostra.
- **Frequência Absoluta Simples** – é o número de vezes que determinado valor aparece em uma população ou amostra.

2 *Capítulo 1*

- **Frequência Relativa Simples** – é a proporção de certo valor em uma população ou amostra.
- **Frequência Absoluta Acumulada** – é a soma das frequências absolutas simples dos valores inferiores ou iguais a determinado valor.
- **Ponto Médio de Classe** – é o ponto interior de uma classe equidistante de seus limites de classes. Seu valor é igual à metade da soma desses limites.
- **Parâmetro.** É um indicador quantitativo referente a um atributo ou característica da população. Os parâmetros são grandezas fixas.
- *Outliers* – são observações aberrantes que podem existir em uma distribuição de frequências e tendem a conduzir a uma maior dispersão nos dados. Costuma-se classificá-los em *severos* e *moderados* conforme o seu afastamento em relação às observações seja mais ou menos pronunciado.
- **Índice** – é a comparação entre duas grandezas independentes. Por exemplo, quociente entre população total e superfície total.
- **Coeficiente** – é a comparação entre duas grandezas em que uma está contida na outra. Por exemplo, quociente entre o número de funcionários do sexo masculino de uma empresa e o total de funcionários dessa empresa.
- **Taxa** – é a mesma coisa que Coeficiente, apenas multiplicada por 10, 100, 1000 etc.

1.2 Medidas de Tendência Central

Os valores que em estatística caracterizam os valores médios são chamados de medidas de tendência central. Entre as principais medidas de tendência central, destacam-se a média aritmética, a moda e a mediana.

1.2.1 Média Aritmética

É o protótipo das medidas de tendência central definida como quociente entre a soma de todos os valores da variável e o número de elementos desta. Ela representa a abscissa do centro de gravidade do sistema formado pelos valores da variável com massas iguais às respectivas frequências absolutas.

Geralmente é um valor que não pertence ao conjunto original de dados, podendo não ter existência real. Simboliza-se pela variável encimada por uma barra.

1.2.1.1 *Média Aritmética para Dados Não Agrupados*

Quando os dados do conjunto de elementos numéricos não estiverem agrupados, deve-se lançar mão da fórmula seguinte para cálculo da média aritmética:

$$\bar{X} = \frac{X_1 + X_2 + X_3 + \ldots + X_n}{n} = \frac{\displaystyle\sum_{i=1}^{n} X_i}{n}$$

em que n é o número de termos do conjunto $X_1, X_2, X_3, \ldots, X_n$.

Estatística Descritiva **3**

1.2.1.2 *Média Aritmética para Dados Agrupados*

Para dados agrupados em uma distribuição de frequências, a média aritmética deverá ser ponderada pelas respectivas frequências absolutas simples, conforme a fórmula:

$$\bar{X} = \frac{\sum\limits_{i=1}^{n} X_i f_i}{\sum\limits_{i=1}^{n} f_i}$$

em que $n = \sum\limits_{i=1}^{n} f_i$ é o número de elementos do conjunto $X_1, X_2, X_3, ..., X_n$.

Caso a distribuição de frequências esteja agrupada em intervalos de classes, deve-se substituir cada um deles por seus respectivos pontos médios.

1.2.1.3 *Propriedades da Média Aritmética*

- A soma algébrica dos desvios de um conjunto de valores em relação à média aritmética é zero.
- A soma algébrica dos quadrados dos desvios de um conjunto de valores em relação à média aritmética é mínima.
- Somando ou subtraindo uma constante a todos os valores de uma variável, a média ficará acrescida ou subtraída dessa constante.
- Multiplicando ou dividindo todos os valores de uma variável por uma constante, a média ficará multiplicada ou dividida por essa constante.

1.2.1.4 *Vantagens do Emprego da Média Aritmética*

- Como faz uso de todos os dados para o seu cálculo, pode ser determinada com precisão matemática.
- Pode ser determinada quando somente o valor total e o número de elementos forem conhecidos.

1.2.1.5 *Desvantagens do Emprego da Média Aritmética*

- Não pode ser empregada para dados qualitativos.
- Como a média é calculada a partir de todos os valores observados, apresenta o inconveniente de torná-la muito sensível a valores aberrantes, ou *outliers*, podendo, em alguns casos, não representar a série de forma satisfatória.
- Em distribuições de frequências em que o limite inferior da primeira classe e/ou o limite superior da última classe não forem definidos, a média não poderá ser calculada.

1.2.1.6 *Média Geral*

Considere $\bar{X}_1, \bar{X}_2, \bar{X}_3, ..., \bar{X}_r$ as médias aritméticas de r séries com $n_1, n_2, n_3, ..., n_r$ termos, respectivamente. A média aritmética formada pelos termos das r séries é dada por:

$$\overline{G} = \frac{n_1\overline{X}_1 + n_2\overline{X}_2 + n_3\overline{X}_3 + \ldots + n_r\overline{X}_r}{n_1 + n_2 + n_3 + \ldots + n_r} = \frac{\displaystyle\sum_{i=1}^{r} n_i\overline{X}_i}{\displaystyle\sum_{i=1}^{r} n_i}$$

1.2.2 Moda

Como o próprio nome indica, é o valor que ocorre com maior frequência em um conjunto de valores. Em outras palavras, é o valor que está na moda.

As distribuições que apresentam uma moda única são chamadas de *unimodais*; quando apresentam duas modas, *bimodais* e mais de duas modas, *multimodais*. Existem ainda distribuições que não apresentam nenhuma moda: são chamadas de *amodais*.

1.2.2.1 *Moda para Dados Não Agrupados*

Quando os dados do conjunto de elementos numéricos estão agrupados em distribuições de frequências simples (*não agrupados em classes*), não existe uma fórmula matemática para o cálculo da moda, ficando, pois, a cargo do pesquisador identificar o elemento que apresentar o maior número de ocorrências. Esse valor será o valor modal.

1.2.2.2 *Moda para Dados Agrupados*

Para dados agrupados em distribuição de frequências em classes, o método mais empregado para o cálculo da moda é o método de Czuber, cuja fórmula é definida por:

$$M_0 = L_0 + \frac{\Delta_1}{\Delta_1 + \Delta_2} \times h$$

em que:

L_0: limite inferior da classe modal;
Δ_1: diferença entre a frequência absoluta simples da classe modal e a imediatamente anterior;
Δ_2: diferença entre a frequência absoluta simples da classe modal e a imediatamente posterior;
h: amplitude da classe modal.

1.2.2.3 *Vantagens do Emprego da Moda*

- É de uso prático. Exemplificando: os empregadores geralmente adotam a referência modal de salário, ou seja, o salário pago por muitos outros empregadores. Também, carros e roupas são produzidos tomando como referência o tamanho modal.
- Pode ser empregada para dados qualitativos.
- A moda é geralmente um valor verdadeiro e, por conseguinte, pode mostrar-se mais real e coerente.

Estatística Descritiva **5**

1.2.2.4 *Desvantagens do Emprego da Moda*

- Não inclui todos os valores de uma distribuição.
- Mostra-se ineficiente quando a distribuição é largamente dispersa.

1.2.3 Mediana

A mediana é o valor que centra um conjunto de valores ordenados, ou seja, que o divide em duas partes de frequências iguais.

Existem três casos a considerar para o cálculo da mediana:

- 1º: a variável em estudo é discreta e n (*número de termos*) é ímpar. Nesse caso, a mediana será o valor da variável que ocupa o posto de ordem $\dfrac{n+1}{2}$.
- 2º: a variável em estudo é discreta e n (*número de termos*) é par. Nesse caso, não existirá no conjunto ordenado um valor que ocupe o valor central, isto é, a mediana será indeterminada, pois qualquer valor compreendido entre os valores que ocupem os postos de ordem $\dfrac{n}{2}$ e $\dfrac{n+2}{2}$ pode ser considerado o centro da ordenação. Dessa forma, por definição, a mediana será a média aritmética dos valores que ocupam os referidos postos.
- 3º: a variável é contínua. Em tal caso, a mediana é calculada sem levar em consideração se o número de termos da distribuição é par ou ímpar. A fórmula empregada para seu cálculo é a mesma utilizada para os percentis.

1.3 Medidas Separatrizes

Quando se analisa uma distribuição de frequências, há grande interesse de determinar o valor que separa a distribuição em quatro partes iguais, 10 partes iguais e 100 partes iguais. A esses valores chamaremos de *quartis*, *decis* e *percentis*, respectivamente. (Note que a mediana estudada anteriormente também é uma separatriz.)

1.3.1 Quartis

É cada um dos três valores que dividem uma distribuição de frequências em quatro partes de frequências iguais. O primeiro quartil corresponde ao 25º percentil, o segundo à mediana e o terceiro ao 75º percentil.

0 %	25 %	50 %	75 %	100 %
	Q_1	Q_2	Q_3	

O quartil é representado pelo símbolo Q_r, em que r representa a ordem do quartil.

1.3.2 Decis

É qualquer um dos nove pontos que dividem uma distribuição de frequências em 10 intervalos, cada um dos quais contendo um décimo da frequência total.

0 %	10 %	20 %	30 %	...	90 %	100 %
	D_1	D_2	D_3		D_9	

O decil é representado pelo símbolo D_r, em que r representa a ordem do decil.

1.3.3 Percentis

É cada um dos 99 pontos que dividem uma distribuição de frequências em 100 intervalos iguais.

0 %	1 %	2 %	3 %	4 %	...	99 %	100 %
	P_1	P_2	P_3	P_4		P_{99}	

O percentil é representado pelo símbolo P_r, em que r representa a ordem percentil.

A fórmula genérica para o cálculo dos percentis para dados agrupados em distribuição de frequências em classes é dada por:

$$P_r = L_r + \frac{I_r - F_{ar}}{f_r} \times h_r$$

em que:

r: ordem percentil;
L_r: limite inferior da classe percentil de ordem r;
I_r: posição do percentil de ordem r dado por:

$$I_r = \frac{r \sum_{i=1}^{n} f_i}{100}$$

F_{ar}: frequência absoluta acumulada imediatamente anterior à classe percentil de ordem r;
f_r: frequência simples da classe percentil de ordem r;
h_r: amplitude da classe percentil de ordem r.

Para calcular os valores da mediana, dos decis e quartis basta calcular seu percentil correspondente e utilizar a fórmula apresentada anteriormente para o cálculo dos percentis. Por exemplo, para calcular o valor mediano, calcula-se o percentil de ordem 50, ou seja, P_{50}.

Estatística Descritiva

1.4 Medidas de Dispersão

São medidas utilizadas para avaliar o grau de variabilidade dos valores de uma variável em torno da média, ou seja, são medidas que servem para avaliar a representatividade da média.

1.4.1 Amplitude Total

A amplitude total A_t de um conjunto de valores é a diferença entre o maior e o menor valor da variável:

$$A_t = X_{máx} - X_{mín}$$

Como depende apenas dos valores extremos, ou seja, não depende dos valores internos, seu uso torna-se muito limitado.

1.4.2 Desvio Médio

O desvio médio é definido pela média aritmética dos desvios em torno da média, em módulo.

$$D_M = \frac{\sum_{i=1}^{n} |X_i - \bar{X}| f_i}{\sum_{i=1}^{n} f_i}$$

Os desvios tomados em módulo têm a finalidade de evitar que a soma dos desvios em torno da média seja nula.

1.4.3 Desvio Padrão

O desvio padrão é o protótipo das medidas de dispersão em virtude de suas propriedades matemáticas e de seu uso na teoria da amostragem.

A expressão matemática para o desvio padrão para dados não agrupados é dada por:

$$\sigma = \sqrt{\frac{\sum_{i=1}^{n} (X_i - \bar{X})^2}{n}} \tag{I}$$

Demonstra-se que a expressão (I), após simplificação, pode ser escrita como:

$$\sigma = \sqrt{\frac{\sum_{i=1}^{n} X_1^2}{n} - \bar{X}^2}$$

Para dados agrupados, a expressão matemática para o desvio padrão assume a forma:

$$\sigma = \sqrt{\dfrac{\sum\limits_{i=1}^{n}(X_i - X)^2 f_i}{n}} \qquad \textbf{(II)}$$

em que $n = \sum\limits_{i=1}^{n} f_i$ é o número de observações da série.

A fórmula (II) para o desvio padrão após ser simplificada pode ser expressa por:

$$\sigma = \sqrt{\dfrac{\sum\limits_{i=1}^{n} X_i^2 f_i}{n} - \bar{X}^2}$$

Analisando a fórmula proposta para o cálculo do desvio padrão torna-se possível concluir que:

- quanto menor for o desvio padrão, mais aproximados estão os valores da variável de sua média;
- se o desvio padrão for zero, então todos os valores da variável são iguais;
- se o desvio padrão for grande, os valores da variável estão muito afastados de sua média.

Quando o desvio padrão representar uma descrição da amostra e não da população, deve-se utilizar a *correção de Bessel* para se obter melhor estimativa do parâmetro populacional (*geralmente, quando o número de observações for menor que 30*). Em outras palavras, o desvio padrão s calculado para a amostra deve ser multiplicado pelo fator:

$$\sqrt{\dfrac{n}{n-1}}$$

Portanto,

$$s = \sigma \times \sqrt{\dfrac{n}{n-1}}$$

Ou ainda,

$$s = \sqrt{\dfrac{\sum\limits_{i=1}^{n}(X_i - \bar{X})^2 f_i}{n-1}}$$

Caso a distribuição de frequências esteja agrupada em intervalos de classes, deve-se substituir cada um deles por seus respectivos pontos médios.

Estatística Descritiva

1.4.4 Variância

Para efeito de desenvolvimento algébrico, costuma-se empregar a variância, que nada mais é que o quadrado do desvio padrão, o qual, é claro, elimina o radical, prejudicial ao manejo matemático singelo. Desse modo, expressa-se a variância de uma variável X por:

$$\text{Var}(X) = \sigma^2 \text{ para valores populacionais;}$$

$$\text{Var}(X) = s^2 \text{ para valores amostrais.}$$

Observe que elevando $(X_i - \bar{X})$ ao quadrado para calcular a variância, a unidade de medida da série ficará também elevada ao quadrado. Dessa forma, em algumas situações, a unidade de medida da variância nem fará sentido. Por exemplo, dados que são expressos em litros. Para sanar essa deficiência da variância, é que se define o desvio padrão como a raiz quadrada da variância, pois terá sempre a mesma unidade de medida da série e, portanto, admitindo interpretação.

1.4.4.1 *Propriedades da Variância*

Entre as principais propriedades da variância, pode-se citar:

- A variância de uma constante é nula.
- Somando ou subtraindo uma constante a todos os valores de uma variável, a variância dessa variável não se altera.
- Multiplicando ou dividindo todos os valores de uma variável por uma constante, a variância ficará multiplicada ou dividida pelo quadrado dessa constante.

1.4.5 Coeficiente de Variação de Pearson

Trata-se de uma medida relativa de dispersão útil para a comparação do grau de concentração em torno da média de séries distintas.

Essa medida é obtida pela simples relação entre o desvio padrão e a média aritmética da população (*ou amostra*):

$$\text{CV} = \frac{\sigma}{\bar{X}} \text{ ou CV} = \frac{s}{\bar{X}}$$

geralmente expressa em porcentagem.

Assim, a quantidade CV, chamada coeficiente de variação, é um número abstrato, ou seja, independe das unidades em que foram medidas as unidades. Ele representa o desvio padrão que seria obtido se a média fosse igual a 100.

Na prática, considera-se uma distribuição com *baixa dispersão* quando o coeficiente de variação for menor ou igual a 10 %; *média dispersão* quando o coeficiente de variação for maior que 10 % e menor ou igual a 20 % e *alta dispersão* quando for superior a 20 %.

1.5 Medidas de Assimetria

Assimetria é a característica de gráficos ou de curvas em que a maioria dos valores da variável não se concentra no meio (*como acontece com a curva normal*), mas em uma extremidade. Ela mede o grau de enviesamento (ou obliquidade) de uma curva de frequências representativa de uma distribuição estatística.

Curva assimétrica negativa

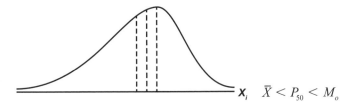
$\bar{X} < P_{50} < M_o$

Curva assimétrica positiva

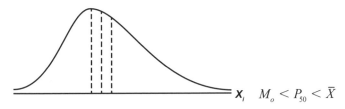
$M_o < P_{50} < \bar{X}$

Quando a curva não é assimétrica, logicamente ela é simétrica. Uma curva simétrica apresenta simetria em relação a um eixo vertical que passa pelo valor modal, ou seja, o valor com maior frequência (*isto seria o mesmo que dizer que um lado da distribuição é uma imagem de espelho do outro*). Nessa situação, a média, a moda e a mediana são iguais. Seu gráfico assume a forma:

Curva simétrica

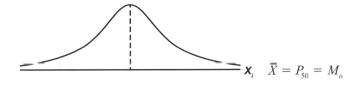
$\bar{X} = P_{50} = M_o$

Das medidas para determinação do grau de assimetria, duas são as mais empregadas: o *Coeficiente de Pearson* e o *Coeficiente de Bowley*.

1.5.1 Coeficiente de Pearson

$$A_s = \frac{\bar{X} - M_o}{\sigma}$$

Desse modo, pode-se concluir que:

- se $A_s > 0$, a distribuição é assimétrica positiva;
- se $A_s = 0$, a distribuição é simétrica;
- se $A_s < 0$, a distribuição é assimétrica negativa.

1.5.2 Coeficiente de Bowley

$$A_s = \frac{Q_1 + Q_3 - 2Q_2}{Q_3 - Q_1}$$

O coeficiente de assimetria de Bowley é utilizado quando não se dispõe da média e do desvio padrão da distribuição. Ele assume valores no intervalo $-1 \leq A_S \leq +1$, valendo as mesmas observações quanto à assimetria descrita para o coeficiente de Pearson, ou seja:

- se $A_s > 0$, a distribuição é assimétrica positiva;
- se $A_s = 0$, a distribuição é simétrica;
- se $A_s < 0$, a distribuição é assimétrica negativa.

1.6 Coeficiente Percentílico de Curtose

Entende-se por curtose o grau de achatamento de uma distribuição. Ela é medida em relação a uma curva normalmente achatada chamada mesocúrtica:

Uma curva mais achatada que a mesocúrtica será denominada platicúrtica

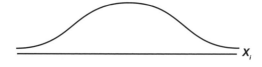

Já uma menos achatada (*ou mais afilada*) é chamada de leptocúrtica:

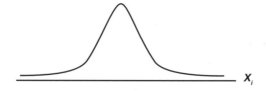

Um dos coeficientes para medir o grau de achatamento de uma distribuição é dado pela fórmula:

$$K = \frac{Q_3 - Q_1}{2(P_{90} - P_{10})}$$

que permite fazer a classificação que se segue:

- se $K > 0{,}263$, a distribuição é platicúrtica;
- se $K = 0{,}263$, a distribuição é mesocúrtica;
- se $K < 0{,}263$, a distribuição é leptocúrtica.

1.7 Taxa de Variação Aritmética e Geométrica

A análise elementar de processos de crescimento considera usualmente duas situações distintas. A primeira, mais simples, é chamada de crescimento em progressão aritmética; a segunda, um pouco mais complicada e muito usual para problemas financeiros é chamada de crescimento em progressão geométrica. Nos dois processos de crescimento parte-se de um valor inicial no período 0.

1.7.1 Taxa Aritmética

Considere um parâmetro cujo valor inicial seja Q_0 e o valor final Q_n. A taxa de variação relativa Δ_r no período que vai de *0* (*inicial*) a *n* (*final*) é um valor que satisfaz à relação que se segue:

$$Q_n = Q_0(1 + \Delta_r) \tag{I}$$

Assim, da relação (I), obtém-se a fórmula para o cálculo da taxa de variação aritmética Δ_r:

$$\Delta_r = \frac{Q_n}{Q_0} - 1$$

geralmente expressa em porcentagem.

1.7.2 Taxa Geométrica

Seja um parâmetro que assume valores estritamente positivos Q_0, Q_1, Q_2, ..., Q_n nos períodos 0, 1, ..., n, respectivamente, e θ a taxa de variação geométrica que satisfaz a relação seguinte:

$$Q_j = Q_{j-1}(1 + \theta), j = 1, 2, 3, ..., n \tag{II}$$

ou seja, as quantidades crescem em progressão geométrica de razão $(1 + \theta)$.

Manipulando convenientemente a expressão (II), encontra-se a relação entre os valores dos parâmetros nos períodos *0* (*inicial*) e *n* (*final*):

$$Q_n = Q_0(1 + \theta)^n$$

Estatística Descritiva   **13**

que por sua vez dá origem à fórmula para a taxa geométrica:

$$\theta = \sqrt[n]{\frac{Q_n}{Q_0}} - 1$$

geralmente apresentada em sua forma percentual.

1.8 Notação Somatório

Utiliza-se a notação somatório para expressar de forma flexível e compacta somas de variáveis subscritas. Assim, para exprimir a soma de $X_1, X_2, X_3, ..., X_n$, pode-se escrever:

$$X_1 + X_2 + X_3 + ... + X_n = \sum_{i=1}^{n} X_i$$

que se lê: *a soma de X_i, i variando de 1 a n*. O símbolo i, chamado *índice somatório*, assume somente valores inteiros e consecutivos.

Entre as principais propriedades dos somatórios, destacam-se:

- Somatório de uma constante:

$$\sum_{i=1}^{n} k = nk$$

- Somatório de uma constante multiplicada por uma variável:

$$\sum_{i=1}^{n} kX_i = k\sum_{i=1}^{n} X_i$$

- Somatório de uma soma:

$$\sum_{i=1}^{n} (X_i + Y_i) = \sum_{i=1}^{n} X_i + \sum_{i=1}^{n} Y_i$$

- Somatório de uma diferença:

$$\sum_{i=1}^{n} (X_i - Y_i) = \sum_{i=1}^{n} X_i - \sum_{i=1}^{n} Y_i$$

- Somatório duplo:

$$\sum_{i=1}^{n}\sum_{j=1}^{m} X_i Y_j = \sum_{i=1}^{n} X_i \times \sum_{j=1}^{m} Y_j$$

14 *Capítulo 1*

Cabe lembrar ainda que:

$$\sum_{i=1}^{n} X_i Y_i \neq \sum_{i=1}^{n} X_i \times \sum_{i=1}^{n} Y_i$$

$$\sum_{i=1}^{n} \left(\frac{X_i}{Y_i} \right) \neq \frac{\sum_{i=1}^{n} X_i}{\sum_{i=1}^{n} Y_i}$$

$$\left(\sum_{i=1}^{n} X_i \right)^2 \neq \sum_{i=1}^{n} X_i^2$$

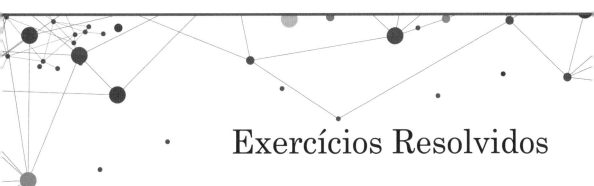

Exercícios Resolvidos

1.1 O salário médio mensal pago aos funcionários da Empresa Alhos & Bugalhos Ltda. foi de $ 199 no primeiro semestre de 2008. Sabendo-se que no início de agosto a média havia subido para $ 217, pede-se calcular:

  a. o volume total gasto com o pagamento dos funcionários no mês de julho;
  b. a média mensal de gastos com pessoal que a empresa deverá ter entre agosto e dezembro para que a média mensal do ano de 2008 atinja $ 180.

Solução:

  a. Considere S a soma dos gastos de janeiro a junho (*período de seis meses*) e α o volume de pagamento em julho.
  Temos então:

$$199 = \frac{S}{6} \therefore S = 1194$$

Portanto, $\dfrac{1194 + \alpha}{7} = 217 \therefore \alpha = \$\ 325$ ✓

b. Seja k a média entre agosto e dezembro, isto é,

$$\frac{S*}{5} = k \quad \therefore \quad S* = 5k$$

em que $s*$ representa o volume gasto com pessoal nos meses de agosto, setembro, outubro, novembro e dezembro.

Assim, a média mensal para o ano de 2008 será:

$$\frac{1194 + 325 + 5k}{12} = 180 \quad \therefore \quad \frac{1519 + 5k}{12} = 180$$

Daí, $k = \$ 128,20$ ✓

1.2 Um produto é vendido em três supermercados por \$ 130/kg, \$ 132/kg e \$ 150/kg. Determine, em média, quantos gramas do produto são comprados com \$ 1,00.

Solução:

Sejam q_1, q_2 e q_3 as quantidades procuradas na compra dos produtos que custam \$ 130/kg, \$ 132/kg e \$ 150/kg, respectivamente, empregando a quantia de \$ 1,00.

Aplicando regra de três simples, encontramos as quantidades procuradas q_1, q_2 e q_3:

$$q_1 = \frac{1000}{130} g, q_2 = \frac{1000}{132} g \text{ e } q_3 = \frac{1000}{150} g.$$

Portanto:

$$\bar{X} = \frac{\dfrac{1000}{130} + \dfrac{1000}{132} + \dfrac{1000}{150}}{3} = 1000 \times \frac{\dfrac{1}{130} + \dfrac{1}{132} + \dfrac{1}{150}}{3} \cong 7,31 \, g \text{ ✓}$$

1.3 Com importâncias iguais foram compradas quantidades diferentes de certa mercadoria cujos preços unitários estão expressos na tabela a seguir. Pede-se calcular o preço médio unitário de custo.

Tipo de mercadoria	Valor (em \$)
1	25,00
2	20,40
3	30,50
4	60,00

Solução:

Designemos por K as importâncias iguais gastas com cada mercadoria e $Q_i(i = 1, 2, 3, 4)$ as quantidades diferentes relativas aos preços unitários P_i, conforme mostra a tabela precedente.

16 *Capítulo 1*

Ora, o custo total da mercadoria de ordem i é igual a:

$$K = P_i Q_i$$

$$\text{Evidentemente, } Q_i = \frac{K}{P_i} \tag{I}$$

Também sabemos que o preço médio unitário de custo é dado por:

$$\overline{P} = \frac{\displaystyle\sum_{i=1}^{4} P_i Q_i}{\displaystyle\sum_{i=1}^{4} Q_i} \tag{II}$$

Substituindo (I) em (II), encontramos:

$$\overline{P} = \frac{\displaystyle\sum_{i=1}^{4} K}{\displaystyle\sum_{i=1}^{4} \frac{K}{P_i}} = \frac{4\,K}{K\displaystyle\sum_{i=1}^{4}\frac{1}{P_i}} \quad \therefore \quad \overline{P} = \frac{4}{\displaystyle\sum_{i=1}^{4}\frac{1}{P_i}} \tag{III}$$

Aplicando os preços unitários da tabela em (III), obtemos o preço médio unitário de custo procurado:

$$\overline{P} = \frac{4}{\dfrac{1}{25,00} + \dfrac{1}{20,40} + \dfrac{1}{30,50} + \dfrac{1}{60,00}} \cong \$\ 28,88 \ \checkmark$$

Nota: Em (III) encontramos uma média harmônica simples.

1.4 Em março de 2012, os vendedores da Empresa Equilibrada Ltda. tiveram um aumento de 44 % sobre os respectivos salários mensais. Em dezembro, tendo em vista o considerável aumento das vendas da empresa no período julho/dezembro, foi concedido a cada vendedor um aumento de \$ 200. Sabendo-se que, a partir de dezembro de 1999, o salário médio dos vendedores da empresa passou a ser de \$ 1100, pede-se calcular o salário médio mensal dos vendedores da empresa em fevereiro de 2012.

Solução:

Seja S_i (i = 1, 2, 3, ..., n) o salário do i-ésimo vendedor em fevereiro de 1999.

Ora, em março de 2012, os salários de cada vendedor sofreram um aumento de 44 %, ou seja:

$$S_i + 0,44\ S_i$$

Já em dezembro de 2012, os salários foram acrescidos em $ 200, ficando, portanto, iguais a:

$$1,44\, S_i + 200$$

Como o salário médio calculado, no mesmo exercício fiscal, foi igual a $ 1100, concluímos que:

$$\frac{\sum_{i=1}^{n}(1,44 S_i + 200)}{n} = 1100 \qquad \text{(I)}$$

Desenvolvendo o somatório em (I), obtemos:

$$1,44 \frac{\sum_{i=1}^{n} S_i}{n} + \frac{\sum_{i=1}^{n} 200}{n} = 1100$$

$$1,44\, \overline{S} + 200 = 1100 \quad \therefore \quad 1,44\, \overline{S} + 200 = 900 \checkmark$$

Assim, $\overline{S} = \$\, 625$, que corresponde ao valor do salário médio em fevereiro de 2012.

1.5 Seja a sequência aritmética $(x_1, x_2, x_3, \ldots, x_n)$ de razão r cujo primeiro termo é a e o último é b. Mostre que a média aritmética dos n primeiros termos dessa progressão vale $\frac{(a+b)}{2}$.

Solução:
Como a série em destaque é uma progressão aritmética de razão r, a soma S_n dos n primeiros termos é dada pela fórmula que se segue:

$$S_n = \frac{(x_1 + x_n) \times n}{2}$$

Então, calculando a média para esses valores, obtemos:

$$\overline{X} = \frac{1}{n} \times S_n = \frac{1}{n} \times \frac{(x_1 + x_n)}{2} \times n$$

$$\therefore \quad \overline{X} = \frac{(a+b)}{2} \checkmark$$

pois é dado que $x_1 = a$ e $x_n = b$.

1.6 Um caminhão cujo peso vazio é de 3200 kg será carregado com 470 caixas de 11 kg cada, 360 caixas de 9 kg cada, 500 caixas de 4 kg cada e 750 caixas de 6 kg cada. O motorista do caminhão pesa 75 kg e a lona de cobertura da carga pesa 48 kg.

a. Sabendo-se que esse caminhão tem que passar por uma balança que só permite passagens a veículos com peso máximo de 16 toneladas, pergunta-se: ele passará pela balança?

b. Qual o peso médio das caixas carregadas no caminhão?

Solução:

Defina:

T = peso total do caminhão carregado;
P_t = peso total das caixas;
n = número total de caixas;

em que:

$T = 3200 + 14.910 + 75 + 48 = 18.233$ kg $= 18,233$ t;
$P_t = (470 \times 11) + (360 \times 9) + (500 \times 4) + (750 \times 6) = 14.910$ kg;
$n = 470 + 360 + 500 + 750 = 2080$ caixas.

Dessa forma:

a. Como $T = 18,233$ t > 16 t, conclui-se que o caminhão não passará na balança. ✓

b. Seja $\overline{P}$ o peso médio das caixas carregadas no caminhão:

$$\overline{P} = \frac{P_t}{n} = \frac{14.910}{2080} \cong 7,16 \text{ kg } ✓$$

1.7 A produção diária de parafusos da Indústria Asterix Ltda. é de 20 lotes, contendo cada um 100.000 unidades. Ao escolher uma amostra de oito lotes, o controle de qualidade verificou o número seguinte de parafusos com defeitos em cada lote:

Amostra	01	02	03	04	05	06	07	08
Defeito	300	550	480	980	1050	350	450	870

Pede-se projetar o número de parafusos com defeito em um dia de trabalho.

Solução:

O valor médio de parafusos defeituosos por lote é dado por:

$$\overline{X} = \frac{300 + 550 + 480 + 980 + 1050 + 350 + 450 + 870}{8} = \frac{5030}{8} = 628,75$$

isto é, 0,62875 % de cada lote de 100.000 parafusos. Como durante o dia serão produzidos um total de $20 \times 100.000 = 2.000.000$ parafusos, a projeção diária do número de parafusos com defeitos será igual a:

0,62875 % de 2.000.000 = 12.575 parafusos defeituosos/dia. ✓

Estatística Descritiva **19**

1.8 O capital da Empresa Maguary Ltda. é formado pelo aporte dos acionistas, por financiamentos de longo prazo e pela emissão de debêntures. Cada tipo de capital possui um custo anual diferente dado por uma taxa de juros anual, conforme o quadro:

Fonte de capital	Participação em $	Taxa de juros
Acionistas	2400	12 %
Financiamento de longo prazo	1200	8 %
Debêntures	400	14 %

Calcular a taxa média do capital da empresa.

Solução:

Destaque as variáveis T_i = taxa de juros anual e C_i = capital empregado, para $i = 1, 2, 3$.

Aplicando a definição de média ponderada obtemos:

$$\overline{T} = \frac{\sum_{i=1}^{3} T_i C_i}{\sum_{i=1}^{3} C_i} = \frac{2400 \times 12 + 1200 \times 8 + 400 \times 14}{2400 + 1200 + 400} = \frac{44.000}{4000} = 11\% \checkmark$$

1.9 Uma prova consta de três questões com pesos (P_i) iguais a 1, 2, 3 para as notas (X_i) da 1ª, 2ª e 3ª questões, respectivamente ($i = 1, 2, 3$). Considerando o valor máximo de cada questão igual a 10 e que um aluno obteve nota 8 na prova, que nota ele conseguiu na 1ª questão, sabendo-se que na 2ª questão obteve nota 6 e na terceira nota 9?

Solução:

Seja λ a nota relativa à primeira questão. Utilizando o conceito de média ponderada (*vide exercício anterior*) temos:

$$\overline{X} = \frac{\sum_{i=1}^{3} X_i P_i}{\sum_{i=1}^{3} P_i} = \frac{\lambda \times 1 + 2 \times 6 + 3 \times 9}{1 + 2 + 3} = \frac{\lambda + 39}{6} = 8$$

$$\lambda + 39 = 48 \therefore \lambda = 9 \checkmark$$

1.10 Com base nas informações sobre a ocupação dos hotéis A e B, durante o mês de junho de 1999, identificar qual dos dois apresentou maior grau de ocupação.

Hotel	Leitos	Pessoas
A	50	80
B	60	75

Solução:

Sejam $\bar{X}_1$ e $\bar{X}_2$, respectivamente, a média de leitos-dia/pessoa dos hotéis A e B, no mês de junho (*trinta dias*).

$$\bar{X}_1 = \frac{50 \times 30}{80} = 18,75 \text{ leitos-dia/pessoa.}$$

$$\bar{X}_2 = \frac{60 \times 30}{75} = 24,00 \text{ leitos-dia/pessoa.}$$

Conclusão: O hotel B apresentou maior grau de ocupação durante o mês de junho, pois apresentou $\bar{X}_2 > \bar{X}_1$. ✔

1.11 Suponha que várias crianças estavam brincando e que a brincadeira consistia no lançamento de bola ao cesto para cada uma das crianças.

Sabendo-se que:

- cada criança lançou a bola uma única vez;
- cada acerto valeu 1 ponto;
- a média de acertos dos meninos foi de 30 pontos;
- a média de acertos das meninas foi de 45 pontos;
- a média de acertos em conjunto foi de 40 pontos.

Pede-se a porcentagem de meninos e meninas que estavam jogando.

Solução:

Defina:

- $\bar{X}_1$ e $\bar{X}_2$, respectivamente, a média dos pontos de meninos e meninas que estavam jogando;
- n_1 e n_2, respectivamente, o número de meninos e meninas que estavam jogando.

Recorde que a média global $\bar{G}$ é dada por:

$$\bar{G} = \frac{n_1 \bar{X}_1 + n_2 \bar{X}_2}{n_1 + n_2}$$

$$\text{Portanto, } 40 = \frac{30n_1 + 45n_2}{n_1 + n_2}$$

$$30\,n_1 + 45\,n_2 = 40\,n_1 + 40\,n_2$$

$$10\,n_1 = 5\,n_2 \therefore n_2 = 2\,n_1$$

Calculando então as porcentagens de meninos e meninas, teremos:

$$\% \text{ Meninos} = \frac{n_1}{n_1 + n_2} = \frac{n_1}{n_1 + 2n_1} = \frac{1}{3} \cong 33,33\,\% ✔$$

$$\% \text{ Meninas} = 100,00 - 33,33\,\% = 66,67\,\% ✔$$

1.12 Em uma chapa são produzidos furos retangulares, cujo comprimento unitário vale, em média, 400 mm. Cada furo deve ser fechado por quatro pinos retangulares iguais e por um calço em cada lado. Pretende-se que a folga total no comprimento (*diferença entre o comprimento do furo e a soma dos comprimentos dos pinos e dos calços*) valha em média 4 mm. Sabendo-se que cada calço tem um comprimento constante de 10 mm, calcular o comprimento médio unitário dos pinos colocados.

Solução:

Considere F_i ($i = 1, 2, 3, \ldots, n$) o i-ésimo furo retangular da chapa, conforme mostra a figura:

K	P_i	P_i	P_i	P_i	S_i	K
			C_i			

em que:

$C_i \Rightarrow$ comprimento dos furos;
$P_i \Rightarrow$ comprimento dos pinos;
$S_i \Rightarrow$ comprimento das folgas;
$K \Rightarrow$ comprimento dos calços.

Notemos que:

$$C_i = 4\,P_i + S_i + 2\,K$$

Portanto, somando todos os comprimentos dos furos retangulares de ordem i, obteremos:

$$\sum_{i=1}^{n} C_i = 4\sum_{i=1}^{n} P_i + \sum_{i=1}^{n} S_i + 2\sum_{i=1}^{n} K \tag{I}$$

Dividindo o resultado em (I) por n furos encontraremos:

$$\frac{\sum_{i=1}^{n} C_i}{n} = 4\frac{\sum_{i=1}^{n} P_i}{n} + \frac{\sum_{i=1}^{n} S_i}{n} + 2\frac{\sum_{i=1}^{n} K}{n}$$

$$\therefore \ \bar{C} = 4\bar{P} + \bar{S} + 2K \tag{II}$$

Substituindo $\bar{C} = 400$ mm, $\bar{S} = 4$ mm e $K = 10$ mm em (II), teremos:

$$400 = 4\bar{P} + 4 + 20$$

$$4\bar{P} = 376 \therefore \bar{P} = 94 \text{ mm} \ ✔$$

1.13 Dois professores, A e B, aplicaram uma mesma prova em duas turmas distintas. O Professor A explica que o pior aluno é o que obtém nota 10 e o melhor é o que obtém nota 90. Já o Professor B diz que o pior é o que obtém nota 20 e o melhor é o que obtém nota 100. Se um aluno do Professor A obtém nota 50 na prova, determine então a nota correspondente com o Professor B, supondo que exista relação linear entre as notas dos dois professores.

Solução:

Considere a figura seguinte, em que L representa a nota correspondente ao Professor B.

Prof. A	10	50	90
Prof. B	20	L	100

Utilizando o método de interpolação linear, obtemos:

$$\frac{L - 20}{100 - 20} = \frac{50 - 10}{90 - 10}$$

$$\frac{L - 20}{80} = \frac{40}{80}$$

$$L - 20 = 40 \quad \therefore \quad L = 60 \checkmark$$

1.14 O quadro relativo às vendas de determinado bem fabricado pela Empresa Asterix no período que vai de 1998 a 1999 é o que se segue.

Ano	Quantidade	Preço em $
1988	8521	5,70
1999	9325	6,50

Com base nessas informações, determine:

a. a taxa de variação aritmética das quantidades $\Delta Q\,\%$ no período 1998/1999;
b. a taxa de variação aritmética dos preços $\Delta P\,\%$ no período 1998/1999;
c. divida $\Delta Q\,\%$ por $\Delta P\,\%$ e interprete o resultado;
d. verifique que o resultado do item anterior pode ser obtido pela fórmula de recorrência que se segue:

$$\frac{P_{98}}{Q_{98}} \times \frac{Q_{99} - Q_{98}}{P_{99} - P_{98}}$$

em que P_i, Q_i ($i = 98, 99$) representam os preços e as quantidades do espaço de tempo de ordem i.

Estatística Descritiva **23**

Solução:

a. Variação aritmética das quantidades:

$$\Delta Q\,\% = 100 \times \left(\frac{Q_{99}}{Q_{98}} - 1\right) = 100 \times \left(\frac{9325}{8521} - 1\right) \cong 9,435\,\% \checkmark$$

b. Variação aritmética dos preços:

$$\Delta P\,\% = 100 \times \left(\frac{P_{99}}{P_{98}} - 1\right) = 100 \times \left(\frac{6,50}{5,70} - 1\right) \cong 14,035\,\% \checkmark$$

c. Seja ε o quociente entre $\Delta Q\,\%$ e $\Delta P\,\%$:

$$\varepsilon = \frac{9,435}{14,035} \cong 0,6722 \checkmark$$

Interpretação: embora os preços e as quantidades tenham crescido no período 1998/1999, conclui-se que as quantidades variaram com menor intensidade que os preços, porquanto $\varepsilon < 1$. Por exemplo, se os preços crescerem em 1 %, espera-se que as quantidades sofram um incremento de $0,01 \times 0,6722 \cong 0,6722\,\%$.

d. Substituindo os valores da tabela na fórmula de recorrência, obtemos:

$$\frac{P_{98}}{Q_{98}} \times \frac{Q_{99} - Q_{98}}{P_{99} - P_{98}} = \frac{5,70}{8521} \times \frac{9325 - 8521}{6,50 - 5,70} \cong 0,6722 \checkmark$$

1.15 A Indústria Zepelim S.A., fabricante de esferas metálicas, aumentou o volume de sua produção em 44 % no período que se estende de t_0 a t_2, sendo que o aumento relativo que vai de t_0 a t_1 ($t_0 < t_1 < t_2$) foi igual ao aumento relativo de t_1 a t_2. Sabendo-se que a produção inicial em t_0 era de 90.000 esferas, pede-se calcular o volume de esferas produzidas em t_1.

Solução:

Sejam q_0, q_1 e q_2 os volumes de esferas produzidas nos períodos t_0, t_1 e t_2, respectivamente, conforme mostra a figura:

q_0	q_1	q_2

t_0	t_1	t_2

Sabemos que a variação do volume de esferas no período t_2 sobre t_0 foi da ordem de 44 %:

$$\frac{q_2}{q_0} - 1 = 0,44$$

Logo, $q_2 = 1,44\,q_0$ \hfill **(I)**

Entretanto, também sabemos que a variação de t_1 sobre t_0 foi igual à variação de t_2 sobre t_1:

$$\frac{q_1}{q_0} - 1 = \frac{q_2}{q_1} - 1$$

Portanto, $q_1^2 = q_0 q_2$ **(II)**

Substituindo (I) em (II), obtemos:

$$q_1^2 = 1{,}44 q_0^2 \quad \therefore \quad q_1 = q_0 \sqrt{1{,}44}$$

Como $q_0 = 90.000$ esferas, encontramos:

$$q_1 = 90.000 \times \sqrt{1{,}44} \quad \therefore \quad q_1 = 108.000 \text{ esferas. } \checkmark$$

1.16 Se as vendas (quantidade) da Empresa Maraponga Ltda. sofrerem uma queda de 20 % em relação ao desempenho atual, qual incremento de preços permitirá manter sua receita inalterada?

Solução:

Sejam, respectivamente, P_i, Q_i os preços e as quantidades dos produtos no período atual; R_0, R_f as receitas dos períodos atual e final, nessa ordem. Podemos então escrever:

$$R_0 = \sum_{i=1}^{n} P_i Q_i$$

Se os produtos sofrerem uma queda de vendas (quantidade) de 20 %, as novas quantidades deverão ser iguais a $0{,}8Q_i$ e os novos preços deverão ser reajustados em α para que se mantenha o mesmo nível de receita inicial. Assim, a nova receita R_f deverá ser igual a:

$$R_f = \sum_{i=1}^{n} (1 + \alpha) P_i 0{,}8 Q_i - 0{,}8(1 + \alpha) \sum_{i=1}^{n} P_i Q_i$$

Porém, R_0 e R_f devem ser iguais:

$$\sum_{i=1}^{n} P_i Q_i = 0{,}8(1 + \alpha) \sum_{i=1}^{n} P_i Q_i$$

$$0{,}8(1 + \alpha) = 1 \quad \therefore \quad \alpha = \frac{1}{0{,}8} - 1 = 25 \% \checkmark$$

Estatística Descritiva

1.17 Considere uma amostra constituída de 10 itens do estoque da Empresa Equilibrada S.A. com suas respectivas demandas anuais (D) e custos unitários (*P*).

Especificação	E1	E2	E3	E4	E5
Demanda anual	9000	4500	900	14.000	50.000
Custo unitário em $	10,00	4,00	90,00	1,00	5,00

Especificação	E6	E7	E8	E9	E10
Demanda anual	16.000	10.000	4200	1300	1000
Custo unitário em $	5,00	2,00	50,00	1,00	17,00

Pede-se elaborar um quadro demonstrativo para esses dados, empregando os seguintes procedimentos:

1. calcular a demanda valorizada para cada item, multiplicando o valor da demanda pelo custo unitário do item;
2. colocar os itens em ordem decrescente segundo o valor da demanda valorizada de cada item;
3. calcular a demanda valorizada total dos itens;
4. calcular as percentagens da demanda valorizada de cada item em relação à demanda valorizada total, bem como suas percentagens acumuladas.

Com base no quadro elaborado, dividir o estoque em três classes A, B e C, estabelecendo seus limites em função do critério de decisão seguinte:

- 20 % dos itens pertencem à classe A;
- 30 % dos itens seguintes pertencem à classe B;
- 50 % dos itens restantes pertencem à classe C.

Pede-se também construir um gráfico apropriado para representar esses dados e fazer um breve comentário sobre a divisão efetuada.

Solução:

O resultado para a demanda valorizada de cada item, obtido pela multiplicação do valor da demanda anual pelo custo unitário respectivo, é o que se segue:

Especificação	E1	E2	E3	E4	E5
Demanda anual (*D*)	9000	4500	900	14.000	50.000
Custo unitário em $ (*P*)	10,00	4,00	90,00	1,00	5,00
Demanda valorizada (*D* × *P*)	90.000	18.000	81.000	14.000	250.000

Especificação	E6	E7	E8	E9	E10
Demanda anual	16.000	10.000	4200	1300	1000
Custo unitário em \$ (P)	5,00	2,00	50,00	1,00	17,00
Demanda valorizada ($D \times P$)	80.000	20.000	210.000	1300	17.000

Colocando em ordem decrescente a demanda valorizada ($D \times P$), obtemos a sequência: E5, E8, E1, E3, E6, E7, E2, E10, E4, E9.

Levando em consideração a sequência ordenada obtida e o critério de decisão proposto para a divisão dos itens em classes, pode-se montar o quadro demonstrativo desejado, conforme mostrado a seguir.

Total de itens do estoque: 10.
Número de itens da classe A: 20 % de 10 = 2.
Número de itens da classe B: 30 % de 10 = 3.
Número de itens da classe C: 50 % de 10 = 5.

	Demanda valorizada				
Item	em \$		em (%)		Classe
	Do item	Acumulada	Do item	Acumulada	
E5	250.000	250.000	32,0	32,0	A
E8	210.000	460.000	26,9	58,9	A
E1	90.000	550.000	11,5	70,4	B
E3	81.000	631.000	10,4	80,8	B
E6	80.000	711.000	10,2	91,0	B
E7	20.000	731.000	2,6	93,6	C
E2	18.000	749.000	2,3	95,9	C
E10	17.000	766.000	2,2	98,0	C
E4	14.000	780.000	1,8	99,8	C
E9	1300	781.300	0,2	100,0	C

Comentário: conforme podemos constatar no quadro anterior, os dois primeiros itens E5 e E8 representam 58,9 % do volume financeiro movimentado pelos itens, sendo que individualmente movimentam acima de 25 %. Já os itens E1, E3 e E6 representam 32,1 % de todo o volume financeiro movimentado e individualmente estão em uma faixa que vai de 10,2 % a 11,5 %. Os itens restantes, que correspondem a 50 %, são responsáveis apenas por 9,0 % do volume financeiro total e, individualmente, encontram-se em uma faixa abaixo de 2,6 %, inclusive.

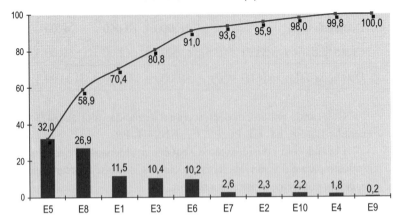

Resumindo: conforme a ilustração anterior, uma pequena quantidade de itens, chamada de *Classe A*, representa uma grande parcela dos recursos investidos, enquanto a grande maioria dos itens, chamada de *Classe C*, tem pouca representatividade nesses recursos. Entre as classes A e C situam-se itens com importâncias e quantidades médias, chamadas de *Classe B*. ✓

1.18 Qual deve ser a taxa mensal de inflação para que os preços dupliquem em quatro anos?

Solução:

Sabemos que os preços inflacionados crescem em progressão geométrica, ou seja:

$$S = P(1 + \theta)^n$$

em que S representa o preço inflacionado; P o preço no ano base; θ a taxa mensal de inflação e n o espaço de tempo considerado.

Portanto:

$$\theta = \sqrt[n]{\frac{S}{P}} - 1 \qquad (I)$$

Aplicando $n = 4$ anos $= 48$ meses e $S = 2P$ em (I) obtemos:

$$\theta = \sqrt[48]{\frac{2P}{P}} - 1 = \sqrt[48]{2} - 1 \cong 0{,}0145 \cong 1{,}45\,\% \checkmark$$

1.19 Considere a relação $S = P(1 + \theta)^n$ em que S representa o preço inflacionado; P o preço no ano base; θ a taxa mensal de inflação e n o espaço de tempo considerado (vide exercício anterior).

Mostre que:

$$n = \frac{\log S - \log P}{\log(1 + \theta)} = \frac{\log\left(S/P\right)}{\log(1 + \theta)}$$

Solução:

$S = P(1 + \theta)^n$ pode ser escrita como:

$$\frac{S}{P} = (1 + \theta)^n \tag{I}$$

Aplicando logaritmos decimais em ambos os membros em (I), temos:

$$\log\left(\frac{S}{P}\right) = \log(1 + \theta)^n \tag{II}$$

Contudo, pelas propriedades dos logaritmos, temos que *o logaritmo de um quociente entre dois números é igual à diferença dos logaritmos desses números* e que *o logaritmo de uma potência de um número é igual à potência multiplicada pelo logaritmo desse número.*

Portanto, em (II) podemos obter:

$$\log S - \log P - n \times \log(1 + \theta)$$

$$\therefore \quad n \times \log(1 + \theta) = \log S - \log P$$

$$\therefore \quad n = \frac{\log S - \log P}{\log(1 + \theta)} = \frac{\log\left(\frac{S}{P}\right)}{\log(1 + \theta)} \checkmark$$

1.20 O Supermercado Vende Tudo anuncia uma liquidação em que o preço de determinado bem de consumo diminuiu em 400 %. Pede-se comentar esse anúncio, indicando se o mesmo está certo ou errado.

Solução:

Evidentemente, o anúncio está errado, porquanto nada pode ser diminuído em mais de 100 %. Observe que, se o preço for reduzido em 100 %, nada mais resta a ser diminuído! $\checkmark$

1.21 Na residência do Capitão Rapadura, no dia 14/03/2009, foram consumidos 300 litros de água e no dia 17/03/2009, 600 litros de água. Durante esse espaço de tempo, qual foi a taxa média de variação do consumo de água ao dia?

Solução:

Seja C = consumo de água e D = número de dias.

Lembrando que a variação de uma grandeza é dada pela diferença entre seu valor final e inicial, podemos então calcular a taxa média de variação para o consumo de água:

$$\bar{C} = \frac{\Delta C}{\Delta D} = \frac{600 - 300}{17 - 14} = \frac{300}{3} = 100 \text{ litros/dia} \checkmark$$

1.22 A amplitude de um conjunto de valores é 100. Se a distribuição de frequências apresenta 10 classes, qual será o ponto médio da quarta classe se o limite inferior da primeira classe é igual a 4?

Solução:

Sabemos que:

Amplitude total $A_t = 100$;
Número de classes $k = 10$;
Limite inferior da 1ª classe $L_1 = 4$.

Assim, a amplitude de classe h será:

$$h = \frac{A_t}{k} = \frac{100}{10} = 10$$

Portanto, a primeira classe é 4 |— 14 e a quarta 34 |— 44. Consequentemente, o ponto médio x_4 valerá:

$$x_4 = \frac{34 + 44}{2} = 39 \checkmark$$

1.23 Vinte alunos foram submetidos a um teste de aproveitamento cujos resultados formam os que se seguem:

26	28	24	13	18
18	25	18	25	24
20	21	15	28	17
27	22	13	19	28

Pede-se agrupar tais resultados em uma distribuição de frequências segundo os conceitos: *Excelente, Muito bom, Bom, Regular, Sofrível* e *Insuficiente*.

Solução:

Inicialmente, deveremos encontrar a amplitude total da distribuição, ou seja, a diferença entre o valor máximo e o valor mínimo da distribuição. No caso em destaque, teremos:

$$A_t = 28 - 13 = 15$$

Ora, já sabemos que o número de classes k, determinado pelo número de conceitos, será igual a 6. Portanto, o intervalo de classes será o resultado da divisão da amplitude total pelo número de classes:

$$h = \frac{A_t}{k} = \frac{15}{6} = 2,5$$

Como a divisão da amplitude pelo número de classes gerou um número fracionário, o intervalo passa a ser o número mais próximo. Nesse caso, optamos por $h = 3$. Assim, pois, os valores serão agrupados em intervalos de amplitude igual a 3, como demonstra o quadro seguinte:

Classes	Contagem	Frequências		
		Simples	Acumulada	Relativa
13 ⊢ 16	///	3	3	0,15
16 ⊢ 19	////	4	7	0,20
19 ⊢ 22	///	3	10	0,15
22 ⊢ 25	///	3	13	0,15
25 ⊢ 28	////	4	17	0,20
28 ⊢ 31	///	3	20	0,15
Total		20	–	1,00

1.24 Na Empresa Mercury Ltda. foi observada a distribuição de funcionários do setor de serviços gerais com relação ao salário semanal, conforme mostra a distribuição de frequências:

Salário semanal (em $)	Número de funcionários
25 ⊣ 30	10
30 ⊣ 35	20
35 ⊣ 40	30
40 ⊣ 45	15
45 ⊣ 50	40
50 ⊣ 55	35
Total	150

Pede-se:

a. o salário médio semanal dos funcionários;

b. o desvio padrão, o coeficiente de variação e a assimetria dos salários semanais dos funcionários;

c. se o empresário divide os funcionários em três categorias, com relação ao salário, de sorte que:

• os 25 % menos produtivos sejam da categoria A;

• os 25 % seguintes sejam da categoria B;

• os 25 % seguintes, isto é, os mais produtivos, sejam da categoria C;

pede-se determinar os limites dos salários das categorias A, B e C.

Estatística Descritiva **31**

Solução:

Considere o quadro auxiliar, em que X_i representa o ponto médio da i-ésima classe e f_i, F_i, as frequências absolutas, simples e acumuladas, respectivamente:

Classes	X_i	f_i	F_i	$X_i f_i$	$X_i^2 f_i$
25 ⊣ 30	27,5	10	10	275,00	7562,50
30 ⊣ 35	32,5	20	30	650,00	21.125,00
35 ⊣ 40	37,5	30	60	1125,00	42.187,50
40 ⊣ 45	42,5	15	75	637,50	27.093,75
45 ⊣ 50	47,5	40	115	1900,00	90.250,00
50 ⊣ 55	52,5	35	150	1837,50	96.468,75
Total	–	150	–	6425,00	284.687,50

a. Salário médio semanal:

$$\overline{X} = \frac{\sum_{i=1}^{6} X_i f_i}{\sum_{i=1}^{6} f_i} = \frac{6425}{150} \cong \$\ 42,83\ \checkmark$$

Desvio padrão:

$$\sigma^2 = \frac{\sum_{i=1}^{6} X_i^2 f_i}{\sum_{i=1}^{6} f_i} - \overline{X}^2 = \frac{284.687,5}{150} - 42,83^2$$

$$\sigma^2 \cong 63,51 \quad \therefore \quad \sigma \cong \$\ 7,97\ \checkmark$$

Salário modal semanal:

$$M_0 = L_0 + \frac{\Delta_1}{\Delta_1 + \Delta_2} \times h$$

em que:

L_0: limite inferior da classe modal;

Δ_1: diferença entre a frequência absoluta simples da classe modal e a imediatamente anterior;

Δ_2: diferença entre a frequência absoluta simples da classe modal e a imediatamente posterior;

h: amplitude da classe modal.

Então:

$$L_0 = 45 \qquad\qquad \therefore\ M_0 = 45 + \frac{25}{25 + 5} \times 5$$

$$\Delta_1 = 40 - 15 = 25 \qquad \therefore\ M_0 \cong \$\ 49,16\ \checkmark$$
$$\Delta_2 = 40 - 35 = 5$$
$$h = 50 - 45 = 5$$

Coeficiente de variação:

$$\mathrm{CV} = \frac{\sigma}{\overline{X}} = \frac{7,97}{42,83} \cong 0,1861 \cong 18,61\ \%\ \checkmark$$

Coeficiente de assimetria:

$$A_s = \frac{\overline{X} - M_0}{\sigma} = \frac{42,83 - 49,16}{7,97} = -0,79\ \checkmark$$

b. Para estabelecer os limites de salário entre as categorias A, B e C, necessário se faz que calculemos os percentis de ordem 25, 50 e 75, respectivamente. A fórmula genérica para o seu cálculo é dada por:

$$P_r = L_r + \frac{I_r - F_{ar}}{f_r} \times h_r$$

em que:

r: ordem percentil;
L_r: limite inferior da classe percentil de ordem r;
I_r: posição do percentil de ordem r dado por:

$$I_r = \frac{r \sum_{i=1}^{6} f_i}{100}$$

F_{ar}: frequência absoluta acumulada imediatamente anterior à classe percentil de ordem r;
f_r: frequência simples da classe percentil de ordem r;
h_r: amplitude da classe percentil de ordem r.

Logo,

Limite da classe A:

$$r = 25$$
$$I_{25} = \frac{25 \times 150}{100} = 37,5 \qquad\qquad \therefore\ P_{25} = 35 + \frac{37,5 - 30}{30} \times 5$$
$$L_{25} = 35 \qquad\qquad\qquad\qquad \therefore\ P_{25} \cong \$\ 36,25\ \checkmark$$

Estatística Descritiva **33**

$F_{a25} = 30$
$f_{25} = 30$
$h_{25} = 40 - 35 = 5$

Limite da classe B:
$r = 50$
$$I_{50} = \frac{50 \times 150}{100} = 75 \qquad \therefore \ P_{50} = 40 + \frac{75 - 60}{15} \times 5$$
$L_{50} = 40$ $\qquad\qquad\qquad\qquad \therefore \ P_{50} \cong \$\,45 \checkmark$
$F_{a50} = 60$
$f_{50} = 15$
$h_{50} = 45 - 40 = 5$

Limite da classe C:
$r = 75$
$$I_{75} = \frac{75 \times 150}{100} = 112,5 \qquad \therefore \ P_{75} = 45 + \frac{112,5 - 75}{40} \times 5$$
$L_{75} = 45$ $\qquad\qquad\qquad\qquad \therefore \ P_{75} \cong \$\,49,68 \checkmark$
$F_{a75} = 75$
$f_{75} = 40$
$h_{75} = 50 - 45 = 5$

1.25 Uma pesquisa sobre a renda anual familiar realizada com uma amostra de 1000 pessoas na cidade de Tangará resultou na seguinte distribuição de frequências:

Salário anual (em $ 1000)	Número de funcionários
0,00 ⊣ 10,00	250
10,00 ⊣ 20,00	300
20,00 ⊣ 30,00	200
30,00 ⊣ 40,00	120
40,00 ⊣ 50,00	60
50,00 ⊣ 60,00	40
60,00 ⊣ 70,00	20
70,00 ⊣ 80,00	10
Total	1000

Pede-se determinar a média, a moda, os quartis e o coeficiente de variação dos salários.

34 *Capítulo 1*

Solução:

Considere o quadro auxiliar:

Classes	X_i	f_i	F_i	$X_i f_i$	$X_i^2 f_i$
0,00 ⊣ 10,00	5	250	250	1250	6250
10,00 ⊣ 20,00	15	300	550	4500	67.500
20,00 ⊣ 30,00	25	200	750	5000	125.000
30,00 ⊣ 40,00	35	120	870	4200	147.000
40,00 ⊣ 50,00	45	60	930	2700	121.500
50,00 ⊣ 60,00	55	40	970	2200	121.000
60,00 ⊣ 70,00	65	20	990	1300	84.500
70,00 ⊣ 80,00	75	10	1000	750	56.250
Total	–	1000	–	21.900	729.000

Salário médio anual:

$$\bar{X} = \frac{\sum_{i=1}^{8} X_i f_i}{\sum_{i=1}^{8} f_i} = \frac{21.900}{1000} \cong \$\,21,9\,(\times 1000)\ \checkmark$$

Salário modal anual:

$$M_0 = L_0 + \frac{\Delta_1}{\Delta_1 + \Delta_2} \times h$$

em que:

L_0: limite inferior da classe modal;
Δ_1: diferença entre a frequência absoluta simples da classe modal e a imediatamente anterior;
Δ_2: diferença entre a frequência absoluta simples da classe modal e a imediatamente posterior;
h: amplitude da classe modal.

Então:

$L_0 = 10$

$\Delta_1 = 300 - 250 = 50$
$\Delta_2 = 300 - 200 = 100$
$h = 20 - 10 = 10$

$\therefore\ M_0 = 10 + \dfrac{50}{50 + 100} \times 10$

$\therefore\ M_0 \cong \$\,13,33\,(\times 1000)\ \checkmark$

Estatística Descritiva **35**

Divisão dos salários por quartis:

$$P_r = L_r + \frac{I_r - F_{ar}}{f_r} \times h_r$$

em que:

r: ordem percentil;
L_r: limite inferior da classe percentil de ordem r;
I_r: posição do percentil de ordem r dado por:

$$I_r = \frac{r \sum_{i=1}^{8} f_i}{100}$$

F_{ar}: frequência absoluta acumulada imediatamente anterior à classe percentil de ordem r;
f_r: frequência simples da classe percentil de ordem r;
h_r: amplitude da classe percentil de ordem r.

Logo,

1º Quartil:
$r = 25$
$I_{25} = \dfrac{25 \times 1000}{100} = 250$ $\therefore \ P_{25} = 0 + \dfrac{250 - 0}{250} \times 10$

$L_{25} = 0$ $\therefore \ P_{25} = \$ \ 10 \ (\times 1000) \ \checkmark$
$F_{a25} = 0$
$f_{25} = 250$
$h_{25} = 10 - 0 = 10$

2º Quartil:
$r = 50$
$I_{50} = \dfrac{50 \times 1000}{100} = 500$ $\therefore \ P_{50} = 10 + \dfrac{500 - 250}{300} \times 10$

$L_{50} = 10$ $\therefore \ P_{50} = \$ \ 18,33 \ (\times 1000) \ \checkmark$
$F_{a50} = 250$
$f_{50} = 300$
$h_{50} = 20 - 10 = 10$

3º Quartil:
$r = 75$
$I_{75} = \dfrac{75 \times 1000}{100} = 750$ $\therefore \ P_{75} = 20 + \dfrac{750 - 550}{200} \times 10$

$L_{75} = 20$ $\therefore \ P_{75} = \$ \ 30 \ (\times 1000) \ \checkmark$
$F_{a75} = 750$
$f_{75} = 200$
$h_{75} = 30 - 20 = 10$

Coeficiente de variação:

$$\sigma^2 = \frac{\sum\limits_{i=1}^{8} X_i^2 f_i}{\sum\limits_{i=1}^{8} f_i} - \bar{X}^2 = \frac{729.000}{1000} - 21,9^2$$

$$\sigma^2 \cong 249,39 \quad \therefore \quad \sigma \cong \$\,15,79 \,(\times 1000)$$

$$CV = \frac{\sigma}{\bar{X}} = \frac{15,79}{21,9} \cong 72,1\,\% \ \checkmark$$

1.26 Considere a distribuição de frequências:

Classes	Frequências
02 ⊢ 04	3
04 ⊢ 06	k
06 ⊢ 08	1001
08 ⊢ 10	$3\,k - 12$
10 ⊢ 12	3

Determine o valor de k de sorte que a média, a moda e a mediana possuam valores iguais.

Solução:

Como a média, a moda e a mediana são iguais, podemos afirmar que a distribuição em destaque é simétrica.

$$\text{Portanto, } 3\,k - 12 = k$$

$$2\,k = 12 \quad \therefore \quad k = 6 \ \checkmark$$

Convém lembrar que para se calcular os valores da média, da moda e da mediana em uma distribuição simétrica de frequências, basta calcular o ponto médio da classe de maior frequência.

$$\text{No caso específico, } \bar{X} = M_0 = Q_2 = \frac{6+8}{2} = 7 \ \checkmark$$

1.27 Uma distribuição de frequências *simétrica unimodal* apresentou os seguintes resultados:

Moda de Czuber 18
Amplitude de classe 4

Pede-se determinar o limite inferior da classe modal.

Solução:
Sabemos que a moda de Czuber é dada por:

$$M_0 = L_0 + \frac{\Delta_1}{\Delta_1 + \Delta_2} \times h \qquad \text{(I)}$$

em que:

L_0: limite inferior da classe modal;
Δ_1: diferença entre a frequência absoluta simples da classe modal e a imediatamente anterior;
Δ_2: diferença entre a frequência absoluta simples da classe modal e a imediatamente posterior;
h: amplitude da classe modal.

Como a distribuição é *simétrica unimodal*, temos $\Delta_1 = \Delta_2$. Assim, em (I), obtemos:

$$M_0 = L_0 + \frac{1}{2} \times h \qquad \text{(II)}$$

Portanto, substituindo os valores em (II) temos:

$$18 = L_0 + \frac{1}{2} \times 4 \quad \therefore \quad L_0 = 16 \checkmark$$

Nota: Em uma distribuição de frequências unimodal, a moda de Czuber coincide com o ponto médio da classe de maior frequência (moda bruta).

1.28 Em um grupo de 600 hóspedes do Hotel Mary Posa & Cia. Ltda., tem-se os seguintes valores com relação ao tempo de permanência no hotel:

Média..................................... 9 dias;
1º Quartil................................. 5 dias;
3º Quartil................................. 15 dias;
Coeficiente de variação............ 20 %.

Pede-se:

a. quantos hóspedes permanecem mais de 15 dias;
b. quantos hóspedes permanecem entre 5 e 15 dias;
c. o desvio padrão para o tempo de permanência;
d. supondo que todos os hóspedes permanecessem mais dois dias, calcular a nova média, o desvio padrão e o coeficiente de variação.

Solução:

Cumpre lembrar que os quartis dividem uma série ordenada em quatro partes de igual frequência, conforme mostra a figura:

Q_1	Q_2	Q_3
25 %	50 %	75 %

em que Q_i $(i = 1, 2, 3)$ representa o quartil de ordem i.

Então:

a. mais de 15 dias: 25 % de 600 = 150 hóspedes; ✓
b. entre 5 e 15 dias: 50 % de 600 = 300 hóspedes; ✓
c. o coeficiente de variação CV é dado por:

$$CV = \frac{\sigma}{\overline{X}}, \text{ com } \overline{X} = 9 \text{ dias e } CV = 0,2$$

$$\text{Logo, } \sigma = \overline{X} \times CV = 9 \times 0,2 = 1,8 \text{ dia } ✓$$

d. Quando somamos uma constante qualquer a todos os valores de uma série, a média fica acrescida dessa constante e o desvio padrão permanece inalterado.

Consequentemente:

Nova média.. 9 + 2 = 11 dias ✓
Novo desvio padrão..................................... 1,8 dia ✓
Novo coeficiente de variação..................... $CV^* = \dfrac{1,8}{11} \cong 16,36 \%$ ✓

1.29 Considere a distribuição a seguir relativa a notas de dois alunos de informática durante determinado semestre:

Aluno A	9,5	9,0	2,0	6,0	6,5	3,0	7,0	2,0
Aluno B	5,0	5,5	4,5	6,0	5,5	5,0	4,5	4,0

a. Calcule as notas médias de cada aluno.
b. Qual aluno apresentou resultado mais homogêneo? Justifique.

Solução:

Represente por X_i as notas obtidas pelo Aluno A e por Y_i as do Aluno B ($i = 1$, 2, ..., 8).

Estatística Descritiva **39**

Considere o quadro auxiliar:

X_i	X_i^2	Y_i	Y_i^2
9,50	90,25	5,00	25,00
9,00	81,00	5,50	30,25
2,00	4,00	4,50	20,25
6,00	36,00	6,00	36,00
6,50	42,25	5,50	30,25
3,00	9,00	5,00	25,00
7,00	49,00	4,50	20,25
2,00	4,00	4,00	16,00
45,00	315,50	40,00	203,00

a. Cálculo das notas médias:

$$\bar{X} = \frac{\sum_{i=1}^{8} X_i}{n} = \frac{45}{8} \cong 5,62 \ \checkmark$$

$$\bar{Y} = \frac{\sum_{i=1}^{8} Y_i}{n} = \frac{40}{8} \cong 5 \ \checkmark$$

b. Cálculo dos coeficientes de variação:

$$\sigma_x^2 = \frac{\sum_{i=1}^{8} X_i^2}{n} - \bar{X}^2 = \frac{315,5}{8} - 5,62^2 \cong 7,79 \ \therefore \ \sigma_x = 2,79$$

$$\sigma_y^2 = \frac{\sum_{i=1}^{8} Y_i^2}{n} - \bar{Y}^2 = \frac{203}{8} - 5^2 \cong 0,375 \ \therefore \ \sigma_y = 0,61$$

Como $n < 30$, devemos utilizar a correção de Bessel $\sqrt{\dfrac{n}{n-1}}$ para obtermos o desvio padrão amostral:

$$s_x = \sigma_x \times \sqrt{\frac{n}{n-1}} = 2,79 \times \sqrt{\frac{8}{7}} = 2,98$$

$$s_y = \sigma_y \times \sqrt{\frac{n}{n-1}} = 0,61 \times \sqrt{\frac{8}{7}} = 0,652$$

40 *Capítulo 1*

Portanto:

$$CV_x = \frac{s_x}{\overline{X}} = \frac{2,98}{5,62} \cong 53,02\ \% \checkmark$$

$$CV_y = \frac{s_y}{\overline{Y}} = \frac{0,652}{5} \cong 13,04\ \% \checkmark$$

O Aluno *B* apresentou resultado mais homogêneo, pois apresentou menor dispersão relativa. ✓

1.30 Calcule o 60º percentil da sequência *X*: 1, 8, 7, 5, 6, 10, 12, 1, 9 e interprete-o.

Solução:
Ordenando a sequência, obtemos o *rol:*

$$X:\ 1, 1, 5, 6, 7, 8, 9, 10, 12.$$

Calculando 60 % de 9, que é o número de elementos da série, obtemos:

$$\frac{60 \times 9}{100} = 5,4$$

Esse valor *não inteiro* indica que o P_{60} é um valor situado entre o 5º e o 6º elemento da sequência.

Observando diretamente no *rol* os elementos que ocupam a 5ª e a 6ª posição, encontramos 7 e 8, respectivamente. Portanto:

$$P_{60} = \frac{7+8}{2} = 7,5 \checkmark$$

Interpretação: 60 % dos valores da sequência são menores ou iguais a 7,5 e 40 % dos valores da sequência são maiores ou iguais a 7,5.

1.31 Calcular a mediana da série estatística:

X_i	f_i
0	3
1	5
2	8
3	10
5	6
Total	32

Estatística Descritiva **41**

Solução:

O número de elementos da série é 32 (par). Logo, admite dois termos centrais que ocupam as posições: $(32/2)^\circ = 16^\circ$ e $(32/2 + 1)^\circ = 17^\circ$. Para localizar esses elementos, é necessário construirmos a frequência acumulada da série:

X_i	f_i	F_i
0	3	3
1	5	8
2	8	16
3	10	26
5	6	32
Total	32	–

As três primeiras posições da série são ocupadas por elementos iguais a 0.

Da 4ª à 8ª posição os elementos são iguais a 1. Da 9ª à 16ª posição os elementos são iguais a 2. Da 17ª à 26ª posição os elementos valem 3.

Portanto, o elemento que ocupa a 16ª posição é 2 e o elemento que ocupa a 17ª posição é 3 e, consequentemente, a mediana é:

$$Q_2 = \frac{2 + 3}{2} = 2,5 \checkmark$$

Interpretação: 50 % dos valores da série são menores ou iguais a 2,5 e 50 % dos valores da série são maiores ou iguais a 2,5.

1.32 Considere a distribuição de frequências relativa aos salários quinzenais da Empresa Yasmin Ltda.:

Salário quinzenal (em $)	Número de funcionários
185 ⊣ 195	10
195 ⊣ 205	15
205 ⊣ 215	12
215 ⊣ 225	19
225 ⊣ 235	21
235 ⊣ 245	35
Total	112

Pede-se:

a. o salário médio, mediano e modal dos funcionários;

b. o coeficiente de variação e assimetria dos salários quinzenais dos funcionários;

c. suponha que o presidente da empresa tenha dado um reajuste de 15 % aos funcionários. Qual o novo salário médio e o novo coeficiente de variação?

Solução:

Destaque o quadro auxiliar, em que X_i representa o ponto médio da i-ésima classe e f_i, F_i, as frequências absolutas, simples e acumuladas, respectivamente:

Classes	X_i	f_i	F_i	$X_i f_i$	$X_i^2 f_i$
185 ⊣ 195	190	10	10	1900	361.000
195 ⊣ 205	200	15	25	3000	600.000
205 ⊣ 215	210	12	37	2520	529.200
215 ⊣ 225	220	19	56	4180	919.600
225 ⊣ 235	230	21	77	4830	1.110.900
235 ⊣ 245	240	35	112	8400	2.016.000
Total	–	112	–	24.830	5.536.700

a. *Salário médio quinzenal*:

$$\bar{X} = \frac{\displaystyle\sum_{i=1}^{6} X_i f_i}{\displaystyle\sum_{i=1}^{6} f_i} = \frac{24.830}{112} \cong \$ \ 221{,}6 \ ✓$$

Salário mediano quinzenal:

$$P_r = L_r + \frac{I_r - F_{ar}}{f_r} \times h_r$$

r: ordem percentil;

L_r: limite inferior da classe percentil de ordem r;

I_r: posição do percentil de ordem r dado por:

$$I_r = \frac{r \displaystyle\sum_{i=1}^{6} f_i}{100}$$

F_{ar}: frequência absoluta acumulada imediatamente anterior à classe percentil de ordem r;

f_r: frequência simples da classe percentil de ordem r;

h_r: amplitude da classe percentil de ordem r.

Portanto:

$r = 50$

$I_{50} = \dfrac{50 \times 112}{100} = 56 \quad \therefore \quad P_{50} = 215 + \dfrac{56 - 37}{19} \times 10$

$L_{50} = 215 \qquad\qquad\qquad \therefore \quad P_{50} = \$\,225 \checkmark$

$F_{a50} = 37$

$f_{50} = 19$

$h_{50} = 195 - 185 = 10$

Salário modal quinzenal:

$$M_0 = L_0 + \frac{\Delta_1}{\Delta_1 + \Delta_2} \times h$$

em que:

L_0: limite inferior da classe modal;

Δ_1: diferença entre a frequência absoluta simples da classe modal e a imediatamente anterior;

Δ_2: diferença entre a frequência absoluta simples da classe modal e a imediatamente posterior;

h: amplitude da classe modal.

Então:

$L_0 = 235 \qquad\qquad\qquad \therefore \quad M_0 = 235 + \dfrac{14}{14 + 35} \times 10$

$\Delta_1 = 35 - 21 = 14 \quad \therefore \quad M_0 \cong \$\,237,8 \checkmark$

$\Delta_2 = 35 - 0 = 35$

$h = 245 - 235 = 10$

b. *Desvio padrão*:

$$\sigma^2 = \frac{\displaystyle\sum_{i=1}^{6} X_i^2 f_i}{\displaystyle\sum_{i=1}^{6} f_i} - \bar{X}^2 = \frac{5.536.700}{112} - 221,6^2$$

$$\sigma^2 \cong 328,26 \quad \therefore \quad \sigma \cong \$\,18,11 \checkmark$$

Coeficiente de variação:

$$CV = \frac{\sigma}{\bar{X}} = \frac{18,11}{221,6} \cong 0,0816 \cong 8,16\ \% \checkmark$$

Coeficiente de assimetria:

$$A_s = \frac{\bar{X} - M_0}{\sigma} = \frac{221,6 - 237,8}{18,11} = -0,89 \checkmark$$

44 *Capítulo 1*

c. Quando multiplicamos uma constante qualquer a todos os valores de uma série, a média fica multiplicada por essa constante e a variância pelo quadrado dessa constante.

Portanto, dar um reajuste de 15 % significa multiplicar todos os salários por 1,15. Desse modo:

Nova média... $221,6 \times 1,15 = \$ 254,84$ ✓

Novo desvio padrão........................... $18,11 \times 1,15 = \$ 20,82$ ✓

Novo coeficiente de variação.............. $CV^* = \dfrac{20,82}{254,80} \cong 8,16\ \%$ ✓

1.33 Considere a distribuição de frequências:

Classes	f_i
03 ⊢ 06	2
06 ⊢ 09	5
09 ⊢ 12	8
12 ⊢ 15	3
15 ⊢ 18	2
Total	20

Pede-se determinar a mediana e o percentil de ordem 80º.

Solução:

Cálculo da mediana

Sabemos que a mediana separa o número de elementos da série ordenada em dois grupos de igual frequência.

Portanto, a posição da mediana da série em destaque é $(20/2)^{\text{o}} = 10^{\text{o}}$.

O valor 10 indica que a mediana é um elemento situado entre o 7º e o 15º elemento da série.

Consideremos a frequência acumulada F_i para identificar em qual classe está situado o 10º elemento da série.

Classes	f_i	F_i
03 ⊢ 06	2	2
06 ⊢ 09	5	7
09 ⊢ 12	8	15
12 ⊢ 15	3	18
15 ⊢ 18	2	20
Total	20	–

Estatística Descritiva **45**

Verifica-se facilmente (vide quadro anterior) que o 10º elemento está posicionado na *terceira classe*, indicando, assim, que a mediana é um valor compreendido entre 9 e 12: essa classe será identificada como *classe mediana*.

Observemos que esse *intervalo de três unidades* contém *oito elementos*. Portanto, poderemos dividir tal intervalo de modo proporcional à mediana da série, supondo que eles estejam *uniformemente distribuídos*.

Considere o quadro abaixo, no qual t representa a mediana procurada:

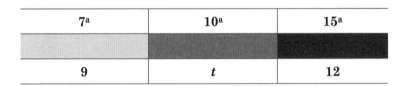

$$\frac{15-7}{12-9} = \frac{10-7}{t-9} \therefore t = 9 + \frac{10-7}{8} \times 3$$

Portanto, $t = 10{,}125$ ✓

Cálculo do percentil de ordem 80º

Sabemos que os percentis são definidos como cada um dos 99 valores que dividem uma distribuição de frequências em 100 intervalos iguais.

Calculando a posição do percentil de ordem 80º da série em tela, temos:

$$80\% \text{ de } 20 = 0{,}8 \times 20 = 16º$$

Observando a coluna de frequências acumuladas da tabela, verificamos que o percentil de ordem 80º é um elemento posicionado entre o 15º e o 18º elemento da série. Portanto, o percentil procurado p encontra-se na quarta classe da distribuição, conforme diagrama que se segue:

15ª	16ª	18ª
12	p	15

$$\frac{18-15}{15-12} = \frac{16-15}{p-12} \therefore p = 12 + \frac{15-12}{3} \times 1$$

Portanto, $p = 13$ ✓

1.34 Uma distribuição *simétrica unimodal* apresenta mediana igual a 36 dm e coeficiente de variação em torno de 20 %. Determine a variância dessa distribuição.

Solução:

Em uma distribuição *simétrica unimodal*, a média, a moda e a mediana possuem valores iguais, ou seja:

$$\bar{X} = M_o = Q_2 = 36$$

Sabemos que o coeficiente de variação é dado por:

$$CV = \frac{\sigma}{\bar{X}} \text{ com } CV = 20\% = 0,2 \wedge \bar{X} = 36$$

Assim:

$$0,20 = \frac{\sigma}{36}$$

$$\sigma = 7,2 \quad \therefore \quad \sigma^2 = 51,84 \text{ dm}^2 \checkmark$$

1.35 O raio médio de um grande número de esferas é 10 cm, com desvio padrão de 3 cm. Calcule a média das superfícies externas das esferas.

Solução:

Se r_i e S_i ($i = 1, 2, 3, \ldots, n$) representam, respectivamente, o raio e a superfície da i-ésima esfera, então:

$$S_i = 4\pi r_1^2$$

Somando todas as superfícies externas das esferas, teremos:

$$\sum_{i=1}^{n} S_i = 4\pi \sum_{i=1}^{n} r_i^2$$

Dividido por n esferas, obtemos:

$$\bar{S} = 4\pi \frac{\sum_{i=1}^{n} r_i^2}{n} \qquad \text{(I)}$$

Contudo também sabemos que a variância é dada por:

$$\sigma^2 = \frac{\sum_{i=1}^{n} r_i^2}{n} - \bar{r}_i^2 \text{ com } \sigma = 3 \text{ cm e } \bar{r} = 10 \text{ cm}$$

$$\text{Assim, } 3^2 = \frac{\sum_{i=1}^{n} r_i^2}{n} - 10^2 \quad \therefore \quad \frac{\sum_{i=1}^{n} r_i^2}{n} = 109 \qquad \text{(II)}$$

Finalmente, substituindo (II) em (I), encontraremos a média das superfícies externas das esferas.

$$\overline{S} = 436\,\pi\;\text{cm}\;\checkmark$$

1.36 Considere as séries estatísticas:

$X: X_1, X_2, X_3, \ldots, X_n$ com média $\mu_x \neq 0$ e desvio padrão σ_x;

$Y: Y_1, Y_2, Y_3, \ldots, Y_n$ com média μ_Y e desvio padrão σ_y.

Portanto:

$$Y_i = \frac{X_i}{\mu_x}\; i = 1, 2, 3, \ldots, n.$$

Mostre que o desvio padrão do conjunto Y é igual ao coeficiente de variação do conjunto X, ou seja:

$$\sigma_y = \frac{\sigma_x}{\mu_x}$$

Solução:

Observemos que a média do conjunto Y é dada por:

$$\mu_y = \frac{\displaystyle\sum_{i=1}^{n} Y_i}{n} = \frac{1}{n}\frac{\displaystyle\sum_{i=1}^{n} X_i}{\mu_x} = \frac{1}{\mu_x}\frac{\displaystyle\sum_{i=1}^{n} X_i}{n} = \frac{\mu_x}{\mu_x} = 1$$

Temos então:

$$\sigma_y^2 = \frac{\displaystyle\sum_{i=1}^{n}(Y_i - \mu_y)^2}{n} = \frac{1}{n}\sum_{i=1}^{n}\left(\frac{X_i}{\mu_x} - 1\right)^2 = \frac{1}{n}\sum_{i=1}^{n}\left(\frac{X_i - \mu_x}{\mu_x}\right)^2$$

$$\sigma_y^2 = \frac{1}{n}\frac{1}{\mu_x^2}\sum_{i=1}^{n}(X_i - \mu_x)^2 = \frac{1}{\mu_x^2}\sum_{i=1}^{n}\frac{(X_i - \mu_x)^2}{n} = \frac{\sigma_x^2}{\mu_x^2}$$

$$\text{Portanto, } \sigma_y = \frac{\sigma_x}{\mu_x}\;\checkmark$$

1.37 O gerente de produção da Indústria Tangará Ltda. desejava estabelecer um critério objetivo para medir o grau de produtividade dos setores que administra. Para tanto, passou a utilizar o método que consiste em dividir a produção Q_i de cada setor, em determinado espaço de tempo, por sua respectiva produção média $\overline{Q}$ multiplicada por 100, estabelecendo assim, o *índice de produtividade* do setor P_i. Matematicamente:

$$P_i = \frac{Q_i}{\overline{Q}} \times 100 \text{ para } i = 1, 2, 3, \ldots, n$$

48　*Capítulo 1*

Fundamentado no método utilizado por esse gerente de produção, pede-se determinar os índices de produtividade, a média e o desvio padrão para esses índices, indicando quais os setores que apresentaram deficiência, tomando por base as quantidades de peças produzidas durante determinado espaço de tempo (ver quadro seguinte).

Produção de peças por setor			
A	B	C	D
3500	3000	4000	5500
Média: 4000		Desvio padrão: 1080,12	

Solução:

Dividindo a produção de cada setor pela produção média de 4000 peças e multiplicando o resultado obtido por 100, encontramos os índices de produtividade P_i. Por exemplo, para o setor B, temos:

$$P_2 = \frac{3000}{4000} \times 100 = 75,0$$

Resumindo,

Índice de produtividade por setor			
A	**B**	**C**	**D**
87,5	75,0	100,0	137,5
Média: 100,0		Desvio padrão: 27 %	

Para o cálculo da média e o desvio padrão amostral desses índices lançou-se mão dos resultados do exercício precedente: a média de $\dfrac{Q_i}{\overline{Q}}$ é sempre igual à unidade e seu desvio padrão amostral igual ao coeficiente de variação dos valores das quantidades produzidas Q_i, ou seja, $s = \mathrm{CV} = \dfrac{1080,12}{4000} = 0,2700$. Como todos os valores de $\dfrac{Q_i}{\overline{Q}}$ foram multiplicados por 100, sua média e o seu desvio padrão amostral ficaram multiplicados também por essa constante.

Conclusão: no que diz respeito aos setores que apresentaram deficiência, constata-se que A e B operaram abaixo da média com taxas de 12,5 % e 25,0 %, respectivamente. ✓

Estatística Descritiva **49**

1.38 Considere as seguintes informações:

Característica	Estatística	
	Média	Desvio padrão
Salário em $	500	50
Anos de trabalho	100	20

Pergunta-se: qual das duas características variou mais?

Solução:

O principiante tende a responder: *o salário, pois teve um desvio padrão maior.* De fato, temos 50 > 20, mas é inválida a comparação, visto que não podemos comparar grandezas de dimensões (ou unidades) heterogêneas. Para contornar essa situação, o desvio padrão foi substituído pela medida adimensional *coeficiente de variação.*

No caso em estudo, temos:

Salário: $CV = \dfrac{50}{500} = 10\%$

Anos de trabalho: $CV = \dfrac{20}{100} = 20\%$

Logo, a variável *Anos de trabalho* variou mais, pois apresentou um maior coeficiente de variação. ✔

1.39 A Empresa Metálica S.A. está testando a resistência de dois tipos de molas a serem utilizadas em seu processo de fabricação. O primeiro tipo foi testado 1700 vezes, em média, com sucesso, apresentando um desvio padrão de 150. Já o segundo tipo de mola apresentou uma média de teste com sucesso de 1000 vezes e desvio padrão de 149. Indicar qual tipo de mola apresentou maior capacidade média de resistência nos testes efetuados.

Solução:

Apesar das duas situações apresentarem dispersões absolutas próximas (desvios padrão quase iguais), percebe-se que o primeiro tipo de mola, com 700 testes positivos a mais, obteve nível de sucesso bem superior, pois, em termos de coeficiente de variação, apresentou menor variação relativa, indicando maior capacidade média de resistência dos testes efetuados, conforme demonstrado a seguir.

$$CV_I = \frac{150}{1700} = 0,088 = 8,8\% \; ✔$$

$$CV_{II} = \frac{149}{1000} = 0,149 = 14,9\% \; ✔$$

1.40 A tabela abaixo demonstra os dados anuais de vendas (em $) das regiões A, B, C e D por vendedores.

Região	Vendas médias	Desvio padrão
A	10.000	2400
B	13.000	3000
C	18.000	4000
D	20.000	7000

Destacar qual a região que apresentou equipe de vendas de desempenho mais homogêneo.

Solução:

Observe que os desvios padrão das vendas não podem ser comparados. É necessário, portanto, que calculemos os coeficientes de variação para as vendas de cada região, ou seja, *o quociente entre o desvio padrão por sua respectiva média:*

$$CV = \frac{\sigma}{\overline{X}}$$

que permitirão ao gerente decidir em qual região as vendas se apresentam de forma mais homogênea.

Os resultados são os apresentados na tabela a seguir:

Região	Vendas médias	Desvio padrão	CV em (%)
A	10.000	2400	24,00
B	13.000	3000	23,08
C	18.000	4000	22,22
D	20.000	7000	35,00

Assim, de acordo com os coeficientes de variação calculados na tabela anterior, a equipe de vendas de desempenho mais homogêneo se encontra na Região C, pois apresentou *menor dispersão em torno da média.* ✓

1.41 Dois operários, Don e Doca, trabalham em duas fábricas X e Y, respectivamente. Considere as informações seguintes sobre os salários medidos em $.

Estatísticas	Fábrica X	Fábrica Y
Média	500	600
Desvio padrão	50	100
Salário de Don: 600	Salário de Doca: 700	

Estatística Descritiva **51**

Naturalmente, em termos absolutos, Don ganha menos que Doca (vide exercício anterior). Em termos relativos, ou seja, considerando cada operário no contexto salarial de sua fábrica, qual dos dois está mais bem situado?

Solução:

Somos tentados a responder que, em termos absolutos, ambos estão igualmente situados, porquanto $600 - 500 = 700 - 600$, ou seja, a diferença entre os salários de cada operário para a média é a mesma. Entretanto é preciso lembrar que uma mesma diferença se destaca mais em um grupo homogêneo (de menor desvio padrão) do que em um grupo heterogêneo (de maior desvio padrão). Assim, para situações como essa, em que se deve realçar o valor particular de uma variável no contexto da distribuição a que pertence, lança-se mão da variável reduzida Z:

$$Z = \frac{X - \bar{X}}{\sigma}$$

Como vemos, ela mede os desvios em relação à media em unidades de desvio padrão. Em nosso caso, temos:

$$Don: Z = \frac{600 - 500}{50} = 2$$
$$Doca: Z = \frac{700 - 600}{100} = 1$$

Portanto, *Don*, em termos relativos, ganha melhor que *Doca*! ✔

1.42 Sejam as séries estatísticas:

X: $X_1, X_2, X_3, ..., X_n$ com média $\bar{X}$ e desvio padrão σ_x;
Y: $Y_1, Y_2, Y_3, ...,Y_m$ com média $\bar{Y}$ e desvio padrão σ_y.

Mostre que a variância das duas séries reunidas é dada por:

$$\sigma_c^2 = \frac{n\sigma_x^2 + m\sigma_y^2 + n(\bar{G} - \bar{X})^2 + m(\bar{G} - \bar{Y})^2}{n + m}$$

em que a média conjunta é definida por:

$$\bar{G} = \frac{n\bar{X} + m\bar{Y}}{n + m}$$

Solução:

A variância em torno da média conjunta é dada por:

$$\sigma_c^2 = \frac{\sum_{i=1}^{n}(X_i - \bar{G})^2 + \sum_{i=1}^{m}(Y_i - \bar{G})^2}{n + m} \tag{I}$$

Façamos então os cálculos a seguir:

1º Passo: Série X

$$\sum_{i=1}^{n}(X_i - \bar{G})^2 = \sum_{i=1}^{n}\left[(X_i - \bar{X}) + (\bar{X} - \bar{G})\right]^2$$

$$\sum_{i=1}^{n}(X_i - \bar{G})^2 = \sum_{i=1}^{n}(X_i - \bar{X})^2 + \sum_{i=1}^{n}(\bar{X} - \bar{G})^2 + 2\sum_{i=1}^{n}(X_i - \bar{X})(\bar{X} - \bar{G})$$

Lembremos, porém, que:

$$2\sum_{i=1}^{n}(X_i - \bar{X})(\bar{X} - \bar{G}) = 2(\bar{X} - \bar{G})\sum_{i=1}^{n}(X_i - \bar{X}) = 0$$

pois *a soma dos desvios em torno da média vale zero*.

Assim,

$$\sum_{i=1}^{n}(X_i - \bar{G})^2 = \sum_{i=1}^{n}(X_i - \bar{X})^2 + \sum_{i=1}^{n}(\bar{X} - \bar{G})^2 = \sum_{i=1}^{n}(X_i - \bar{X})^2 + n(\bar{X} - \bar{G})^2$$

Ou ainda,

$$\sum_{i=1}^{n}(X_i - \bar{G})^2 = n \times \frac{\displaystyle\sum_{i=1}^{n}(X_i - \bar{X})^2}{n} + n(\bar{X} - \bar{G})^2$$

$$\sum_{i=1}^{n}(X_i - \bar{G})^2 = n\sigma_x^2 + n(\bar{X} - \bar{G})^2 \qquad \textbf{(II)}$$

2º Passo: Série Y

Da mesma forma escrita para a série *X*, podemos escrever para a série *Y*:

$$\sum_{i=1}^{m}(Y_i - \bar{G})^2 = m\sigma_y^2 + m(\bar{Y} - \bar{G})^2 \qquad \textbf{(III)}$$

Finalmente, substituindo os resultados (II) e (III) em (I) obteremos o resultado procurado:

$$\sigma_c^2 = \frac{n\sigma_x^2 + m\sigma_y^2 + n(\bar{G} - \bar{X})^2 + m(\bar{G} - \bar{Y})^2}{n + m} \quad \checkmark$$

1.43 A estatura média de um grupo de 30 rapazes é de 170 cm com variância de 26 cm², e a de um grupo de 20 moças é de 160 cm com variância de 18 cm². Qual é a média e a variância das estaturas dos dois grupos reunidos?

Solução:

Consideremos:

$m = 30$, o número de rapazes;

$\sigma_m^2 = 26\ cm^2$, a variância parcial do grupo masculino;

$\bar{X}_m = 170\ cm$, a média das estaturas do grupo masculino;

$n = 20$, o número de moças;

$\sigma_n^2 = 18\ cm^2$, a variância parcial do grupo feminino;

$\bar{X}_n = 160\ cm$, a média das estaturas do grupo feminino.

Sabemos que a média geral $\bar{G}$ é dada por:

$$\bar{G} = \frac{m\bar{X}_m + n\bar{X}_n}{m + n}$$

$$\bar{G} = \frac{30 \times 170 + 20 \times 160}{30 + 20} = 166\ cm\ \checkmark$$

A variância combinada σ_c^2 (vide exercício precedente) é fornecida por:

$$\sigma_c^2 = \frac{m\sigma_m^2 + n\sigma_n^2 + m \times (\bar{G} - \bar{X}_m)^2 + n \times (\bar{G} - \bar{X}_n)^2}{m + n}$$

Assim,

$$\sigma_c^2 = \frac{30 \times 26 + 20 \times 18 + 30 \times (166 - 170)^2 + 20 \times (166 - 160)^2}{30 + 20} = 46,8\ cm^2\ \checkmark$$

1.44 Destaque as séries estatísticas:

$X: X_1, X_2, X_3, ..., X_n$ com média $\bar{X}$ e desvio padrão σ_x;

$Y: Y_1, Y_2, Y_3, ..., Y_n$ com média $\bar{Y}$ e desvio padrão σ_y.

Mostre que a variância de $Z = X + Y$ é dada por:

$$\sigma_z^2 = \sigma_x^2 + \sigma_y^2 + 2 \times [\overline{XY} - \bar{X}\bar{Y}]$$

Solução:

Utilizando a definição de variância, podemos escrever:

$$\sigma_z^2 = \frac{\sum_{i=1}^{n}(Z_i - \bar{Z})^2}{n}$$

em que $Z_i = X_i + Y_i$ e $\bar{Z} = \bar{X} + \bar{Y}$.

Dessa forma, temos:

$$\sigma_z^2 = \frac{\sum_{i=1}^{n}(X_i + Y_i - \bar{X} - \bar{Y})^2}{n} = \frac{\sum_{i=1}^{n}\left[(X_i - \bar{X}) + (Y_i - \bar{Y})\right]^2}{n}$$

$$\sigma_z^2 = \frac{\displaystyle\sum_{i=1}^{n}(X_i - \bar{X})^2 + \sum_{i=1}^{n}(Y_i - \bar{Y})^2 + 2\sum_{i=1}^{n}(X_i - \bar{X})(Y_i - \bar{Y})}{n}$$

$$\sigma_z^2 = \frac{\displaystyle\sum_{i=1}^{n}(X_i - \bar{X})^2}{n} + \frac{\displaystyle\sum_{i=1}^{n}(Y_i - \bar{Y})^2}{n} + \frac{2\displaystyle\sum_{i=1}^{n}(X_i - \bar{X})(Y_i - \bar{Y})}{n}$$

$$\sigma_z^2 = \sigma_x^2 + \sigma_y^2 + \frac{2\displaystyle\sum_{i=1}^{n}(X_i - \bar{X})(Y_i - \bar{Y})}{n} \tag{I}$$

Entretanto, a covariância de X e Y pode ser escrita como:

$$\frac{\displaystyle\sum_{i=1}^{n}(X_i - \bar{X})(Y_i - \bar{Y})}{n} = \frac{\displaystyle\sum_{i=1}^{n}(X_i - \bar{X})Y_i - \sum_{i=1}^{n}(X_i - \bar{X})\bar{Y}}{n}$$

$$\frac{\displaystyle\sum_{i=1}^{n}(X_i - \bar{X})(Y_i - \bar{Y})}{n} = \frac{\displaystyle\sum_{i=1}^{n}(X_i - \bar{X})Y_i - \bar{Y}\sum_{i=1}^{n}(X_i - \bar{X})}{n}$$

$$\frac{\displaystyle\sum_{i=1}^{n}(X_i - \bar{X})(Y_i - \bar{Y})}{n} = \frac{\displaystyle\sum_{i=1}^{n}(X_i - \bar{X})Y_i}{n} = \frac{\displaystyle\sum_{i=1}^{n}X_iY_i - \bar{X}\sum_{i=1}^{n}Y_i}{n}$$

$$\frac{\displaystyle\sum_{i=1}^{n}(X_i - \bar{X})(Y_i - \bar{Y})}{n} = \frac{\displaystyle\sum_{i=1}^{n}X_iY_i}{n} - \frac{\bar{X}\displaystyle\sum_{i=1}^{n}Y_i}{n} = \overline{XY} - \bar{X}\bar{Y} \tag{II}$$

Substituindo o resultado (II) em (I) obtemos:

$$\sigma_z^2 = \sigma_x^2 + \sigma_y^2 + 2 \times \left[\overline{XY} - \bar{X}\bar{Y}\right] ✔$$

1.45 Considere o quadro a seguir:

X	Y	XY	Z = X + Y
3	6	18	9
2	8	16	10
5	2	10	7
6	3	18	9
4	1	4	5

Pede-se determinar a variância das variáveis X, Y e Z e verificar o resultado demonstrado no exercício precedente para a variância de uma soma.

Estatística Descritiva **55**

Solução:

Da tabela anterior obtemos:

$$\sigma_x^2 = \frac{\sum_{i=1}^{5} X_i^2}{n} - \bar{X}^2 = \frac{90}{5} - 4^2 = 2 \checkmark$$

$$\sigma_y^2 = \frac{\sum_{i=1}^{5} Y_i^2}{n} - \bar{Y}^2 = \frac{114}{5} - 4^2 = 6,8 \checkmark$$

$$\sigma_z^2 = \frac{\sum_{i=1}^{5} Z_i^2}{n} - \bar{Z}^2 = \frac{336}{5} - 8^2 = 3,2 \checkmark$$

Utilizando o resultado obtido no exercício anterior, temos:

$$\sigma_z^2 = \sigma_x^2 + \sigma_y^2 + 2 \times \left[\overline{XY} - \bar{X}\bar{Y} \right]$$

$$\sigma_z^2 = 2 + 6,8 + 2 \times \left[\frac{66}{5} - 4 \times 4 \right]$$

$$\sigma_z^2 = 2 + 6,8 - 5,6 = 3,2 \checkmark$$

1.46 Se em uma distribuição de frequências temos sempre a mediana igual à média aritmética entre o 1° e o 3° quartil, o que podemos dizer quanto à sua forma?

Solução:

Um dos coeficientes de assimetria, proposto por Bowley,[1] é definido por:

$$A_s = \frac{Q_1 + Q_3 - 2Q_2}{Q_3 - Q_1}$$

em que Q_i $(i = 1, 2, 3)$ representa o quartil de ordem i.

$$\text{É dado que: } Q_2 = \frac{Q_1 + Q_3}{2}$$

$$\text{Portanto, } Q_1 + Q_3 = 2Q_2 \qquad \textbf{(I)}$$

Substituindo o resultado (I) na fórmula de Bowley, obtemos:

$$A_s = \frac{2Q_2 - 2Q_2}{Q_3 - Q_1} = 0 \checkmark$$

Conclui-se então que a distribuição é simétrica.

---

[1]Alguns autores preferem chamá-lo de Índice de Pearson.

1.47 Tanto a média como o desvio padrão, em algumas situações, podem não ser medidas adequadas para representar um conjunto de valores pelos motivos que se seguem:

- são afetados por valores extremos;
- não fornecem uma ideia da *assimetria* da distribuição.

Para contornar esses fatos, é sugerida a análise conjunta de cinco medidas: a mediana, os quartis Q_1 e Q_3 (também chamados de *juntas J_1 e J_3*), o valor mínimo e o valor máximo do conjunto de valores que se quer analisar (*vide quadro*).

Descrição	Valores	
Mediana	Q_2	
Juntas	Q_1	Q_3
Extremos	$X_{mín}$	$X_{máx}$

Esse conjunto de valores é chamado de *esquema dos cinco números* e são medidas *resistentes* porque são pouco afetadas por mudanças em pequena parcela dos dados. A comparação entre as distâncias dessas medidas fornece informações importantes sobre o *tipo* de distribuição. Para uma distribuição simétrica (vide figura seguinte) é de se esperar que:

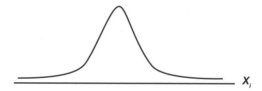

- $Q_1 - X_{mín} \cong Q_3 - X_{máx}$;
- $Q_2 - Q_1 \cong Q_3 - Q_2$;
- as distâncias entre a mediana e as juntas sejam menores que extremos e juntas, ou seja:

$$(Q_2 - Q_1 \cong Q_3 - Q_2) < (Q_1 - X_{mín} \cong Q_3 - X_{máx})$$

Com base no que foi descrito, questionar a forma da distribuição do conjunto de valores que apresentou os seguintes resultados:

Descrição	Valores	
Mediana	12	
Juntas	8	13
Extremos	5	24

Solução:
Calculemos as distâncias:

$Q_1 - X_{mín} = 8 - 5 = 3$;
$X_{máx} - Q_3 = 24 - 13 = 11$;
$Q_2 - Q_1 = 12 - 8 = 4$;
$Q_3 - Q_2 = 13 - 12 = 1$.

Representação Gráfica das Distâncias
(Diagrama *box-and-whisker plot*)

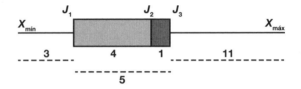

Portanto, as distâncias calculadas revelam de forma clara a *não normalidade* dos dados. ✓

1.48 Considere o conjunto de notas referentes aos alunos da disciplina Estatística II.

6,0	5,0	4,0	7,0
8,0	10,0	3,0	8,0
5,0	4,0	9,0	7,0

Determine:

a. A média e o desvio padrão das notas.
b. Encontre a nota padronizada de cada aluno utilizando a variável reduzida Z:

$$Z = \frac{X - \bar{X}}{\sigma}$$

c. Se alguma das notas brutas dos alunos for inferior a $\bar{X} - 2\sigma$ ou superior a $\bar{X} + 2\sigma$, ela será considerada *atípica*. Existe algum aluno nessa situação?
d. Se um aluno obtém nota padronizada 0,5, qual sua nota bruta correspondente?
e. Qual a porcentagem de alunos com nota abaixo da média?

Solução:

$$\sum_{i=1}^{12} X_i = 6 + 5 + 4 + \ldots + 7 = 76$$

$$\sum_{i=1}^{12} X_i^2 = 6^2 + 5^2 + 4^2 + \ldots + 7^2 = 534$$

a. $\bar{X} = \dfrac{\displaystyle\sum_{i=1}^{12} X_i}{n} = \dfrac{76}{12} \cong 6,33$ ✓

$\sigma^2 = \dfrac{\displaystyle\sum_{i=1}^{12} X_i^2}{n} - \bar{X}^2 = \dfrac{534}{12} - 6,33^2 \cong 4,43 \quad \therefore \quad \sigma \cong 2,1$ ✓

b. A nota padronizada de cada aluno será obtida substituindo a nota bruta X na variável Z descrita a seguir:

$$Z = \dfrac{X - 6,33}{2,1}$$

Os resultados estão dispostos na tabela seguinte:

$-0,14$	$-0,62$	$-1,10$	$0,33$
$0,81$	$1,76$	$-1,57$	$0,81$
$-0,62$	$-1,10$	$1,29$	$0,33$

✓

c. Pode-se observar que todos os alunos possuem notas no intervalo $\bar{X} \pm 2\sigma$, ou seja, todas as notas encontram-se no intervalo $6,3 \pm 4,2$. ✓

d. $0,5 = \dfrac{X - 6,33}{2,1} \quad \therefore \quad X = 7,38$ ✓

e. Alunos com nota abaixo de 6,3 são em número de seis. Portanto, seis em relação ao total de alunos corresponde a 50 %. ✓

1.49 Considere as séries estatísticas:

X: $X_1, X_2, X_3, \ldots, X_n$, com média aritmética $\bar{X} = \dfrac{\displaystyle\sum_{i=1}^{n} X_i}{n}$ e geométrica $G = \sqrt[n]{\displaystyle\prod_{i=1}^{n} X_i}$, $\forall\, X_i > 0$.

Y: $\log X_1, \log X_2, \log X_3, \ldots, \log X_n$, com média $\bar{Y}$ e variância σ^2.

Mostre que:

a. a média aritmética $\bar{Y}$ pode ser calculada por:

$$\bar{Y} = \log G$$

b. a variância σ^2 pode ser escrita como:

$$\sigma^2 = \dfrac{1}{n} \times \sum_{i=1}^{n} \left(\log \dfrac{X_i}{G} \right)^2$$

Estatística Descritiva

Solução:

a.

$$\overline{Y} = \frac{\log X_1 + \log X_2 + \log X_3 + \ldots + \log X_n}{n}$$

$$\overline{Y} = \frac{\log(X_1 \times X_2 \times X_3 \times \ldots \times \log X_n)}{n}$$

$$\overline{Y} = \frac{1}{n}\log\prod_{i=1}^{n} X_i$$

$$\overline{Y} = \log\sqrt[n]{\prod_{i=1}^{n} X_i} \quad \therefore \quad \overline{Y} = \log G \checkmark$$

b.

$$\sigma^2 = \frac{1}{n}\times\sum_{i=1}^{n}\left(\log X_i - \log\sqrt[n]{\prod_{i=1}^{n} X_i}\right)^2$$

$$\sigma^2 = \frac{1}{n}\times\sum_{i=1}^{n}\left(\log\frac{X_i}{\sqrt[n]{\prod_{i=1}^{n} X_i}}\right)^2 \quad \therefore \quad \sigma^2 = \frac{1}{n}\times\sum_{i=1}^{n}\left(\log\frac{X_i}{G}\right)^2 \checkmark$$

1.50 Considere a tabela a seguir demonstrando a receita, o custo e o lucro (expressos em $) para a produção de determinado bem de consumo.

Produção	Receita	Custo variável	Custo total	Lucro
1		2,00		
2		3,50		
3		4,50		
4		5,75		
5		7,25		
6		9,25		
7		12,50		
8		17,50		

a. Sabendo-se que o preço de mercado é da ordem de $ 5,00 e o custo fixo $ 15,00, pede-se calcular os valores da receita, custo total e o lucro para os diferentes níveis de produção.

b. Encontrar o nível de produção que maximiza o lucro.

c. Determinar os valores médios para receita, custo e lucro para as unidades produzidas.

Solução:

a. *Cálculo da receita*:

Sabemos que a receita R é igual ao produto do preço de mercado P pelo respectivo nível de produção Q, ou seja:

$$R = P \times Q = 5 \times Q$$

pois os preços de mercados são iguais a \$ 5,00 para os diversos níveis de produção.

Assim, para o nível de produção $Q = 1$ teremos uma receita igual a $5 \times 1 = \$ 5$; para $Q = 2$ teremos $5 \times 2 = \$ 10$, e assim, sucessivamente.

Cálculo do Custo Total:

O custo total CT é definido como a soma dos custos fixos CF e custos variáveis CV, que, em termos matemáticos, exprime-se por:

$$CT = CF + CV$$

No caso específico:

$$CT = 15 + CV$$

visto que os custos fixos são iguais a \$ 15.

Portanto, para o nível de produção $Q = 1$ obtemos um custo total igual a $15 + 2 = \$ 17$; para $Q = 2$ obtemos $15 + 3,5 = \$ 18,50$, e assim por diante.

Cálculo do Lucro:

Para se calcular o lucro L obtido para os diversos níveis de produção basta subtrair da receita R seu respectivo custo total CT:

$$L = R - CT$$

Agindo dessa forma, podemos chegar aos resultados constantes na tabela seguinte:

Produção	Receita	Custo variável	Custo total	Lucro
1	5,00	2,00	17,00	−12,00
2	10,00	3,50	18,50	−8,50
3	15,00	4,50	19,50	−4,50
4	20,00	5,75	20,75	−0,75
5	25,00	7,25	22,25	2,75
6	30,00	9,25	24,25	5,75
7	35,00	12,50	27,50	7,50
8	40,00	17,50	32,50	7,50
36	180,00	62,25	182,25	−2,25

Estatística Descritiva

b. Observando a coluna demonstrativa do lucro na tabela anterior, fica claro que o lucro é máximo quando se produz sete ou oito unidades (lucro de $ 7,50). É conveniente ressaltar que a *aparente indeterminação do nível do produto* que maximiza o lucro é devido aos dados discretos utilizados no problema! ✓

c. Cálculo dos valores nédios

Receita média:

$$\bar{R} = \frac{180}{36} = \$\,5 \checkmark$$

Custo médio:

$$\bar{C} = \frac{182,25}{36} \cong \$\,5,06 \checkmark$$

Lucro médio:

$$\bar{L} = \frac{-2,25}{36} \cong -\$\,0,06 \checkmark$$

1.51 No período orçamentário de 20XX, a Empresa Savanah S.A. mantinha a estrutura média de custo abaixo:

Custos fixos previstos...................... $ 6.376.350,00
Preço unitário de venda.................. $ 15,00
Custo unitário variável................... $ 10,00

Pede-se calcular o ponto de equilíbrio de venda:

a. medido em unidades do produto;

b. medido em $.

Solução:

O ponto de equilíbrio é definido como aquele em que as curvas da receita e do custo total se interceptam. Tal ponto pode ser expresso tanto em unidades do produto como em unidades monetárias, como veremos a seguir:

a. chamando de q o número de unidades produzidas, temos:

Receita total................................ $15q$
Custos fixos previstos................. 6.376.350
Total de custos variáveis .... $10q$

Pelo que ficou exposto, concluímos que:

$15q = 6.376.350 + 10q$
$15q - 10q = 6.376.350$
$5q = 6.376.350$
$q = 1.275.250$ unidades ✓

b. para encontrar o ponto de equilíbrio, medido em $, faz-se necessário apenas multiplicar a quantidade q, calculada no item anterior, pelo preço unitário de venda:

$$1.275.270 \times 15 = \$ 19.129.050,00 ✓$$

1.52 A Cia. Equilibrada Ltda. fabrica somente dois produtos: A e B. Os custos indiretos de fabricação em um determinado mês, distribuídos por departamentos de produção D_1, D_2 e D_3, foram os seguintes:

Custos indiretos	Valor por departamento – em $ 1,00		
	D_1	D_2	D_3
Mão de obra indireta	50	30	60
Energia elétrica	20	5	35
Manutenção	5	20	15
Outros	15	5	35
Total	90	60	145

A empresa deseja ratear esses custos indiretos de fabricação entre os produtos fabricados de acordo com o número de horas trabalhadas nesse mês, conforme mostra o quadro a seguir:

Produto fabricado	Número de horas trabalhadas		
	D_1	D_2	D_3
A	30	10	–
B	15	5	40
Total	45	15	40

Você, como consultor dessa empresa, como poderia determinar esses valores?

Solução:

Inicialmente, deve-se calcular o custo médio indireto de fabricação para cada departamento:

$$\bar{D}_1 = \frac{\$\ 90}{45h} = \$\ 2/h$$

$$\bar{D}_2 = \frac{\$\ 60}{15h} = \$\ 4/h$$

$$\bar{D}_3 = \frac{\$\ 145}{40h} = \$\ 3,625/h$$

Estatística Descritiva 63

Portanto, tomando o número de horas trabalhadas por produto e respectivo departamento, obteremos os custos indiretos rateados C_A e C_B:

$C_A = (30\text{h} \times \$\ 2/\text{h}) + (10\text{h} \times \$\ 4/\text{h}) = \$\ 100$ ✓

$C_B = (15\text{h} \times \$\ 2/\text{h}) + (5\text{h} \times \$\ 4/\text{h}) + (40\text{h} \times \$\ 3,625/\text{h}) = \$\ 195$ ✓

1.53 Para fabricar determinada máquina são necessárias cinco fases de operações especializadas, com as respectivas durações:

Fase	Número	
	Operários	Dias
A	6	3
B	5	2
C	9	1
D	4	5
E	2	4

Pergunta-se: em que unidade se deve exprimir a fabricação?

Solução:

Observe-se que exprimir a fabricação em *operários* não satisfaz, porquanto fica dependendo do número de *dias* e vice-versa. Pode-se adotar, então, uma unidade alternativa, que será *operários-dia*:

$$(6 \times 3) + (5 \times 2) + (9 \times 1) + (4 \times 5) + (2 \times 4) = 65\ operários\text{-}dia.$$

Significa dizer que 65 *operários* fabricam uma máquina por dia, ou que um *operário* gasta 65 dias para fabricar uma máquina.

1.54 Alexandra afirma que o volume de cheques devolvidos no comércio diminuiu, porque, em 2008, atingia 8 % do total das vendas efetuadas com cheques e, em 2009, apenas chegou a 3 %. A conclusão está correta? Justifique.

Solução:

A afirmação é incorreta porque não se pode comparar 8 % de um total com 3 % de outro total diferente. É perfeitamente possível que os 3 % de vendas em 2008, fazendo parte de um total de vendas muito grande, sejam maiores que os 8 % de vendas efetuadas em 2009.

Exercícios Propostos

1.1 A tabela a seguir demonstra a evolução do volume de peças produzidas pela Empresa Alvorada S.A., no período que se estende de 1996 a 2000:

Ano	Número absoluto	Número-índice (1996 = 100,00)	Variação (%) sobre 1996	ano anterior
1996	15.000			
1997	20.000			
1998	22.000			
1999	15.000			
2000	25.000			

Pede-se calcular os valores correspondentes às colunas da referida tabela.

1.2 A Empresa Mandacaru Ltda. aumentou o número de peças de sua produção no período t_0 a t_2, em r %. Sabendo-se que:

- o volume de peças produzidas, no período inicial t_0, era q_0;
- o volume de peças produzidas, no período final t_2, era q_2;
- o volume de peças produzidas, no período intermediário t_1, era igual a q_1;
- a variação relativa no período t_0 a t_1 foi igual à variação relativa ao período t_1 a t_2.

Pede-se mostrar que o volume q_1 era igual a:

$$q_0 \frac{\sqrt{100 + r}}{10}$$

1.3 Em determinado final de semana, o Supermercado Ki Preço Ltda. vendeu as seguintes quantidades de determinado produto, como demonstra o quadro seguinte:

Estatística Descritiva **65**

Produto (tipo)	Preço unitário (em $)	Quantidade (em kg)
A	36,00	400
B	39,00	600
C	40,00	350
D	30,00	200
E	28,00	450

Determine o preço médio unitário por quilograma vendido.

1.4 Uma frota de 40 caminhões, transportando cada um oito toneladas, dirige-se a duas cidades, A e B. Na cidade A, são descarregados 65 % desses caminhões, por sete homens, trabalhando oito horas. Os caminhões restantes seguem para a cidade B, na qual quatro homens gastam cinco horas no processo de descarregamento. Pergunta-se: onde se deu a maior produtividade no que concerne ao descarregamento do caminhão?

1.5 Em uma classe de 20 alunos, as notas do exame final podiam variar de 0 a 100 e a nota mínima para aprovação era 70. Realizado o exame, verificou-se que oito alunos foram reprovados constatando-se que a média aritmética das notas desses alunos era 65 enquanto a dos aprovados era 77.

Após a divulgação dos resultados, o professor verificou que uma questão da prova havia sido mal formulada e decidiu atribuir cinco pontos a mais para todos os alunos. Com essa decisão, a média dos alunos aprovados passou a ser 80 e a dos reprovados 68,8.

a. Calcule a média aritmética geral das notas da classe antes dos cinco pontos *extras* atribuídos pelo professor.

b. Com a atribuição dos cinco pontos *extras*, quantos alunos inicialmente reprovados atingiram nota para aprovação?

1.6 Na Empresa Pitiguary Ltda., o salário médio dos funcionários é de $ 2000 e desvio padrão de $ 150. São apresentadas duas propostas de reajuste salarial:

Proposta I – 80 % no primeiro mês.
Proposta II – 40 % no primeiro mês e 35 % no mês seguinte.

a. Qual das propostas é mais favorável para os funcionários dessa empresa? Justifique.

b. Qual o coeficiente de variação da proposta II?

1.7 Considere a distribuição de frequências:

Classes	Frequências
02 ⊢ 04	9
04 ⊢ 06	ρ^2
06 ⊢ 08	9.999.999
08 ⊢ 10	$16\rho - 64$
10 ⊢ 12	9

Determine o valor de ρ de sorte que a média, a moda e a mediana possuam valores iguais.

1.8 Os pesos brutos das latas de determinada marca de conserva distribuem-se segundo uma curva simétrica tal que o primeiro quartil vale 200 g, o coeficiente de variação 10 % e a variância 625 g^2. Determine o terceiro quartil.

1.9 Suponha que as rendas anuais dos cinco milhões de habitantes do País das Maravilhas tenham uma média de $ 12.000 e mediana de $ 8000.

a. Qual será a renda anual de todo o país?
b. Que se pode dizer quanto à forma da distribuição?

1.10 Observando um grupo de 100 turistas, divididos em cinco classes de idade a partir de 20 anos, com intervalos de classe de 10 anos e limites inferiores fechados, constatou-se que a idade mediana foi de 44 anos e o 90º percentil igual a 63,75 anos. Sabendo-se que a frequência das duas primeiras classes perfizeram 10 e 20 turistas, respectivamente, pede-se determinar a idade média desses turistas.

1.11 Os dados a seguir referem-se à permanência média, em dias, de turistas nos países do continente europeu no período compreendido entre 1983 e 1986.

2,6	7,3	7,2	1,8	2,0	9,0	11,5	8,9	3,7	4,9
2,0	9,0	11,7	8,6	5,6	14,0	4,9	4,3	8,4	10,8
5,7	7,0	11,9	4,2	6,2	2,0	5,9	3,7	2,0	11,6
6,1	11,9	5,9	2,8	17,6	7,2	12,3	3,0	12,2	7,2
8,1	2,0	12,6	2,6	6,8	11,3	1,9	3,1	6,0	17,6

a. organize esses dados em uma distribuição de frequências de intervalos de classes igual a 1,8, iniciando em 1,8;
b. construa o histograma e o polígono de frequências;

Estatística Descritiva **67**

c. calcule a média, a mediana, a moda, o desvio padrão e os coeficientes, de variação e assimetria, para os dados brutos;
d. repita os cálculos efetuados no item (c) para a distribuição de frequências elaboradas.

1.12 As taxas anuais de inflação para determinado país na década de 1980 foram:

Ano	(%)	Ano	(%)
1980	5,9	1984	11,0
1981	4,3	1985	9,1
1982	3,3	1986	5,8
1983	6,2	1987	6,5
		1988	7,7
		1989	10,9

Calcule a taxa média anual de crescimento:

a. para os quatro primeiros anos (1980/1983);
b. para os anos seguintes (1984/1989);
c. para todos os 10 anos;
d. supondo que todos os dados originais tenham sido extraviados, dispondo-se apenas das médias calculadas nos itens (a) e (b), ainda seria possível calcular média global para os 10 anos? Como?

1.13 O registro gráfico seguinte demonstra o número de acidentes graves (*X*) ocorridos na Indústria Marbelle S.A. durante determinado exercício fiscal.

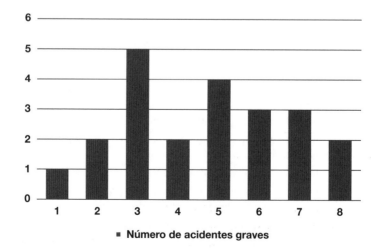

Pede-se calcular, baseado nas medidas gráficas, a média, a moda e a mediana.

1.14 Em uma granja, foi observada a distribuição de frangos com relação ao peso, conforme mostra a distribuição de frequências.

Peso (em kg)	Número de frangos
$1,00 \vdash 1,20$	60
$1,20 \vdash 1,40$	160
$1,40 \vdash 1,60$	280
$1,60 \vdash 1,80$	260
$1,80 \vdash 2,00$	160
$2,00 \vdash 2,20$	80
Total	1000

Pede-se:

a. o peso médio dos frangos;
b. o desvio padrão, o coeficiente de variação e a assimetria dos pesos dos frangos;
c. se o granjeiro divide os frangos em quatro categorias, com relação ao peso, de sorte que:

- os 20 % mais leves sejam da categoria A;
- os 30 % seguintes sejam da categoria B;
- os 30 % seguintes sejam da categoria C;
- os 20 % seguintes, ou seja, os mais pesados, sejam da categoria D;

determinar os limites de peso entre as categorias A, B, C e D.

1.15 Os preços do pacote de café, pesando 500 g, obtidos em diferentes supermercados locais, são: \$ 3,50, \$ 2,00, \$ 1,50 e \$ 1,00.

Com base nessas informações, julgue (justificando) os itens que se seguem:

(1) O preço médio do pacote de café de 500 g vale \$ 2,00.
(2) Se todos os preços tiverem uma redução de 50 %, o novo preço médio será de \$ 1,50.
(3) A variância dos preços é igual a 0,625.
(4) Se todos os preços tiverem um acréscimo de \$ 1,00, o coeficiente de variação dos preços não se altera.
(5) Se todos os preços tiverem um acréscimo de \$ 1,00, o coeficiente de variação dos preços será aproximadamente igual a 31,18 %.
(6) Se todos os preços tiverem um aumento de 50 %, a nova variância será exatamente igual à anterior, pois a dispersão não será alterada.
(7) A variância ficará multiplicada por 2,25 se todos os preços tiverem um aumento de 50 %.

1.16 Tem-se $ 8501 disponíveis mensalmente para a compra de determinado artigo cirúrgico que custou, nos meses de junho, julho e agosto, as importâncias de $ 151, $ 201 e $ 230, respectivamente. Determine o preço médio mensal do artigo para esse período.

1.17 Em uma distribuição de frequências de amplitudes de classes iguais, sabe-se que o ponto médio da 1ª classe vale 4 e o da 6ª classe, 24. Se as frequências absolutas, que vão da 1ª a 6ª classes, são iguais a 2, 5, 8, 9, 13 e 3, respectivamente, pede-se:

  a. a média, a moda e a mediana;
  b. o desvio médio e o desvio padrão;
  c. o coeficiente de variação e assimetria;
  d. o gráfico de frequências acumuladas.

1.18 Considere o gráfico seguinte:

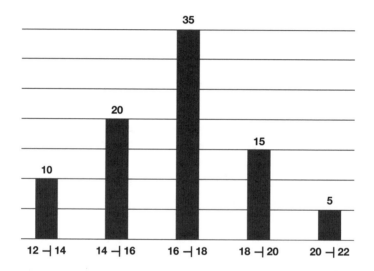

Pede-se:

  a. calcular a média, a moda e a mediana;
  b. calcular o desvio médio e o desvio padrão;
  c. calcular os coeficientes, de variação e de assimetria;
  d. supondo que todos os limites de classe da distribuição de frequências relativa ao histograma fossem multiplicados por 10, recalcular os itens (a), (b) e (c);
  e. comparar os resultados obtidos nos itens (a), (b) e (c) com os do item (d).

1.19 O Frigorífico Industrial Multicorte S.A. recebe de dois criadores propostas de vendas de bovinos para abate. Entretanto, ele exige do Departamento de Inspeção Sanitária que os animais a serem comprados passem por um exame. Considere as amostras seguintes (em kg), resultantes da realização do exame de bovinos.

Estatísticas univariadas	Amostra	
	A	**B**
Média	600	700
Desvio padrão	80	140
Total examinados	100	60
Peso do boi Kote: 700	*Peso do boi Êmio: 840*	

Pergunta-se:

a. Em qual das amostras houve maior variação absoluta nos pesos dos animais?

b. Em termos relativos, quem está melhor em peso com relação ao seu grupo, o boi Kote ou o boi Êmio?

c. Se o frigorífico desejasse comprar os dois lotes, baseado na média e desvio padrão totais, quais seriam esses valores?

d. Se são comprados somente os bovinos que tiverem peso igual ou superior ao percentil de ordem 75, quais seriam tais valores?

1.20 A nota mínima para a aprovação na disciplina Estatística II é 8,0. Se um estudante obtém as notas 7,5, 8,0, 3,5, 9,0, 7,5, 10,0, 8,0 e 7,9 nos trabalhos mensais da disciplina em questão, pergunta-se: ele foi ou não aprovado?

1.21 A média aritmética das idades dos candidatos a um determinado concurso é de 36 anos. Quando separados em grupos de não fumantes e de fumantes, essa média é de 37 anos para o grupo de não fumantes e de 34 anos para o grupo de fumantes. Determine a razão entre o número de candidatos não fumantes e fumantes.

1.22 O salário médio mensal pago a todos os funcionários da Empresa Alpha S.A. foi de $ 500. Sabendo-se que os salários médios mensais de homens e mulheres foram de $ 520 e $ 420, respectivamente, determinar as porcentagens de homens e mulheres empregados na empresa.

1.23 O desemprego no Município de Marimbá propaga-se de tal forma que o número de desempregados aumenta 0,5 % de ano para ano. Em quanto tempo ocorrerá triplicação do número de desempregados?

1.24 A taxa de desemprego no município de El Mundo aumentou 15 % no período que vai de t_0 a t_2, sendo que o aumento de t_0 a t_1 ($t_0 < t_1 < t_2$) foi da ordem de 10 %. Determine, então, a taxa de variação do desemprego relativa ao período t_1 a t_2.

Estatística Descritiva **71**

1.25 As informações a seguir referem-se ao imposto pago por 40 empresas em determinado exercício fiscal:

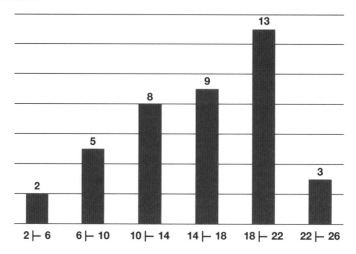

Pede-se:

a. a média, a moda e a mediana;
b. o desvio médio e o desvio padrão;
c. o coeficiente de variação e assimetria;
d. o gráfico de frequências acumuladas.

1.26 Se um objeto desvaloriza-se em d %, mostre então que a taxa de revalorização r % para que ele volte a ter o preço inicial é igual a:

$$\left(\frac{d}{1-d}\right)\% \quad 0 < d < 1$$

1.27 Considere as seguintes épocas: 1992, 1994 e 1997. Em 1992, o preço de um bem é 10 % menor que o preço do mesmo bem em 1994 e, em 1997, é 20 % superior ao de 1994. Determine, nessas condições, o aumento de preços desse bem, em 1997, com base em 1992.

1.28 Suponha que o volume de exportação de castanha de caju *in natura*, em toneladas, mostrou os seguintes resultados relativamente aos anos imediatamente anteriores:

Ano	1994	1995	1996	1997
Variação (%)	+20	+15	+30	+50

Calcule:

a. O crescimento do volume de exportação, em 1997, tomando por base o ano de 1993.

b. A taxa média aritmética anual para esse período.

c. A taxa média geométrica mensal para esse período.

1.29 A tabela a seguir representa o consumo de leite semanal de 30 famílias do Edifício Paraíso:

Consumo (em litros)	Número de famílias
00 ⊣ 03	02
03 ⊣ 06	07
06 ⊣ 09	12
09 ⊣ 12	04
12 ⊣ 15	05
Total	30

Pede-se:

a. o consumo médio de leite semanal por família;

b. o desvio padrão e o coeficiente de variação para o consumo de leite semanal;

c. se em outro prédio com 25 famílias o consumo de leite é da ordem de 7,5 litros por semana, e o coeficiente de variação é de 25 %, pergunta-se: onde se deu a maior variação no consumo de leite?

1.30 O tempo necessário para que a população do Município de El Mundo duplique é de 20 anos. Determine a taxa geométrica de crescimento.

1.31 Dois veículos A e B percorrem as distâncias x e y km, respectivamente, em condições idênticas. Se a distância percorrida pelo veículo A, movido a gasolina, é 25 % superior à distância percorrida pelo veículo B, movido a álcool, quanto espaço esse último anda menos que o primeiro?

1.32 A população residente no País das Maravilhas, em 1º-9-1990, era de 70.992.343 habitantes. O recenseamento em 1º-9-2000 já alcançava 94.508.554 habitantes. Qual a população estimada para setembro de 2010, supondo:

a. crescimento aritmético da população;

b. crescimento geométrico da população?

1.33 O Sr. Debi Loyde aplicou determinada quantia a uma taxa de juros de 25 % ao semestre. Sabe-se que a inflação no semestre apresentou uma variação de 40 %. Pergunta-se: quanto o Sr. Debi Loyde perdeu em cada $ 1000 aplicados no período considerado?

1.34 De um total de n números, p são iguais a 1 e $q = 1 - p$ iguais a 0. Mostre que o desvio padrão desse conjunto de números vale:

$$\sqrt{pq}$$

Estatística Descritiva **73**

1.35 Utilizando o resultado encontrado no exercício anterior, calcule o desvio padrão para o conjunto de valores: 0, 0, 0, 0, 0, 1, 1, 1.

1.36 Qual deve ser a taxa anual de inflação para que os preços quadrupliquem em 25 anos?

1.37 O dono de uma loja de eletrodomésticos paga ao vendedor uma comissão de 10 % sobre o preço de venda (V) e ainda ganha 30 % sobre o preço de custo (C). Mostre que o preço de custo (C) desse eletrodoméstico vale $\dfrac{9}{13}V$.

1.38 Em uma sala de aula com 100 alunos, o menor peso é de 40 kg e a amplitude total de 50 kg. Elaborou-se uma distribuição de frequências com cinco classes iguais, simétrica em relação à terceira classe. Até a quarta classe obteve-se 85 % dos alunos, enquanto a frequência relativa simples da terceira classe perfez 20 % dos alunos. Pede-se determinar o percentil de ordem 51.

1.39 A Empresa Controlada Ltda. deseja aumentar sua receita anual (quantidade) em 65 %. Determinar qual a porcentagem de aumento necessário no preço de venda para que a receita duplique.

1.40 Considere a matriz de dados que se segue:

	Colunas						
	6	3	2	5	6	1	2
	2	6	5	6	2	1	5
	3	5	2	3	1	2	2
Linhas	2	2	3	2	2	3	6
	0	2	4	6	3	3	2
	6	2	3	4	8	8	9
	2	3	5	6	2	4	8
	2	3	5	6	8	1	2
	2	3	2	3	2	3	3

Pede-se determinar:

a. as médias e as variâncias corrigidas das linhas;

b. as médias e as variâncias corrigidas das colunas;

c. a média e a variância global corrigida;

d. a média das médias das linhas e das colunas;

e. as médias das variâncias corrigidas das linhas e das colunas.

1.41 Sabe-se que a temperatura Celsius varia de $0°$ a $100°$ e que a escala Fahrenheit varia de $32°$ a $212°$. Um paciente está febril e você dispõe de um termômetro que lhe dá a temperatura de $105°$ Fahrenheit. Qual será a temperatura em graus Celsius?

1.42 Em 1996, a Prefeitura de Mangalovik tinha uma receita de $ 2.000.000 e o município uma população de 5000 habitantes. Em 1999, a população aumentou em 20 % enquanto a receita aumentou em 38 %. Sabendo-se que o custo de vida aumentou em 40 % no período considerado, verifique se a situação financeira da Prefeitura, por habitante, melhorou, piorou ou permaneceu a mesma.

1.43 Uma distribuição *simétrica unimodal* apresenta moda igual a 12 cm e coeficiente de variação em torno de 25 %. Determine o desvio padrão dessa distribuição.

1.44 Sejam as séries estatísticas:

$r: r_1, r_2, r_3, \ldots, r_n$ com média $\bar{r}$ e desvio padrão σ_r;
$w: w_1, w_2, w_3, \ldots, w_n$ com média $\bar{w}$ e desvio padrão σ_w;

em que:

$$r_i = \frac{w_i - \bar{w}}{\sigma_w}$$

Mostre que a variável r possui média *0* e variância *1*.

1.45 Considere o conjunto de notas referentes aos alunos da disciplina Física II.

6,0	5,0	4,0	7,0
8,0	10,0	3,0	8,0
5,0	4,0	9,0	7,0

Determine:

a. a média μ e o desvio padrão das notas σ;
b. encontre a nota de cada aluno utilizando a transformação seguinte:

$$\lambda_x = X - \frac{X - \bar{X}}{\sigma}$$

c. verificar que a variável λ_x possui média igual a μ e variância $(\sigma - 1)^2$.

1.46 De uma amostra aleatória de 50 preços de ações (X_i), em $, obtida em uma bolsa de valores internacional, obteve-se o resultado:

$$\sum_{i=1}^{50} X_i^2 - \frac{\left(\sum_{i=1}^{50} X_i\right)^2}{50} = 637$$

Determine a variância amostral para esses preços.

Estatística Descritiva **75**

1.47 Um conjunto numérico é constituído de elementos cuja composição é a seguinte: metade dos elementos iguais a $2/\alpha$ e os restantes iguais a $2/\beta$. Mostre então que a média aritmética $\bar{Q}$ desse conjunto é igual a:

$$\bar{Q} = \frac{\alpha + \beta}{\alpha\beta}$$

1.48 Mostre que a variância dos n primeiros termos da sequência aritmética $(1, 2, 3, \ldots, n)$ é igual a:

$$\frac{n^2 - 1}{12}$$

1.49 Considere a série $(x_1, x_2, x_3, \ldots, x_n)$ e a constante real β.
Mostre que:

    a. a soma dos desvios em torno da média vale zero;

    b. somando ou subtraindo a todos os elementos da série a constante β, a média ficará acrescida ou subtraída dessa constante;

    c. multiplicando ou dividindo todos os elementos da série pela constante β, a média ficará multiplicada ou dividida por essa constante.

1.50 Determine a taxa média anual de crescimento do produto interno bruto (PIB) de determinado país que cresceu nos últimos quatro anos, 3 %, 4 %, 2 % e 5 %.

1.51 Mario investiu 30 % do seu capital em um fundo de ações e o restante em um fundo de renda fixa. Após um mês, as quotas de ações e de renda fixa haviam se valorizado 40 % e 20 %, respectivamente. Pede-se determinar a rentabilidade do capital empregado por Mario nesse mês.

1.52 Um empreiteiro dispõe de quatro caminhões para transportar pedras desde uma pedreira até a um edifício em construção. O quadro a seguir apresenta o número de cargas transportadas por caminhão em determinado turno de oito horas e o valor correspondente do tempo médio por carga, expresso em minutos.

Caminhão	Número de cargas	Tempo médio por carga
A	15	32
B	10	48
C	12	40
D	16	30

Determine o tempo médio global por carga.

1.53 Se a média aritmética dos números x e y $(x > y)$ é igual a 6,5 e a média geométrica 6,0, determine o valor de $x - y$.

1.54 A média aritmética de dois números inteiros positivos que diferem em doze unidades supera sua média geométrica em duas unidades. Determine esses números.

1.55 Considere o par ordenado (x, y), no qual x e y são números reais estritamente positivos. Mostre que:

a. se y é inversamente proporcional ao quadrado de x e se y é aumentado em 25 %, y é afetado em seu valor inicial de 0,64;

b. se a média aritmética do conjunto vale M e um desses números vale N, o outro será 2M – N;

c. se a média aritmética, geométrica e harmônica do conjunto vale A, G e H, respectivamente, então:

$$G = \sqrt{A \times H}$$

d. se o desvio padrão do par ordenado vale σ, então para qualquer $x \geq y$, temos:

$$\sigma = \frac{x - y}{2}$$

1.56 Se uma distribuição de frequências é dita simétrica unimodal, mostre então que a moda calculada pelo método de Czuber coincide com a moda bruta.

Nota: Entenda-se por moda bruta o ponto médio da classe de maior frequência.

1.57 A média das observações $x_1, x_2, \ldots, x_6$, com $x_{i+1} - x_i = h$ vale 12. Sabendo que $x_1 = 2$, determine o valor de h.

1.58 Em novembro, a folha de pagamento da Empresa Equilibrada foi de $ 103.000. Em dezembro, com o reajuste de 20 % concedido a todos os empregados, após o dissídio coletivo, o salário médio passou para $ 618. Sabendo-se que não houve mudança na quantidade de empregados nesse período, qual o número de empregados da empresa?

1.59 O consumo total de leite de um grupo de pessoas em determinado mês foi de 2000 litros. No mês seguinte, cada pessoa desse mesmo grupo bebeu um litro a mais do que no mês anterior, passando a média de litros consumidos para 21 litros/pessoa. Quantas pessoas possui esse grupo?

1.60 Um aluguel aumentado em 60 % deve sofrer uma redução de quantos por cento para voltar ao valor antes do aumento?

Estatística Descritiva **77**

1.61 Observou-se durante 100 dias o número de acidentes de trabalho na fábrica de sapatos, tendo-se obtido os seguintes resultados:

f	39	22	13	11	5	6	2	2
X	1	3	4	6	0	8	10	11

em que X representa o número de acidentes/dias e f o número de dias.

Pede-se calcular:

a. o número médio diário de acidentes diários, bem como o desvio padrão;

b. se o número de acidentes em determinado dia exceder o valor $\bar{X} + s_x$, a situação é considerada muito grave. Qual a porcentagem de dias em que se verificou essa situação?

1.62 Na empresa Bel Lar, a média dos ordenados dos 150 funcionários é de \$ 77,5 mil. No final do ano todos os funcionários foram aumentados em 5 %.

a. Em janeiro do ano seguinte todos os funcionários receberam \$ 10 de bônus. Qual a média dos ordenados desse mês?

b. Qual a média dos ordenados do mês de fevereiro?

c. Sabendo que o desvio padrão da distribuição dos ordenados no mês de novembro era \$ 6,2, determine os desvios padrão referentes aos ordenados do mês de janeiro e fevereiro.

d. A mediana dos ordenados, no mês de novembro, era de \$ 80 mil. Qual a transformação que esta mediana sofreu em cada um dos meses referidos na alínea anterior? Justifique.

1.63 Em uma festa, um grupo de homens e mulheres decide dançar da seguinte maneira: o primeiro homem dança com cinco mulheres; o segundo dança com seis mulheres e, assim, sucessivamente, até que o último homem dança com todas as mulheres. Se há 10 homens, quantas vezes em média cada mulher dançou?

1.64 A cidade de Marimbá adota multas progressivas para estimular o racionamento de energia conforme o seguinte critério:

Consumo – em kWh	Multa – em (%)
até 200	isento
201 a 500	50
500 ou mais	200

Se o kWh custa aproximadamente \$ 0,30 e o Hotel Spelunke consome 1200 kWh, pede-se:

a. o valor a ser pago pelo consumo de energia (excluindo ICMS e outros encargos);

b. o custo médio do kWh consumido;

c. se o consumo nos três meses anteriores foi 1500, 1260 e 1320 kWh, e o limite de consumo deverá ser a média dos três meses menos um desvio padrão, qual o valor a ser pago pelo hotel?

1.65 O Prof. Alan Din, tentando se livrar da tarefa de encontrar a média de um conjunto de dados de uma variável, resolveu arbitrar um valor igual a 18. Sabendo que esse conjunto tem 10 elementos, e que a soma dos desvios em torno da média arbitrada é igual a 80, determine o valor correto da média.

1.66 Em uma prova de matemática com 20 questões, os candidatos não podem deixar questão em branco. Para compor a nota final serão atribuídos $(+2)$ pontos a cada resposta certa e (-1) ponto a cada resposta errada. Se um candidato obteve 16 pontos nessa prova, quantas questões ele acertou?

1.67 A média aritmética de 100 números é igual a 30,12. Retirando-se um desses números, a média aritmética dos 99 números restantes passará a ser 30. Determine o número retirado.

1.68 Seja X um número inteiro menor que 21. Se a mediana dos números 10, 2, 5, 2, 4, 2 e X é igual a quatro, determine o número de possíveis valores para X.

1.69 Um empresário do ramo de confecções solicitou de seu gerente de *marketing* informações sobre seus concorrentes, de quatro regiões, que pediram concordata. Esse levantamento foi enviado por fax. Entretanto, por erro de comunicação, alguns valores saíram apagados, conforme indicado abaixo.

Região	Números de concordatas	
	Abs.	**(%)**
A	1408	apagado
B	apagado	32
C	576	apagado
D	apagado	6
Total	apagado	100

Pede-se completar os valores que faltam.

1.70 Em um concurso de saltos, Otávio foi, simultaneamente, o 13º melhor e o 13º pior. Quantas pessoas participavam do concurso?

Sugestões para Leitura

ALEEN, R. G. D. *Estatística para economista*. Rio de Janeiro: Fundo de Cultura, 1967.

FONSECA, J. S. et al. *Curso de estatística*. São Paulo: Atlas, 1975.

KARMEL, P. H. et al. *Estatística geral e aplicada à economia*. São Paulo: Atlas, 1972.

LINDGREN, B. W. et al. *Introdução à estatística*. Rio de Janeiro: Ao Livro Técnico, 1972.

MONTELLO, Jessé. *Estatística para economista*. Rio de Janeiro: APEC, 1970.

SPIEGEL, Murray. *Estatística.* São Paulo: McGraw-Hill do Brasil, 1970.

STEVENSON, W. J. *Estatística aplicada à administração*. São Paulo: Harper & Row do Brasil, 1981.

TOLEDO, Geraldo. et al. *Estatística básica.* São Paulo: Atlas, 1981.

WASSERMAN, William. et al. *Fundamentos de estatística aplicada a los negocios y a la economia*. México: Continental, 1963.

Fundamentos da Contagem

"Tentar e falhar é, pelo menos, aprender.
Não chegar a tentar é sofrer a inestimável
perda do que poderia ter sido."

Geraldo Eustáquio

Resumo Teórico

2.1 Análise Combinatória

A Análise Combinatória, por motivo de suas múltiplas aplicações, desempenha importante papel no estudo do cálculo das probabilidades.

Essencialmente, as questões que ocorrem na Análise Combinatória são problemas de contagem, ou seja, consistem na determinação do número de elementos de conjuntos finitos sujeitos a leis de formação bem definidas. Portanto, pela própria natureza dos problemas de que se ocupa, verifica-se de imediato a necessidade de apresentar essa matéria antes de iniciar o estudo do cálculo das probabilidades.

2.1.1 Regra do Produto

Considerando r conjuntos

$$A = \{a_1, a_2, a_3, ..., a_{n1}\} \text{ com } n(A) = n_1$$
$$B = \{b_1, b_2, b_3, ..., b_{n2}\} \text{ com } n(B) = n_2$$
$$...$$
$$Z = \{z_1, z_2, z_3, ..., z_{nr}\} \text{ com } n(Z) = n_r$$

o número de *r-uplas* ordenadas (sequências de r elementos) do tipo:

$$(a_i, b_j, ..., z_h)$$

em que $a_i \in A, b_j \in B, ..., z_h \in Z$ é:

$$n_1 \times n_2 \times n_3 \times ... \times n_r$$

2.1.2 Arranjos

Arranjos simples de classe p de m elementos, sendo $p \leq m$, ou arranjos simples de m elementos p a que cada agrupamento se diferencie de outro, seja pela natureza, seja pela ordem de seus p, são todos os agrupamentos de p elementos distintos tirados dentre os m elementos dados, de modo elementos.

O número de arranjos simples de m elementos p a p é dado pelo produto de p números inteiros, consecutivos e decrescentes a partir de m:

$$A_{m,p} = m \times (m-1) \times (m-2) \times ... (m-p+1) = \frac{m!}{(m-p)!}$$

82 *Capítulo 2*

Vale ressaltar que:

$$A_{m,0} = 1 \quad e \quad A_{m,1} = m$$

2.1.3 Permutações

Permutações simples de m elementos são todos os agrupamentos de m elementos sem repetição que se podem formar com os elementos dados, de modo que cada agrupamento se diferencie de outro pela ordem de seus elementos.

O número de permutações simples de m elementos é igual a fatorial de m, ou seja, o produto de todos os números inteiros de 1 a m:

$$P_m = m!$$

2.1.4 Combinações

Combinações simples de classe p ou combinações simples de m elementos p a p ($p \leq m$) são todos os agrupamentos de p elementos distintos tirados entre os m elementos dados, de modo que cada agrupamento se diferencie de outro pela natureza de seus elementos.

O número de combinações simples de classe p de m elementos é igual ao quociente da divisão do número de arranjos simples de classe p de m elementos pelo número de permutações simples de p números inteiros, consecutivos e decrescentes a partir de m, por fatorial de p:

$$\binom{m}{p} = C_{m,p} = \frac{A_{m,p}}{p!} = \frac{m!}{(m-p)!\,p!}$$

Verifica-se facilmente que:

$$\binom{m}{0} = \binom{m}{m} = 1$$

Fundamentos da Contagem 83

Exercícios Resolvidos

2.1 O Prof. Toshivitsu tem três caixinhas sobre a mesa de trabalho. Uma delas contém em seu interior duas canetas pretas (*PP*), outra, duas canetas vermelhas (*VV*) e, finalmente, uma terceira caixinha com uma caneta preta e a outra vermelha (*PV*). As caixas tinham suas etiquetas correspondentes — *PP*, *VV* e *PV* — mas a secretária novata trocou-as, de modo a ficarem todas com as tampas erradas. Tirando uma caneta por vez de cada caixa, sem olhar para o seu interior, qual é o menor número de canetas a tirar para que se determine o conteúdo exato das três caixas?

Solução:

A chave da solução é o conhecimento prévio de que todos os rótulos estão errados!

É possível determinar o conteúdo das três caixinhas tirando apenas uma caneta de uma delas, ou seja, uma caneta da caixa que possui a etiqueta *PV*, pois, supondo que a caneta retirada seja vermelha, ficaremos sabendo que a outra caneta dessa caixa também é vermelha, do contrário a etiqueta estaria correta. Uma vez identificada a caixa que contém as canetas vermelhas, podemos logo identificar a caixa que contém as pretas, pois sua etiqueta também deve estar errada e não pode ser a marcada com a etiqueta *PP*. Seguindo idêntico raciocínio, resolvemos o problema se a caneta retirada da caixa *PV* for preta. ✓

2.2 Quando escrevemos os números 1, 2, 3, 4, 5, 6, 7, 8, 9, 10, 11, ..., 1996, qual o 1996º algarismo escrito?

Solução:

Observemos que de 1 até 9 escrevemos 9 algarismos; de 10 até 99 utilizamos $2(99 - 9)$ algarismos; de 100 a um número N, de três algarismos, utilizamos $3(N - 99) = 3N - 297$ algarismos. Portanto, de 1 até N utilizamos $9 + 180 + 3N - 297 = 3N - 108$ algarismos.

Fazendo $3N - 108 = 1996$ obtemos $3N = 2104$, em que $N = 701 + 1/3$.

Isso significa que, se a divisão tivesse dado exatamente 701, o resultado do problema seria 1 de 701, mas como o resto da divisão de 2104 por 3 foi 1/3, temos que o 1996º algarismo escrito é o 7 de 702. ✓

2.3 Considere o conjunto $A = \{a, b, c, d\}$. Pede-se escrever:

a. os arranjos binários de *A*;

b. os arranjos ternários de *A*.

84 *Capítulo 2*

Solução:

Arranjos simples de classe p de m elementos, sendo $p \le m$, ou arranjos simples de m elementos p a p, são todos os agrupamentos de p elementos distintos tirados dentre os m elementos dados, de modo que cada agrupamento se diferencie de outro, seja pela natureza, seja pela ordem de seus elementos.

a. Para obter os *arranjos binários* desses quatro elementos, juntamos a cada elemento sucessivamente os outros três. Dessa forma, teremos:

$$a\textbf{b} \quad b\textbf{a} \quad c\textbf{a} \quad d\textbf{a}$$

$$a\textbf{c} \quad b\textbf{c} \quad c\textbf{b} \quad d\textbf{b}$$

$$a\textbf{d} \quad b\textbf{d} \quad c\textbf{d} \quad d\textbf{c}$$

b. Juntando-se a cada um dos agrupamentos binários (obtidos antes), sucessivamente, os dois elementos que nele não figuram, obtêm-se os *arranjos ternários*, ou seja:

$$a b\textbf{c} \quad b a\textbf{c} \quad c a\textbf{b} \quad d a\textbf{b}$$

$$a b\textbf{d} \quad b a\textbf{d} \quad c a\textbf{d} \quad d a\textbf{c}$$

$$a c\textbf{b} \quad b c\textbf{a} \quad c b\textbf{a} \quad d b\textbf{a}$$

$$a c\textbf{d} \quad b c\textbf{d} \quad c b\textbf{d} \quad d b\textbf{c}$$

$$a d\textbf{b} \quad b d\textbf{a} \quad c d\textbf{a} \quad d c\textbf{a}$$

$$a d\textbf{c} \quad b d\textbf{c} \quad c d\textbf{b} \quad d c\textbf{b}$$

Observemos que esse processo de formação é geral, isto é, que dados m elementos distintos, se obtêm seus *arranjos binários simples*, juntando-se a cada um deles sucessivamente os $m - 1$ elementos restantes. Observemos igualmente que os *arranjos ternários simples* dos m elementos são obtidos juntando-se a cada agrupamento binário sucessivamente os $m - 2$ elementos que não figuram, e assim por diante. ✓

2.4 Considere cinco elementos do conjunto $A = \{a, b, c, d, e\}$ na ordem em que se encontram. Pede-se escrever:

a. as combinações binárias de A;
b. as combinações ternárias de A;
c. as combinações quaternárias de A.

Solução:

Combinações simples de classe p ou combinações simples de m elementos p a p ($p \le m$) são todos os agrupamentos de p elementos distintos tirados entre os m elementos dados, de modo que cada agrupamento se diferencie de outro pela natureza de seus elementos.

a. Para obtermos as *combinações simples desses cinco elementos 2 a 2*, acrescentamos a cada um deles, sucessivamente, os elementos que o seguem (quando possível). Assim, ao elemento *a* acrescentam-se sucessivamente os elementos *b*, *c*, *d*, *e*; ao elemento *b* acrescentam-se sucessivamente *c*, *d*, *e*; ao elemento *d* acrescenta-se o elemento *e*. Esse último não dá origem a nenhum *grupo binário*. Assim, as *combinações binárias* são:

$$ab \quad bc \quad cd \quad de$$

$$ac \quad bd \quad ce$$

$$ad \quad be$$

$$ae$$

b. Formam-se as *combinações ternárias* dos cinco elementos dados, acrescentando-se a cada um dos *grupos binários* (vide item anterior) não terminados pelo último elemento, sucessivamente, todos os elementos que seguem o seu último. Desse modo, ao grupo *ab* acrescentam-se sucessivamente *c*, *d*, *e*; aos grupos *ac* e *bc* sucessivamente *d*, *e*; aos grupos *ad*, *bd*, e *cd* o elemento *e*. Os grupos binários *ae*, *be*, *ce*, *de* não dão origem a grupos ternários. As combinações resultantes são:

$$abc \quad bcd \quad cde$$

$$abd \quad bce$$

$$abe \quad bde$$

$$acd$$

$$ace$$

$$ade$$

c. Acrescentando-se a cada um dos agrupamentos ternários (não terminados em *e*), sucessivamente, todos os elementos que seguem o seu último, obtêm-se as combinações quaternárias:

$$abcd \quad bcde$$

$$abce$$

$$abde$$

$$acde$$

2.5 Considere o conjunto $\Omega = \{2, 4, 9\}$.

a. Calcule a média μ e a variância σ^2 do conjunto Ω.

b. Obtenha todos os arranjos com repetição de tamanho dois do conjunto Ω e calcule a média dos pares encontrados.

c. Determine a média $\mu_{\bar{X}}$ e a variância $s_{\bar{X}}^2$ das médias dos pares encontrados.

d. Verifique a relação que se segue:

$$s_{\bar{X}}^2 = \frac{\sigma^2}{n}$$

na qual n é o tamanho dos arranjos com repetição (amostras com reposição), no caso, $n = 2$.

e. Considere, agora, todos os arranjos sem repetição (amostras ordenadas sem reposição) de tamanho dois, e recalcule a média $\mu_{\bar{X}}$ e a variância $s_{\bar{X}}^2$ das médias dos pares encontrados.

f. Verifique, com base na variância encontrada no item anterior, a relação seguinte:

$$s_{\bar{X}}^2 = \frac{\sigma^2}{n} \times \frac{N-n}{N-1}$$

em que n é o tamanho dos arranjos sem repetição (amostras ordenadas sem reposição), no caso, $n = 2$, e N é o tamanho do conjunto Ω, no caso $N = 3$.

Solução:

a.

$$\mu = \frac{\displaystyle\sum_{i=1}^{N} X_i}{N} = \frac{2+4+9}{3} = 5 \checkmark$$

$$\sigma^2 = \frac{\displaystyle\sum_{i=1}^{N} X_i^2}{N} - \mu_{\bar{X}}^2 = \frac{101}{3} - 5^2 \cong 8,666 \checkmark$$

b. Os resultados encontram-se na tabela a seguir:

Arranjos $n = 2$			Médias		
(2, 2)	(2, 4)	(2,9)	2,0	3,0	5,5
(4, 2)	(4, 4)	(4, 9)	3,0	4,0	6,5
(9, 2)	(9, 4)	(9, 9)	5,5	6,5	9,0

c.

$$\mu_{\bar{X}} = \frac{\displaystyle\sum_{i=1}^{N \times N} \bar{X}_i}{N \times N} = \frac{2 + 3 + 5,5 + \ldots + 5,5 + 6,5 + 9}{3 \times 3} = 5 \checkmark$$

$$s_{\bar{X}}^2 = \frac{\displaystyle\sum_{i=1}^{N \times N} \bar{X}_i^2}{N \times N} - \mu_{\bar{x}}^2 = \frac{264}{9} - 5^2 \cong 4,333 \checkmark$$

Fundamentos da Contagem

d.

$$s_{\bar{X}}^2 = \frac{\sigma^2}{n} = \frac{8,666}{2} \cong 4,333 \; \checkmark$$

e. Observe os resultados na tabela a seguir:

Arranjos $n = 2$		Médias	
(2, 4)	(2, 9)	3,0	5,5
(4, 2)	(4, 9)	3,0	6,5
(9, 2)	(9, 4)	5,5	6,5

$$\mu_{\bar{X}} = \frac{\sum_{i=1}^{A_{N,n}} \bar{X}_i}{A_{N,n}} = \frac{3 + 5,5 + \ldots + 5,5 + 6,5}{3 \times 2} = 5 \; \checkmark$$

$$s_{\bar{X}}^2 = \frac{\sum_{i=1}^{A_{N,n}} \bar{X}_i^2}{A_{N,n}} - \mu_{\bar{X}}^2 = \frac{163}{3 \times 2} - 5^2 \cong 2,166 \; \checkmark$$

f.

$$s_{\bar{X}}^2 = \frac{\sigma^2}{n} \times \frac{N-n}{N-1} = \frac{8,666}{2} \times \frac{3-2}{3-1} \cong 2,166 \; \checkmark$$

2.6 Considere o conjunto $\Omega = \{2, 5, 6, 4\}$.

a. Calcule a média μ e a variância σ^2 do conjunto Ω.

b. Obtenha todas as combinações tamanho três do conjunto Ω e calcule a média dos ternos encontrados.

c. Determine a média $\mu_{\bar{X}}$ e a variância $s_{\bar{X}}^2$ das médias dos ternos encontrados.

d. Verifique, com base na variância encontrada no item anterior, a relação seguinte:

$$s_{\bar{X}}^2 = \frac{\sigma^2}{n} \times \frac{N-n}{N-1}$$

em que n é o tamanho das combinações (amostras sem reposição não ordenadas), no caso, $n = 3$, e N é o tamanho do conjunto Ω, no caso $N = 4$.

Solução:

a.

$$\mu = \frac{\sum_{i=1}^{N} X_i}{N} = \frac{2 + 5 + 6 + 4}{4} = 4,25 \; \checkmark$$

$$\sigma^2 = \frac{\sum_{i=1}^{N} X_i^2}{N} - \mu_{\bar{x}}^2 = \frac{81}{4} - 4,25^2 \cong 2,1875 \checkmark$$

Os resultados encontram-se na tabela a seguir:

Combinações $n = 3$		Médias	
{2, 5, 6}	{2, 5, 4}	4,33	3,67
{2, 6, 4}	{5, 6, 4}	4,00	5,00

c.

$$\binom{4}{3} = \frac{4!}{3! \times 1!} = 4$$

$$\mu_{\bar{X}} = \frac{\sum_{i=1}^{C_{N,n}} \bar{X}_i}{C_{N,n}} = \frac{4,33 + 5,00 + 4,00 + 3,67}{4} = 4,25 \checkmark$$

$$s_{\bar{X}}^2 = \frac{\sum_{i=1}^{C_{N,n}} \bar{X}_i^2}{C_{N,n}} - \mu_{\bar{X}}^2 = \frac{73,24}{4} - 4,25^2 \cong 0,24 \checkmark$$

d.

$$s_{\bar{X}}^2 = \frac{\sigma^2}{n} \times \frac{N-n}{N-1} = \frac{2,1875}{3} \times \frac{4-3}{4-1} \cong 0,24 \checkmark$$

2.7 Determinar o número de jogos que deverão disputar cinco times de futebol em um torneio de dois turnos.

Solução:

Seja $\{A, B, C, D, E\}$ o conjunto de cinco times de futebol.

Tais subconjuntos têm seus elementos ordenados, pois cada time jogará duas partidas com o outro, uma em seu campo e outra no campo do adversário.

Assim, o número de jogos será igual a $5 \times 4 = A_{5,2} = 20 \checkmark$

2.8 Nas partidas já disputadas entre os times A e B, nunca se repetiu o resultado a favor do mesmo clube, nem um clube fez mais de cinco tentos em qualquer das partidas. Determine, nessas condições, o número máximo de vitórias do clube A sobre o clube B.

Solução:

Considere o produto cartesiano seguinte, em que o eixo das abscissas representa os possíveis resultados do Clube A sobre o Clube B. Logo, conclui-se que os possíveis

Fundamentos da Contagem **89**

resultados de vitórias do Clube A sobre o Clube B estão assinalados, como demonstra o diagrama.

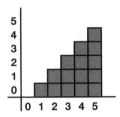

Portanto, temos um total de 15 vitórias. ✓

2.9 Se A e B são dois conjuntos finitos quaisquer, provar que:

$$n(A \cup B) = n(A) + n(B) - n(A \cap B)$$

Solução:

Podemos expressar A e B em linguagem de conjuntos como:

$$A = (A - B) \cup (A \cap B)$$
$$B = (B - A) \cup (A \cap B)$$
$$A \cup B = (A - B) \cup (A \cap B) \cup (B - A)$$

Segue-se que:

$$n(A) = n(A - B) + n(A \cap B)$$
$$n(B) = n(B - A) + n(A \cap B)$$
$$n(A \cup B) = n(A - B) + n(A \cap B) + n(B - A) + n(A \cap B)$$

Manejando convenientemente essas três últimas igualdades, obtemos o resultado desejado. ✓

2.10 Em uma universidade que possui dois jornais, o Clarim e o Avante, 70 % dos alunos leem o Clarim e 60 % leem o Avante. Pede-se a porcentagem dos alunos que leem os dois jornais.

Solução:

Se β representa a porcentagem de estudantes que leem os dois jornais, então:

- $(60\,\% - \beta)$ leem apenas o Clarim;
- $(70\,\% - \beta)$ leem apenas o Avante.

Considerando que o total de leitores dos dois jornais perfaz 100 %, encontraremos:

$$60\,\% - \beta + 70\,\% - \beta + \beta = 100\,\%$$
$$130\,\% - \beta = 100\,\% \quad \therefore \quad \beta = 30\,\% \checkmark$$

2.11 Entre os números escritos de 1 a 4301, inclusive, quantos são divisíveis por 3 ou por 7?

Solução:

Sabemos que $\left[\dfrac{4301}{3}\right] = 1433$ são divisíveis por 3, $\left[\dfrac{4301}{7}\right] = 614$ são divisíveis

por 7 e $\left[\dfrac{4301}{3 \times 7}\right] = 204$ são, simultaneamente, divisíveis por 3 e 7.

Portanto, teremos $1433 + 614 - 204 = 1843$ números divisíveis por 3 ou por 7. ✓

Nota: [X] é o maior inteiro que é menor ou igual ao número real X.

2.12 Um mágico apresenta-se em público vestindo calça e paletó de cores diferentes. Determinar o número mínimo de peças (número de calças mais número de paletós) que ele usará em 24 sessões diferentes.

Solução:

Representando por C o número de calças e por P o número de paletós utilizados pelo mágico para se apresentar em 24 sessões diferentes, temos, pelo Princípio Fundamental da Contagem, que $C \times P = 24$, cujos possíveis valores de C e P estão dispostos na tabela a seguir:

	$C \times P = 24$							
C	01	02	03	04	06	08	12	24
P	24	12	08	06	04	03	02	01
$C + P$	25	14	11	10	10	11	14	25

Logo, mínimo $(C + P) = 10$ ✓

2.13 Um número é da forma $p^4 \times q^5$, em que p e q são primos. Mostre que o número de divisores desse número vale 30.

Solução:

Cada divisor é um número do tipo $p^\alpha \times q^\beta$. Assim acontecendo, podemos escrever:

$$\alpha \in \{0, 1, 2, 3, 4\} \text{ e } \beta \in \{0, 1, 2, 3, 4, 5\}$$

Exemplo: $p^3 \times q^5, p^0 \times q^2, p^4 \times q^0$ etc.

Portanto, o número de divisores é o número de pares ordenados (α, β) que, pelo Princípio Fundamental da Contagem, é igual a:

$$5 \times 6 = 30 ✓$$

2.14 Determine a soma dos divisores inteiros e positivos do número 540.

Solução:

Observe que $540 = 2^2 \times 3^3 \times 5$. Logo, a soma dos divisores inteiros e positivos de 540 pode ser calculada por:

$$(2^0 + 2^1 + 2^2) \times (3^0 + 3^1 + 3^2 + 3^3) \times (5^0 + 5) = 1680 \checkmark$$

2.15 O sistema telefônico do Município de Tangará utiliza sete dígitos para designar os diversos telefones. Supondo que o primeiro dígito seja sempre o dois e que o dígito zero não seja utilizado para designar as estações (2° e 3° dígitos), quantos dígitos de telefones diferentes poderemos ter?

Solução:

Observe o diagrama que se segue:

1°	2°	3°	4°	5°	6°	7°
01	09	09	10	10	10	10

Para o 1° dígito temos apenas uma possibilidade; para a 2^a e 3ª estações, nove possibilidades, e, para os dígitos seguintes, 10 possibilidades. Logo, pelo Princípio Fundamental da Contagem, poderemos ter:

$$1 \times 9 \times 9 \times 10 \times 10 \times 10 \times 10 = 810.000 \text{ telefones. } \checkmark$$

2.16 Uma família de seis pessoas possui um automóvel de cinco lugares. Pede-se o número de maneiras distintas pelas quais elas poderão acomodar-se quando apenas duas delas sabem dirigir:

Solução:

Destaque o diagrama a seguir:

	02		
05	04	03	02

Para a posição do motorista temos duas possibilidades. Escolhido o motorista, ficamos com 5, 4, 3 e 2 possibilidades, respectivamente, para as posições restantes. Então, pelo Princípio Fundamental da Contagem, teremos:

$$2 \times 5 \times 4 \times 3 \times 2 = 2 \times A_{5,4} = 240 \text{ maneiras distintas. } \checkmark$$

2.17 De uma urna que contém 90 pedras numeradas de 01 a 90, quatro pedras são retiradas *sucessivamente* ao acaso. Determine o número de extrações possíveis tal que a terceira pedra seja a de número 50.

Solução:

1ª	2ª	3ª	4ª
89	88	01	87

Como já sabemos que a 3ª pedra é a de número 50 (*veja diagrama acima*), então os possíveis resultados para a 1ª, 2ª e 4ª pedras são, respectivamente, 89, 88 e 87. Daí, pelo Princípio Fundamental da Contagem, temos o número de extrações possíveis igual a:

$$89 \times 88 \times 1 \times 87 = A_{90\text{-}1,4\text{-}1} = A_{89,3} = 681.384 \ \checkmark$$

2.18 As placas dos automóveis são formadas por duas letras seguidas de quatro algarismos. Calcular o número de placas que podem ser formadas com as letras *A* e *B* e os algarismos pares, sem os repetir.

Solução:

Considere o diagrama a seguir:

L = Letra A = Algarismo					
L	**L**	**A**	**A**	**A**	**A**
2	2	5	4	3	2

Para a 1ª e 2ª letras temos duas possibilidades; para o 1º, 2º, 3º e 4º algarismos pares temos, respectivamente, 5, 4, 3 e 2 possibilidades. Portanto, pelo Princípio Fundamental da Contagem, podem ser formadas:

$$2 \times 2 \times 5 \times 4 \times 3 \times 2 = 2^2 \times A_{5,4} = 480 \text{ placas.} \ \checkmark$$

2.19 A família do Prof. Humberto é formada por cinco pessoas, ele, a esposa e os filhos. No Natal, todos se presenteiam, sendo os presentes trocados com bastante antecedência. Ano passado, ele teve de fazer uma viagem de negócios às vésperas do Natal. Quantos presentes não foram entregues?

Solução:

Caso todos os presentes tivessem sido trocados, teríamos um total de $5 \times 4 = A_{5,2} = 20$ presentes. Como apenas quatro das pessoas se presentearam, concluímos que $4 \times 3 = A_{4,2} = 12$ presentes foram entregues. Consequentemente, o número de presentes não entregues foi igual a 8. $\checkmark$

2.20 Se colocarmos em ordem crescente todos os números de cinco algarismos distintos, obtidos com 1, 3, 4, 6 e 7, qual a posição que ocupa o número 61.473?

Fundamentos da Contagem **93**

Solução:

Tal número é precedido pelo número da forma:

❶ → (1 _ _ _ _) que são em número de 4!

❷ → (3 _ _ _ _) que são em número de 4!

❸ → (4 _ _ _ _) que são em número de 4!

❹ → (6 1 3 _ _) que são em número de 2!

❺ → (6 1 4 3 _) que são em número de 1!

De ❶, ❷, ❸, ❹ e ❺, concluímos que 61.473 é precedido por um total de 4! + 4! + 4! + 2! + 1! = 75 números. Logo, a posição de 61.473 é a 76ª. ✔

2.21 Oito pessoas, entre elas Yuri e Yara, devem ficar em uma fila. De quantas maneiras isto pode ser feito de sorte que Yuri e Yara fiquem juntos?

Solução:

Se Yuri e Yara devem ficar juntos, eles funcionam como se fossem uma única pessoa, que juntamente com as outras 6 devem ser permutadas, dando um total de 7! permutações. Entretanto, em cada uma dessas permutações, Yuri e Yara podem ser permutados entre si de 2! maneiras distintas (veja diagrama a seguir). Por conseguinte, o total de permutações em que eles aparecem juntos é:

YY = Yuri e Yara P = Pessoa							
P	P	P	Y	Y	P	P	P

$$7! \times 2! = 10.080 ✔$$

2.22 Existem 10 cadeiras numeradas de 01 a 10. Calcular o número de maneiras distintas pelas quais duas pessoas poderão sentar-se de modo que haja pelo menos uma cadeira entre elas.

Solução:

Notemos que cada maneira de elas sentarem corresponde a um par ordenado (a, b) de números distintos escolhidos entre 1, 2, 3, ... , 10.

Exemplo: (3,5) a pessoa X senta na cadeira 3 e a pessoa Y na cadeira 5;

(5,3) a pessoa X senta na cadeira 5 e a pessoa Y na cadeira 3;

(4,6) a pessoa X senta na cadeira 4 e a pessoa Y na cadeira 6.

Logo, pelo Princípio Fundamental da Contagem, o total de pares ordenados é igual a:

$$10 \times 9 = A_{10,2} = 90$$

Porém, lembremos que do total de pares ordenados calculado anteriormente, temos de excluir aqueles cujos elementos sejam números consecutivos.

São eles:

$$(1,2), (2,3), \ldots , (9,10) \rightarrow \quad 9 \text{ pares;}$$
$$(2,1), (3,2), \ldots , (10,9) \rightarrow \quad 9 \text{ pares.}$$

Portanto, o número de modos de as pessoas sentarem havendo pelo menos uma cadeira entre elas é $90 - 18 = 72$. ✓

2.23 Determinar de quantas maneiras é possível permutar as letras da palavra **R E L A T I V O** de modo que as consoantes sempre ocupem os lugares ímpares.

Solução:

Primeiramente, determinemos separadamente os números de permutações das consoantes e vogais:

R	L	T	V	E	A	I	O
4! = 24				4! = 24			

Assim, a solução será dada pelo produto $24 \times 24 = 576$, pois a cada uma das 24 permutações das consoantes juntas, atendendo ao enunciado do problema, deveremos ter as 24 permutações das vogais. ✓

2.24 Com os algarismos significativos, quantos números de nove algarismos podem ser formados, de modo que os algarismos pares sempre fiquem juntos?

Solução:

Consideremos os quatro pares formados como *um único elemento*, conforme mostra o diagrama seguinte:

1º	2º	3º	4º	5º	6º
1	3	5	7	9	2 4 6 8

Cada uma dessas 6! permutações desses seis elementos fornece 4! grupos distintos, obtidos pelas permutações dos quatro algarismos pares. Logo, o número de permutações desejado será igual a:

$$6! \times 4! = 17.280 \checkmark$$

2.25 Quantos são os anagramas da palavra COPAS que começam por vogal?

Solução:

A palavra COPAS possui duas vogais O e A.

Escrevendo O em primeiro lugar, podemos permutar de 4! maneiras diferentes as letras restantes.

Do mesmo modo, fixando A em primeiro lugar, teremos outros 4! anagramas.

Portanto, teremos 4! + 4! anagramas que começam por vogal, ou seja, $2 \times 4! = 24$ anagramas. ✓

2.26 Em um grupo, os alunos presenteiam-se por ocasião de seus aniversários, e cada um dá um único presente para cada um dos demais. Sabendo-se que durante o ano o total de presentes trocados é de 56, determinar o número de pessoas que formam o grupo.

Solução:

Seja n número de alunos que formam o grupo. Como n alunos dão presentes a $(n-1)$ alunos, temos pelo Princípio Fundamental da Contagem, um total de $n \times (n-1)$ presentes trocados, ou seja:

$$n \times (n-1) = A_{n,2} = 56$$

Resolvendo a equação acima encontramos um total de oito alunos. ✔

2.27 Quantos são os números de dois algarismos distintos que podemos formar com os números 3, 4, 5 e 6?

Solução:

Tomemos um dos subconjuntos de dois elementos, {3, 4} por exemplo.

Como o número 34 difere do número 43, concluímos que esses subconjuntos serão ordenados.

Portanto deveremos ter $4 \times 3 = A_{4,2} = 12$ números. ✔

2.28 Quantos são os números de três algarismos distintos que podemos formar no sistema de base 10?

Solução:

Os subconjuntos que devemos formar possuem três elementos e são ordenados. Portanto, o número desses subconjuntos será:

$$10 \times 9 \times 8 = A_{10,3} = 720$$

Entretanto, devemos lembrar que vários desses subconjuntos começam por *zero,* por exemplo, 026, que não é um número de três algarismos.

Devemos excluir esses subconjuntos que são em número de:

$$9 \times 8 = A_{9,2} = 72$$

Portanto, o resultado procurado é igual a:

$$A_{10,3} - A_{9,2} = 720 - 72 = 648 \text{ algarismos.} ✔$$

2.29 Dispõe-se em uma fila cinco esferas vermelhas, duas brancas e três azuis. Se as esferas da mesma cor não se distinguem entre si, quantos arranjos distintos poderão ser formados?

Solução:

Suponha que exista α arranjos distintos. Multiplicando α pelo número de maneiras pelas quais podemos dispor as cinco esferas vermelhas entre si, as duas brancas entre si e, as três azuis entre si, isto é, multiplicando α por 5! 2! 3!, obtemos o número de arranjos das 10 esferas se elas não fossem todas distintas, ou seja:

$$(5!\ 2!\ 3!)\ \alpha = 10!$$

Portanto, $\alpha = \dfrac{10!}{5!\ 2!\ 3!} = 2520$ arranjos. ✓

2.30 Um prova é constituída de 10 questões das quais o aluno deve resolver 6. De quantas maneiras ele poderá escolher as seis questões?

Solução:

Observemos que não interessa a ordem que o aluno escolher as seis questões. Por exemplo, resolver as questões 1, 2, 3, 4, 5, 6 é o mesmo que resolver as questões 6, 5, 4, 3, 2, 1.

Portanto, cada maneira de escolher as seis questões é uma combinação das 10 questões tomadas seis a seis, isto é:

$$\binom{10}{6} = \dfrac{10!}{6! \times 4!} = 210 \text{ maneiras.} \checkmark$$

2.31 Temos 10 homens e 15 mulheres. Quantas comissões de cinco pessoas podemos formar, se em cada uma delas deve haver três homens e duas mulheres?

Solução:

Podemos escolher três homens entre 10 de $\binom{10}{3} = 120$ formas e duas mulheres entre as 15 de $\binom{15}{2} = 105$ maneiras. ✓

Cada grupo de três homens pode se juntar com um dos 105 grupos de mulheres, formando uma comissão. Como existem 120 grupos de homens, teremos ao todo $120 \times 105 = 12.600$ comissões.

2.32 De quantas maneiras distintas nove sinais vermelhos (V) e cinco sinais azuis (A) podem ser colocados de modo que dois sinais azuis não ocorram simultaneamente?

Solução:

Dispostos os nove sinais vermelhos, existem 10 posições que os sinais azuis podem ocupar (*vide figura*).

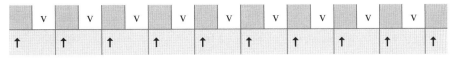

Como existem cinco sinais azuis, precisamos escolher cinco lugares entre os 10 que podem ser ocupados por sinais azuis.

Isso pode ser feito de $\binom{10}{5} = 252$ maneiras. ✓

2.33 São dados 10 pontos em um plano dos quais quatro e somente quatro estão alinhados. Quantos triângulos distintos podem ser formados com vértices em três de quaisquer dos 10 pontos?

Solução:

Cada combinação de três pontos entre os 10 existentes dá origem a um triângulo, com exceção das combinações de três pontos tomados entre os quatro alinhados. Assim, o número de triângulos que podem ser formados é:

$$\binom{10}{3} - \binom{4}{3} = 120 - 4 = 116 \text{ triângulos.} \checkmark$$

2.34 Um professor deve ministrar 20 aulas em três dias consecutivos, tendo para cada um dos dias as opções de ministrar 4, 6 ou 8 aulas. Determine o número de diferentes distribuições possíveis dessas 20 aulas que o professor pode ministrar nos três dias.

Solução:

O número de distribuições das 20 aulas em três dias consecutivos, sendo, em cada dia, 4, 6 ou 8 aulas, é:

$$3 \times 2 \times 1 = P_3 = 6. \checkmark$$

2.35 Em certo tipo de loteria são sorteados cinco números entre 0 e 99. Quantos são os resultados possíveis para o sorteio?

Solução:

Observemos que não interessa a ordem em que os cinco números são sorteados. Por exemplo, escolher os números 9, 2, 8, 4, 5 é o mesmo que escolher 5, 4, 8, 2, 9.

Portanto, cada maneira de escolher os cinco números é uma combinação dos 100 números da loteria tomados 5 a 5, ou seja:

$$\binom{100}{5} = \frac{100!}{5! \times 95!} = 75.287.520 \text{ resultados.} \checkmark$$

2.36 Considere o desenvolvimento de ambos os membros da expressão

$$(1 + x)^n (1 + x)^m = (1 + x)^{n + m}$$

escritos de uma forma adequada, para provar que:

$$\binom{n+m}{k} = \binom{n}{0}\binom{m}{k} + \binom{n}{1}\binom{m}{k-1} + \binom{n}{2}\binom{m}{k-2} \ldots + \binom{n}{k}\binom{m}{0}$$

Solução:

Sabemos que

$$(1 + x)^{n+m} = \sum_{k=0}^{n+m} \binom{n+m}{k} x^k 1^{n+m-k} = \sum_{k=0}^{n+m} \binom{n+m}{k} x^k$$

Portanto, o coeficiente de x^k no desenvolvimento de $(1 + x)^n (1 + x)^m$ é $\binom{n+m}{k}$.

Lembremos também que o coeficiente de x^k no desenvolvimento de

$$(a_n x^n + a_{n-1} x^{n-1} \ldots + a_1 x + a_0)(b_m x^m + b_{m-1} x^{m-1} \ldots + b_1 x + b_0)$$

é dado por:

$$a_0 b_k + a_1 b_{k-1} + a_2 b_{k-2} \ldots + a_{k-2} b_2 + a_{k-1} b_1 + a_k b_0$$

Dessa forma, utilizando a condição para *igualdade de dois polinômios* encontramos o resultado:

$$\binom{n+m}{k} = \binom{n}{0}\binom{m}{k} + \binom{n}{1}\binom{m}{k-1} + \binom{n}{2}\binom{m}{k-2} + \ldots + \binom{n}{k}\binom{m}{0} \checkmark$$

2.37 De quantas maneiras podemos colocar seis laranjas iguais em duas caixas iguais, de modo que nenhuma caixa fique vazia?

Solução:

Seja o quadro seguinte:

Caixas	Número de laranjas na caixa				
I	5	4	3	2	1
II	1	2	3	4	5

Como não há distinção de caixas, devemos considerar somente as distribuições: 5 e 1; 4 e 2; 3 e 3. Portanto, há somente três distribuições possíveis. $\checkmark$

2.38 De quantas maneiras podemos colocar cinco laranjas iguais em duas caixas iguais?

Solução:

Destaque o quadro de distribuição das cinco laranjas em duas caixas diferentes:

Caixas	Número de laranjas na caixa					
I	5	4	3	2	1	0
II	0	1	2	3	4	5

Como não há distinção de caixas, devemos considerar somente a metades dos casos, isto é, $6/2 = 3$ maneiras de distribuir cinco laranjas em duas caixas. $\checkmark$

2.39 De quantas maneiras pode-se distribuir n objetos diferentes em duas caixas diferentes, de sorte que nenhuma fique vazia?

Solução:

Cada objeto tem duas possibilidades para distribuição. Como são n objetos, então 2^n é o número de maneiras de esses objetos serem distribuídos de maneira aleatória, incluindo a possibilidade de uma delas ficar vazia. Como são duas caixas, deve-se excluir os dois casos nos quais uma delas fica vazia. Portanto, existem $2^n - 2 = 2(2^{n-1} - 1)$ maneiras de distribuir n objetos diferentes em duas caixas diferentes de maneira que nenhuma fique vazia. ✓

2.40 Considere dois conjuntos quaisquer A e B. Mostre que:

   a. $A = (A \cap B) \cup (A \cap B^c)$;
   b. $(A \cup B)^c = A^c \cap B^C$.

Solução:
   a. Utilizando a linguagem de conjuntos podemos escrever:

$$A = \{x \mid x \in A\} = \{x \mid x \in A \cap B \vee x \in A \cap B^C\}$$

Portanto, $A = (A \cap B) \cup (A \cap B^c)$ ✓

   b. $(A \cup B)^c = \{x \mid x \notin A \cup B\} = \{x \mid x \notin A \wedge x \notin B\}$

Logo, $(A \cup B)^c = A^c \cap B^C$ ✓

Exercícios Propostos

2.1 Um comerciante dispõe de um estoque de seis unidades de certo artigo quando abre sua loja na segunda-feira pela manhã. No decorrer de um dia, ele costuma vender no mínimo uma unidade e no máximo três unidades do referido artigo. Supondo que essa previsão é sempre satisfeita, e que o comerciante só será reabastecido na quinta-feira, pede-se traçar a evolução de seu estoque até o encerramento da loja na manhã de quarta-feira, e determinar quantas são as possibilidades que envolvem a queda do estoque ao nível zero no decorrer desse período.

2.2 Há três maneiras de ir para a cidade B partindo de A, ou seja, há três estradas, e quatro estradas da cidade B para a C. Você sai de A, dirige-se para C passando por B e depois volta para B, sendo que na volta para B a estrada que você usou para ir de B para C está interrompida. Calcular o número de maneiras distintas pelas quais você pode fazer o trajeto.

2.3 Um edifício possui seis portões: $P_1, P_2, P_3, P_4, P_5, P_6$. Determine o número de possibilidades diferentes de uma pessoa entrar e sair desse edifício, sabendo-se que a pessoa pode sair pelo mesmo portão que usou para entrar.

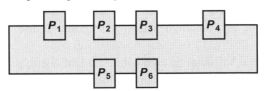

2.4 Um automóvel é oferecido pelo fabricante em oito cores diferentes, podendo o comprador optar entre os motores 2000 cc e 4000 cc. Sabendo-se que os automóveis são fabricados nas versões *standard, luxo e superluxo*, calcular as alternativas para o comprador.

2.5 Suponha que no início de um jogo você tenha $ 2,00 e que você só possa jogar enquanto tiver dinheiro. Supondo que em cada jogada você perde ou ganha $ 1,00, enumerar, ao final de três jogadas, os possíveis resultados.

2.6 Walker (W), Hudson (H), Elton (E), Ubirajara (U) e Newton (N) disputam uma corrida de 100 m. Determinar o número de resultados possíveis para os três primeiros colocados.

2.7 Pede-se o número máximo de alternativas de que o Prof. André dispõe para escolher um ou mais representantes entre cinco alunos.

2.8 O Prof. Luciano, dirigindo-se ao trabalho, vai encontrando seus amigos e levando-os juntos em seu carro. Ao todo leva cinco amigos, dos quais apenas três são conhecidos entre si. Feitas as apresentações, os que não se conheciam cumprimentam-se com apertos de mãos, dois a dois. Pergunta-se o número total de apertos de mãos.

2.9 Se o conjunto η possui 63 subconjuntos não vazios, determine o número de elementos desse conjunto.

2.10 Nove universidades se juntam para formar uma liga de basquete. Cada time deve enfrentar o outro duas vezes durante o torneio.
  a. Qual o total de jogos dessa liga?
  b. Em quantos jogos atuarão dois dos quatro melhores times?

2.11 Em uma cidade de 20.000 habitantes, 5 % usam somente uma sandália, isto é, apenas um pé é calçado. Se a metade do restante dessa cidade anda descalça, quantas sandálias são usadas por essa população?

2.12 Em determinada conferência estão reunidos oito representantes do *Japão*, quatro da *Argentina* e cinco do *Brasil*. Pede-se o número de comissões possíveis que podem ser formadas com dois representantes de países diferentes.

2.13 Calcule o número de maneiras distintas de que a Profa. Marta dispõe para entrar em um edifício que possui três portões e quatro portas.

2.14 Em um computador digital, um *bit* é um dos algarismos 0 ou 1 e uma *palavra* é uma sucessão de *bits*. Determine o número de *palavras* distintas de 16 *bits*.

2.15 Uma equipe brasileira de automobilismo tem quatro pilotos de diferentes nacionalidades, sendo um único brasileiro. A equipe dispõe de quatro carros de cores distintas, dos quais somente um foi fabricado no Brasil. Sabendo-se que, obrigatoriamente, ela deve inscrever, em cada corrida, *pelo menos* um piloto ou um carro brasileiro, calcular o número de inscrições que a equipe pode fazer com relação a uma corrida da qual participará com três carros.

2.16 Um cofre possui um disco marcado com os dígitos 0, 1, 2, ... , 9, cujo segredo é formado por uma sequência de quatro dígitos distintos. Determinar qual número máximo de tentativas deverá uma pessoa fazer para abrir o cofre, supondo que a pessoa sabe que o segredo é formado por dígitos distintos.

2.17 Quantos são os números de quatro algarismos superiores a 2500 que se podem escrever com os algarismos 1, 2, 3, 4 e 5 sem repeti-los?

2.18 Dez clubes de futebol disputam um campeonato em dois turnos. Calcular quantos jogos foram realizados, se no final dois clubes empatam na primeira colocação, havendo mais um jogo de desempate?

2.19 As áreas dos retângulos A, B e C são, respectivamente, S(A) = 20, S(B) = 10, S(C) = 16 cm². Se temos S(A ∩ B) = 3, S(A ∩ C) = 6, S(B ∩ C) = 4 e S(A ∪ B ∪ C) = 35 cm², determine S(A ∩ B ∩ C).

2.20 Com os dígitos 1, 2, 3, 4, 5, 6 e 7, de quantas maneiras podemos permutá-los de modo que os números ímpares fiquem sempre em ordem crescente?

2.21 Em uma sala existem nove cadeiras e cinco pessoas. Determine o número de maneiras distintas de as pessoas ocuparem as cadeiras.

2.22 A bandeira brasileira é pintada, como sabemos, com as cores *VERDE*, *AMARELA*, *AZUL* e *BRANCA*, tendo, portanto, quatro partes distintas. Se não houvesse uma cor específica para cada parte, qual o número possível de bandeiras obtidas usando-se as mesmas cores sem repeti-las?

2.23 Imagine os irmãos Tita e Niki como a primeira geração de uma família. Os dois irmãos decidem que, quando se casarem, deverão ter dois filhos cada um. Os filhos, quando casados, deverão ter, também, dois filhos, e assim sucessivamente. Determine o número de componentes dessa família na quinta geração sem que tenha havido mortes.

2.24 Demonstre que o número de maneiras pelas quais é possível distribuir n objetos diferentes em duas caixas iguais de sorte que nenhuma fique vazia é $2^{n-1} - 1$.

2.25 O Prof. Paulo Régis leva exatamente um minuto para escrever cada anagrama da palavra *ESTATÍSTICA*. Se ele escrever ininterruptamente, sem descanso, quanto tempo levará para escrever todos os anagramas?

2.26 De quantas formas oito sinais ☌ e cinco sinais ♒ podem ser colocados em uma sequência?

2.27 Uma prateleira possui seis compartimentos separados. Determine o número de maneiras distintas pelas quais podemos colocar quatro bolinhas indistinguíveis nos compartimentos.

Nota: Esse tipo de problema surge na Física em relação à Estatística de Bose-Einstein.

2.28 Alexandra encontra-se na origem de um sistema cartesiano ortogonal de eixos Ox e Oy. Ela só pode dar um passo de cada vez, para o norte (N) ou para o leste (L). Partindo da origem e passando pelo ponto A(3,1), quantas trajetórias existem até o ponto B(5,4)?

2.29 Capitão Rapadura deseja comprar um carro novo. Ele pode escolher entre três marcas de motor, oito modelos e 15 cores. Quantos carros diferentes constituem as possíveis opções do Capitão Rapadura?

2.30 O Chefe de Departamento de Pessoal de um grande complexo industrial entrevistou 15 novos engenheiros com a finalidade de preencher três vagas em setores diferentes dessa indústria. Pergunta-se: de quantas maneiras ele pode preencher essas vagas?

2.31 Tem-se n bolas pretas e $m - 1$ bolas vermelhas, sendo $m > n + 1$. Determinar de quantas maneiras distintas se podem alinhar tais bolas, de modo que duas bolas pretas nunca fiquem juntas.

2.32 O Prof. Renato conta exatamente três piadas em seu curso anual de Física Geral. Sabendo-se que ele tem por norma nunca contar as mesmas três piadas que contou em qualquer outro ano, qual será o número de piadas diferentes que terá contado em 35 anos?

Fundamentos da Contagem **103**

2.33 Determinado número de torcedores foi consultado sobre suas preferências futebolísticas, verificando-se os seguintes resultados:

60 deles torciam pelo Ceará ou pelo Fortaleza;

45 não torciam pelo Fortaleza;

35 não torciam pelo Ceará.

Determine, então, o número de torcedores que torciam pelo Ceará ou não torciam pelo Fortaleza.

2.34 A diretoria de uma firma é composta de sete diretores brasileiros e quatro franceses. Quantas comissões de três brasileiros e três franceses podem ser formadas?

2.35 Em uma festa infantil estão presentes 10 meninos usando calça de brim e 10 meninos usando calça de veludo. Quantos grupos de cinco meninos podemos formar, se em cada um dos grupos deve haver três meninos usando calça de brim e dois meninos usando calça de veludo?

2.36 Em uma universidade, 40 % dos alunos têm carros, 35 % têm motocicleta e 15 % têm tanto carro como motocicleta. Qual a porcentagem de alunos que não possuem nem carro nem motocicleta?

2.37 De quantas maneiras podemos distribuir n objetos iguais em duas caixas diferentes?

2.38 De quantas maneiras podemos colocar cinco esferas iguais em duas caixas iguais?

2.39 Entre os números de 1 a 3600 inclusive, quantos são divisíveis por 3, 5 ou por 7?

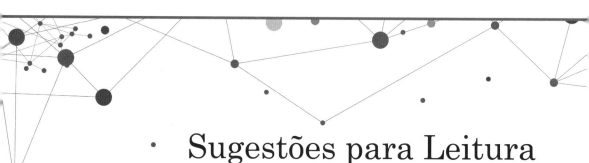

Sugestões para Leitura

DELFINI, Claudio et al. *Análise combinatória e probabilidade*. São Paulo: Érica, 1996.

SPIEGEL, Murray. *Probabilidade e estatística*. São Paulo: McGraw-Hill, 1981.

STEVENSON, W. J. *Estatística aplicada à administração*. São Paulo: Harper & How do Brasil, 1981.

Introdução ao Cálculo das Probabilidades

"Se excluirmos o impossível, o que sobra, por muito improvável que seja, deve ser verdade."

Sherlock Holmes

Resumo Teórico

3.1 Experiência Aleatória

O conceito de experiência aleatória é considerado primitivo, embora subentendido que duas condições devam ser satisfeitas:

- deve ser sempre possível repetir indefinidamente a experiência, desde que fixadas certas condições;
- mesmo mantendo as condições iniciais, deve ser sempre impossível exercer influência sobre o resultado de uma particular repetição da experiência.

3.2 Espaço Amostral

Conjunto de todos os possíveis resultados de uma experiência aleatória, resultados esses que podem ser de natureza quantitativa ou qualitativa.

3.3 Evento

Qualquer subconjunto do espaço amostral, isto é, qualquer resultado ou conjunto de resultados do espaço amostral.

3.4 Probabilidade

Trata-se de uma medida de incerteza dos fenômenos aleatórios. Traduz-se por um número real compreendido entre 0 e 1 que define quão provável é um resultado. Zero significa nenhuma probabilidade de o evento em questão ocorrer e 1 significa que o evento ocorrerá com certeza.

3.4.1 Probabilidade a Priori ou Clássica

Dada uma experiência aleatória uniforme definida em um espaço amostral Ω, a probabilidade de ocorrer um evento E, contido em Ω, é o quociente entre o número de elementos do evento E e o número de elementos do espaço amostral Ω. Em outras palavras, é o valor calculado com base em considerações teóricas, dispensando uma experimentação sobre o objeto estudado. É de grande importância como referencial ou termo de comparação.

---

106 *Capítulo 3*

Para um espaço amostral Ω, a probabilidade de um evento E é dada por:

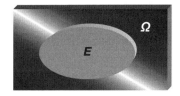

$$P(E) = \frac{n(E)}{n(\Omega)}$$

3.4.2 Probabilidade a Posteriori ou Frequencialista

Trata-se da probabilidade avaliada, empírica. Ela tem por objetivo estabelecer um modelo adequado à interpretação de certa classe de fenômenos observados (não todos). Portanto, depende da amostra considerada: quanto maior a amostra (e de melhor qualidade), mais confiável é o valor da probabilidade *a posteriori*.

Com base no conceito de frequência relativa podemos então definir a probabilidade *a posteriori* para dado evento E:

$$P(E) = \frac{\text{número de ocorrências de } E}{\text{número total de provas ou ocorrências}}$$

3.4.3 Axiomas da Probabilidade

- Para todo evento E do espaço amostral Ω temos $0 \leq P(E) \leq 1$, ou seja, a probabilidade está sempre no intervalo fechado 0 e 1.
- Para todo evento certo Ω temos $P(\Omega) = 1$.
- Para um número qualquer de eventos mutuamente excludentes $E_1, E_2, E_3, ..., E_n$ pertencentes ao espaço amostral Ω, temos:

$$P(E_1 \cup E_2 \cup E_3 \cup ... E_n) = P(E_1) + P(E_2) + P(E_3) + ... + P(E_n)$$

3.4.4 Principais Teoremas sobre Probabilidade

- O evento impossível possui probabilidade 0,

$$P(\phi) = 0$$

- Se E^c é o evento complementar de E, então

$$P(E^c) = 1 - P(E)$$

- Para quaisquer eventos A e B,

$$P(A) = P(A \cap B) + P(A \cap B^c)$$

- Se $A \subseteq B$ então $P(A) \leq P(B)$

Introdução ao Cálculo das Probabilidades

- Se A e B são dois eventos quaisquer associados a um espaço amostral Ω, então:

$$P(A \cup B) = P(A) + P(B) - P(A \cap B)$$

Se os eventos A e B forem mutuamente exclusivos, isto é, $A \cap B = \phi$, o teorema supra é simplificado:

$$P(A \cup B) = P(A) + P(B)$$

3.4.5 Probabilidade Condicional

Sejam dois eventos A e B associados a um espaço amostral Ω. A probabilidade de A ocorrer dado que o evento B ocorreu é definida por:

$$P(A|B) = \frac{P(A \cap B)}{P(B)}$$

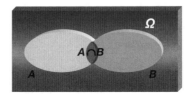

em que $P(B) > 0$.

Portanto, quando calculamos $P(A|B)$, tudo se passa como se o evento B fosse um novo *espaço amostral reduzido* dentro do qual queremos calcular a probabilidade do evento A.

3.5 Teorema do Produto

Da expressão $P(A|B) = \dfrac{P(A \cap B)}{P(B)}$ (vide conceito de probabilidade condicional) obtém-se o teorema da multiplicação (ou produto):

$$P(A \cap B) = P(A)\,P(B|A)$$

que pode ser generalizado para n eventos:

$$P(A \cap B \cap C \ldots N) = P(A)\,P(B|A)\,P(C|A \cap B)\ldots P(N|A \cap B \cap C \ldots).$$

3.6 Independência Estatística

Se tivermos dois eventos A e B, tais que $P(B|A) = P(B)$, diremos que A e B são eventos independentes (do contrário são eventos dependentes). Isto quer dizer que a ocorrência de um não depende da ocorrência do outro (ou não é condicionada, ou não se vincula a ela), ou seja, a informação adicional de que um dos eventos já ocorreu em nada altera a probabilidade de ocorrência do outro.

Para o caso de dois eventos independentes, o teorema da multiplicação é simplificado:

$$P(A \cap B) = P(A)\,P(B)$$

Generalizando para n eventos independentes entre si, temos:

$$P(A \cap B \cap C \cap \ldots N) = P(A)\,P(B)\,P(C)\ldots P(N)$$

3.7 Teorema da Probabilidade Total

Sejam os eventos $E_1, E_2, E_3, \ldots, E_n$, que constituem uma partição do espaço amostral Ω, ou seja:

- $E_1 \cup E_2 \cup E_3 \ldots \cup E_n = \Omega$
- $P(E_i) > 0$, para todo $i = 1, 2, 3, \ldots, n$
- $E_i \cap E_j = \phi$ para $i \neq j$

Então, se B é um evento, temos o seguinte teorema:

$$P(B) = \sum_{i=1}^{n} P(E_i \cap B) = \sum_{i=1}^{n} P(E_i)\,P(B|E_i)$$

3.8 Teorema de Bayes

Sejam $A_1, A_2, A_3, \ldots, A_n$ eventos mutuamente excludentes, cuja união é o espaço amostral Ω, um dos eventos necessariamente deve ocorrer.

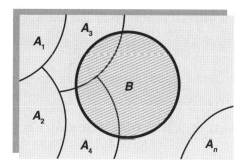

Assim, se B é um evento qualquer, temos o seguinte teorema:

$$P(A_k|B) = \frac{P(A_k)P(B|A_k)}{\sum_{i=1}^{n} P(A_i)P(B|A_i)}$$

O teorema descrito permite determinar as probabilidades dos vários eventos $A_1, A_2, A_3, \ldots, A_n$ que podem ser a causa da ocorrência de B. Por essa razão, o Teorema de Bayes é também conhecido como teorema da probabilidade das causas.

Em resumo, o Teorema de Bayes permite calcular novas probabilidades de ocorrência dos eventos A_k em função do conhecimento adquirido (ou seja, de o evento B ter se realizado). Trata-se, portanto, de uma revisão de probabilidade decorrente de um novo estado de informação.

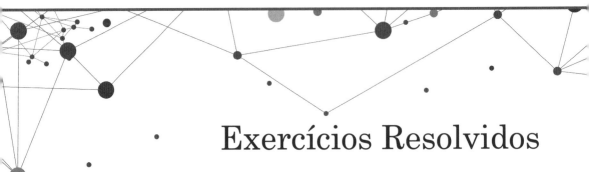

Exercícios Resolvidos

3.1 Lançamos um dado duas vezes. Seja a o número de pontos obtidos no primeiro lançamento e b, os obtidos no segundo lançamento. Determine a probabilidade de a equação $ax - b = 0$ ter raiz inteira.

Solução:

Se $E = \{1, 2, 3, 4, 5, 6\}$, então nosso espaço amostral é a potência cartesiana $\Omega = E \times E$, isto é, o conjunto formado pelos pares ordenados (a,b) tais que $a, b \in E$. Portanto, o número de resultados possíveis (ou eventos simples) é dado por:

$$n(\Omega) = 6 \times 6$$

Ora, como nos interessa a obtenção de uma divisão cujo resultado seja um número inteiro, ou seja:

$$x = \frac{b}{a} \in Z$$

o evento em tela é o subconjunto:

$$A = \{\,(1,1), (2,2), (3,3), (4,4), (5,5), (6,6), (1,2), (1,3), (1,4), (1,5),$$
$$(1,6), (2,4), (2,6), (3,6)\,\}$$

do que se conclui que a probabilidade procurada é igual a:

$$P(A) = \frac{n(A)}{n(\Omega)} = \frac{14}{36} \cong 38{,}89\,\% \checkmark$$

3.2 Considere A e B dois eventos quaisquer associados a um experimento aleatório. Se $P(A) = 0{,}3$; $P(A \cup B) = 0{,}8$ e $P(B) = p$, para quais valores de p, A e B serão:

a. mutuamente exclusivos?
b. independentes?

Solução:

Sabemos que $P(A \cup B) = P(A) + P(B) - P(A \cap B)$ (I)

a. Se A e B são mutuamente exclusivos, então $P(A \cap B) = 0$. Portanto, em (I) obtemos:

$$0{,}8 = 0{,}3 + p - 0 \quad \therefore \quad p = 0{,}5 \checkmark$$

b. Se A e B são independentes, então $P(A \cap B) = P(A)\,P(B)$. Assim, em (I) encontramos:

$$P(A \cup B) = P(A) + P(B) - P(A)\,P(B)$$

$$0{,}8 = 0{,}3 + p - 0{,}3\,p$$

$$0{,}8 - 0{,}3 = 0{,}7\,p \quad \therefore \quad p = 5/7 \checkmark$$

3.3 Três companhias A, B e C disputam a obtenção do contrato de fabricação de um foguete meteorológico. A chefia do departamento de vendas de A estima que sua companhia tenha probabilidade igual à da companhia B de obter o contrato, mas que, por sua vez, é igual a duas vezes a probabilidade de C obter o mesmo contrato. Determine a probabilidade de A ou C obter o contrato.

Solução:

Considere o espaço amostral $\Omega = \{A, B, C\}$, em que A, B e C representam, respectivamente, as Companhias A, B e C.

Temos então:

$$P(A) + P(B) + P(C) = 1$$

$$\text{em que, } P(A) = P(B) \ \text{e} \ P(A) = 2\,P(C)$$

$$\text{Fazendo } P(C) = \alpha \text{ obtemos } P(A) = P(B) = 2\,\alpha$$

$$\text{Assim, } 2\,\alpha + 2\,\alpha + \alpha = 1 \ \therefore \ \alpha = 1/5$$

$$\text{Daí, } P(A \cup C) = P(A) + P(C) = 2/5 + 1/5 = 3/5$$

$$\text{Ou, } P(A \cup C) = 60\,\% \checkmark$$

3.4 A Companhia de Seguros Security Ltda. analisou a frequência com que 500 segurados usaram o hospital, apresentando os resultados na tabela que se segue:

Usa o hospital	Sexo		Total
	Masculino	**Feminino**	
Sim	25	40	65
Não	225	210	435
Total	250	250	500

Introdução ao Cálculo das Probabilidades **111**

Sejam os eventos:

A = A pessoa segurada usa o hospital.
B = A pessoa segurada é do sexo masculino.
C = A pessoa segurada é do sexo feminino.

Pede-se determinar $P(A)$, $P(B)$, $P(C)$, $P(A \cap B)$, $P(A \cap C)$, $P(A|B)$ e $P(A|C)$.

Solução:

As probabilidades procuradas são facilmente identificadas na tabela descrita anteriormente.

$$P(A) = \frac{n(A)}{n(\Omega)} = \frac{65}{500} \checkmark$$

$$P(B) = \frac{n(B)}{n(\Omega)} = \frac{250}{500} \checkmark$$

$$P(C) = \frac{n(C)}{n(\Omega)} = \frac{250}{500} \checkmark$$

$$P(A \cap B) = \frac{n(A \cap B)}{n(\Omega)} = \frac{25}{500} \checkmark$$

$$P(A \cap C) = \frac{n(A \cap C)}{n(\Omega)} = \frac{40}{500} \checkmark$$

$$P(A|B) = \frac{n(A \cap B)}{n(B)} = \frac{25}{250} \checkmark$$

$$P(A|C) = \frac{n(A \cap C)}{n(C)} = \frac{40}{250} \checkmark$$

3.5 A Indústria Zeppelin, fabricante de eletrodomésticos, tem um processo de inspeção para controle de qualidade com três etapas. A probabilidade de um produto passar em qualquer uma dessas etapas de inspeção sem ser detectado é de aproximadamente 80 %. Com base nesse valor, determine a probabilidade de um produto passar pelas três etapas de inspeção sem ser detectado.

Solução:

Considere os eventos A, B e C, como o produto passando na 1ª, 2ª e 3ª etapas, respectivamente.

Como os eventos são independentes, podemos escrever:

$$P(A \cap B \cap C) = P(A)\,P(B)\,P(C)$$

$$P(A \cap B \cap C) = 0{,}8^3 \quad \therefore \quad P(A \cap B \cap C) = 51{,}2\ \% \checkmark$$

3.6 O sistema de controle de qualidade da Empresa Equatorial Ltda. decide aceitar um grande lote de esferas metálicas se, de uma amostra de 20, nenhuma for defeituosa.

    a. Qual a probabilidade de um lote ser aceito quando nenhuma de suas esferas produzidas for defeituosa?

    b. Se 15 % das esferas tiverem defeito, qual a probabilidade de um lote ser aceito?

Solução:

    Seja o evento B_i ($i = 1, 2, 3, ..., 20$) representando a retirada da i-ésima esfera não defeituosa.

    a. Sabemos que $P(B_i) = 1$, $\forall \, i = 1, 2, 3, ..., 20$, pois não existe nenhuma esfera defeituosa em sua linha de produção.

    Portanto,

$$P(B_1 \cap B_2 \cap B_3 \cap ... \cap B_{20}) = P(B_1) P(B_2) P(B_3) ... P(B_{20})$$

$$\text{Resumindo, } P\left(\bigcap_{i=1}^{20} B_i\right) = \prod_{i=1}^{20} P(B_i) = 1 \checkmark$$

    b. Da mesma forma anterior, mas considerando $P(B_i) = 1 - 0,15 = 0,85$, podemos escrever:

$$P\left(\bigcap_{i=1}^{20} B_i\right) = \prod_{i=1}^{20} P(B_i) = 0,85^{20} \cong 3,87 \text{ \%} \checkmark$$

3.7 O índice de falha do sistema de controle de mísseis teleguiados Thor II é de 1 em 10.000. Suponha que em cada míssil seja instalado um segundo sistema, completamente idêntico e independente do primeiro, que atua quando esse último falha. A confiabilidade de um míssil é a probabilidade de o mesmo não falhar. Determine a confiabilidade do míssil modificado.

Solução:

    Destaque o evento A_i "o míssil falha ao ser disparado", em que $i = 1, 2$, com $P(A_i) = 1/10.000 = 0,0001$ e λ sua confiabilidade.

    A probabilidade de os dois mísseis falharem é dada por:

$$P(A_1 \cap A_2) = P(A_1) P(A_2) - 0,0001^2 - 0,00000001$$

$$\text{Portanto, } \lambda = 1 - 0,00000001 \cong 99,9999 \text{ \%} \checkmark$$

3.8 Um homem de vendas prevê que a probabilidade de consumar uma venda durante o primeiro contato telefônico com um cliente é de 55 %, mas melhora para 60 % no segundo contato, caso o cliente não tenha comprado ao ser contatado pela primeira vez. Suponha que esse vendedor faça no máximo duas chamadas telefônicas para cada cliente. Se ele entrar em contato com um cliente, calcule a probabilidade de esse cliente:

    a. efetuar a compra;

    b. não efetuar a compra.

Solução:

Considere os seguintes eventos:

A = O homem efetua a venda no 1º contato com $P(A) = 0,55$.
B = O homem efetua a venda no 2º contato com $P(B|A^C) = 0,6$.
V = O homem efetua a venda.

a. Temos então:

$$P(V) = P(A) + P(A^C \cap B)$$

$$P(V) = P(A) + P(A^C)\, P(B|A^C)$$

$$P(V) = 0,55 + (1 - 0,55) \times 0,6$$

$$P(V) = 0,55 + 0,27 = 82\,\% \checkmark$$

b. Segue-se que

$$P(V^C) = 1 - P(V) = 1 - 0,82 = 18\,\% \checkmark$$

3.9 Suponha que no Supermercado Ki Preço a probabilidade de um cliente esperar 10 minutos ou mais na fila do caixa é de 25 %. Certo dia, o Capitão Rapadura e sua esposa decidem fazer compras separadamente, cada um dirigindo-se a um caixa diferente. Se eles entrarem na fila do caixa ao mesmo tempo, pede-se determinar:

a. a probabilidade de o Capitão Rapadura esperar menos de 10 minutos na fila;
b. a probabilidade de ambos esperarem menos de 10 minutos, supondo que os tempos de atendimento dos dois eventos sejam independentes;
c. a probabilidade de um ou outro, ou ambos, esperarem 10 minutos ou mais.

Solução:

a. Considere os eventos:

A = O Capitão Rapadura espera 10 minutos ou mais na fila.
B = A esposa do Capitão Rapadura espera 10 minutos ou mais na fila.

Sabemos que $P(A) = P(B) = 25\,\% = 0,25$.

Portanto, $P(A^C) = 1 - P(A) = 1 - 0,25 = 0,75 = 75\,\% \checkmark$

b. $P(A^C \cap B^C) = P(A^C)\, P(B^C) = 0,75 \times 0,75 = 0,5625 = 56,25\,\% \checkmark$
c. $P(A \cup B) = P(A) + P(B) - P(A \cap B)$

$$P(A \cup B) = P(A) + P(B) - P(A)\, P(B)$$

$$P(A \cup B) = 0,25 + 0,25 - 0,25^2 = 0,4375 = 43,75\,\% \checkmark$$

3.10 Sabe-se que os comerciais de televisão são destinados a conquistar a maior parcela possível de audiência do programa que patrocina. Entretanto, o Sr. Chee Quin afirma que as crianças, na maioria dos casos, pouco entendem esses comerciais, mesmo os que são

114   *Capítulo 3*

destinados a conquistá-las em especial. Os estudos do Sr. Chee Quin mostram que as porcentagens de crianças que entendem a mensagem de um comercial de televisão, por grupos de idade, são as indicadas na tabela:

Entendem o comercial	Idade		
	5 ⊢ 7	8 ⊢ 10	11 ⊢ 12
Sim	46	62	90
Não	54	38	10

Uma agência de publicidade mostra um comercial de TV a uma criança de 6 anos e outro a uma de 9 anos, em uma experiência de laboratório para descobrir o grau de entretenimento de cada uma delas com relação a esses comerciais.

a. Qual a probabilidade de que a mensagem do comercial mostrado à criança de 6 anos seja entendida por ela?
b. Qual a probabilidade de que ambas as crianças entendam os comerciais?
c. Qual a probabilidade de que uma ou outra, ou ambas, entendam os comerciais?

Solução:

Destaque os eventos:

A = A mensagem do comercial mostrado à criança de 6 anos seja entendida por ela.
B = A mensagem do comercial mostrado à criança de 9 anos seja entendida por ela.

a. A probabilidade procurada do evento A é dada diretamente na tabela anterior:

$$P(A) = 46\% \checkmark$$

b. $P(A \cap B) = P(A)\,P(B|A) = P(A)\,P(B)$ pois A e B são eventos independentes.

$$P(A \cap B) = 0{,}46 \times 0{,}62 = 28{,}52\% \checkmark$$

c. $P(A \cup B) = P(A) + P(B) - P(A \cap B)$

$$P(A \cup B) = P(A) + P(B) - P(A)\,P(B)$$

$$P(A \cup B) = 0{,}46 + 0{,}62 - 0{,}46 \times 0{,}62 = 79{,}48\% \checkmark$$

3.11 Como boa vendedora, Alexandra marcou uma visita à tarde com o gerente da Empresa Equatorial Ltda. Ela estima que há 60 % de probabilidade de o gerente confirmar a visita, e que há 70 % de probabilidade de fechar negócios por ocasião da visita. Entretanto, o gerente da Empresa Equatorial Ltda. sempre marca reunião com a diretoria nas tardes de sextas-feiras, quando ocorre um movimento de vendas fora do normal. Existe uma probabilidade de 10 % de haver uma promoção de vendas para o final de semana na empresa. Determine a probabilidade de Alexandra fazer a visita, de fechar o negócio e de não haver promoção.

Introdução ao Cálculo das Probabilidades 115

Solução:

Considere os seguintes eventos:

A = Alexandra tem a visita confirmada.
B = Alexandra fecha negócio.
C = A empresa faz promoção.

Temos: $P(A) = 0,60$; $P(B) = 0,70$ e $P(C) = 0,10$.

Portanto, $P(A \cap B \cap C^c) = P(A) P(B) P(C^c) = 0,60 \times 0,70 \times 0,90 = 37,8\%$ ✓

3.12 Em certa cidade, 20 % dos carros são da marca K, 30 % dos carros são táxis e 40 % dos táxis são da marca K. Se um carro é escolhido, ao acaso, determine a probabilidade de:

a. ser táxi e ser da marca K;
b. ser táxi e não ser da marca K;
c. não ser táxi e não ser da marca K;
d. não ser táxi, sabendo-se que é da marca K.

Solução:

Destaque o quadro auxiliar a seguir, em que x, y, z e w, expressos em porcentagem, são os valores a determinar:

Tipo de carro	Marca		Total geral
	K	Outro	
Táxi	x	w	30,0
Outro	y	z	70,0
Total Geral	20,0	80,0	100,0

Temos então:

a. $x = 0,4 \times 30,0 = 12,0$ ✓
b. $x + w = 30,0 \quad \therefore \quad w = 30,0 - x = 30,0 - 12,0 = 18,0$ ✓
c. $x + y = 20,0 \quad \therefore \quad y = 20,0 - x = 20,0 - 12,0 = 8,0$
$y + z = 70,0 \quad \therefore \quad z = 70,0 - y = 70,0 - 8,0 = 62,0$ ✓
d. Seja o evento:

M = Não ser táxi sabendo-se que é da marca K.

Observemos que o número de elementos para o novo espaço amostral será igual a $n(\Omega^*) = 20\%$, pois já temos a informação de que ele é, seguramente, da marca K, implicando, assim, a redução do espaço amostral inicial. Quanto ao número de resultados favoráveis ao evento M, temos:

$$n(M) = y = 8$$

Portanto, $P(M) = \dfrac{n(M)}{n(\Omega^*)} = \dfrac{8}{20} = 40\%$ ✓

3.13 Três peças defeituosas são misturadas com seis peças boas. As peças são analisadas, ao acaso, uma após a outra, até que todas as defeituosas sejam localizadas. Encontre, nessas condições, a probabilidade de que a última peça defeituosa seja encontrada somente no quinto teste efetuado.

Solução:

Designe o evento E = retirar três peças defeituosas em que a última é encontrada somente na 5ª retirada.

Evidentemente, o número de resultados possíveis será:

$$n(\Omega) = 9 \times 8 \times 7 \times 6 \times 5 = A_{9,5} = 15.120$$

Para o número de resultados favoráveis ao evento E, consideremos o quadro auxiliar a seguir, no qual D_i $(i = 1, 2, 3)$ representa a retirada da i-ésima peça defeituosa.

Número do teste					Número de resultados favoráveis ao evento E
01	02	03	04	05	
D_1	D_2			D_3	$3 \times 2 \times 6 \times 5 \times 1$
D_1		D_2		D_3	$3 \times 6 \times 2 \times 5 \times 1$
D_1			D_2	D_3	$3 \times 6 \times 5 \times 2 \times 1$
	D_1	D_2		D_3	$6 \times 3 \times 2 \times 5 \times 1$
	D_1		D_2	D_3	$6 \times 3 \times 5 \times 2 \times 1$
		D_1	D_2	D_3	$6 \times 5 \times 3 \times 2 \times 1$
Total					$6 \times 180 = 1080$

$$\text{Logo, } P(E) = \frac{n(E)}{n(\Omega)} = \frac{1080}{15.120} \cong 7,14\ \% \ \checkmark$$

3.14 No município de El Mundo, chove cinco dias durante o mês de janeiro. Determine a probabilidade de não chover nos dois primeiros dias de janeiro.

Solução:

Seja o evento:

A = Não chover nos dois primeiros dias de janeiro.

Sabemos que o mês de janeiro possui 31 dias, e que há ausência de chuvas por 26 dias. Logo, o número de resultados possíveis é igual a:

$$n(\Omega) = \binom{31}{2}$$

Introdução ao Cálculo das Probabilidades **117**

e o número de casos favoráveis ao evento A:

$$n(A) = \binom{26}{2}$$

Assim, $P(A) = \dfrac{n(A)}{n(\Omega)} = \dfrac{\binom{26}{2}}{\binom{31}{2}} = \dfrac{26 \times 25}{31 \times 30} \cong 69{,}89\,\%$ ✓

3.15 Em uma gaveta há 10 pares distintos de meias, mas ambos os pés de um dos pares estão rasgados. Tirando-se da gaveta um pé de meia por vez, ao acaso, determinar a probabilidade de tirarmos dois pés de meia do mesmo par, não rasgados, fazendo duas retiradas.

Solução:

Consideremos o evento:

$R =$ Retirada de dois pés de meia, do mesmo par, não rasgados, fazendo duas retiradas.

Ora, se ambos os pés de um dos pares estão rasgados, temos, obviamente, 18 não rasgados e 2 rasgados. Logo, o número de resultados possíveis para o espaço amostral Ω é igual a $n(\Omega) = A_{20,2} = 20 \times 19$ e o de resultados favoráveis ao evento R, $n(R) = A_{18,1} = 18$.

Portanto, a probabilidade procurada é:

$$P(R) = \dfrac{n(R)}{n(\Omega)} = \dfrac{18}{20 \times 19} \cong 4{,}73\,\% \checkmark$$

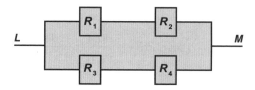

3.16 A probabilidade de fechamento de cada relé do circuito apresentado a seguir é dada por 30 %. Se todos os relés funcionarem independentemente, determinar a probabilidade de que haja corrente entre os terminais L e M.

Solução:

Considere o evento:

$R_i = $ O i-ésimo relé está fechado, para $i = 1, 2, 3, 4$.

Pretendemos calcular a probabilidade de (R_1 e R_2) ou (R_3 e R_4) que em linguagem de conjuntos pode ser escrita:

$$T = (R_1 \cap R_2) \cup (R_3 \cap R_4)$$

Segue-se:

$$P(T) = P(R_1 \cap R_2) + P(R_3 \cap R_4) - P(R_1 \cap R_2 \cap R_3 \cap R_4)$$

$$P(T) = P(R_1)\,P(R_2) + P(R_3)\,P(R_4) - P(R_1)\,P(R_2)\,P(R_3)\,P(R_4)$$

em que:

$$P(R_1) = P(R_2) = P(R_3) = P(R_4) = 0{,}3$$

$$P(R_1 \cap R_2) = P(R_1)\,P(R_2) = 0{,}09$$

$$P(R_3 \cap R_4) = P(R_3)\,P(R_4) = 0{,}09$$

$$P(R_1 \cap R_2 \cap R_3 \cap R_4) = P(R_1)\,P(R_2)\,P(R_3)\,P(R_4) = 0{,}0081$$

$$\text{Logo, } P(T) = 0{,}09 + 0{,}09 - 0{,}0081 = 0{,}1719 \checkmark$$

3.17 Uma estante contém seis livros de Matemática e quatro de Estatística. Determine a probabilidade de três livros de Matemática em particular estarem juntos.

Solução:

Destaque o evento:

D = Escolher três livros de Matemática que estejam juntos.

Todos os livros podem estar dispostos, entre si, de 10! maneiras distintas, isto é, o número de resultados possíveis para nosso espaço amostral é igual a $n(\Omega) = 10!$.

Para o número de resultados favoráveis ao evento D, admita que os três particulares livros de Matemática representam apenas *um livro*, o que nos dará um total de oito livros. Dessa maneira, podemos dispor esses oito livros de 8! maneiras distintas. Porém, devemos lembrar que os três livros de Matemática podem ser dispostos, entre si, de 3! maneiras distintas. Consequentemente, $n(D) = 8! \times 3!$

$$\text{Segue-se, } P(D) = \frac{n(D)}{n(\Omega)} = \frac{8! \times 3!}{10!} \cong 6{,}67\ \% \checkmark$$

3.18 A Indústria de Confecções Marbelle S.A. possui 150 empregados, classificados de acordo com a tabela a seguir:

Idade (Em anos)	Sexo		Total
	Masculino	**Feminino**	
< 25	30	5	35
25 ⊢ 45	40	25	65
> 45	10	40	50
Total	80	70	150

Introdução ao Cálculo das Probabilidades **119**

Se um empregado é escolhido ao acaso, determine a probabilidade dos seguintes eventos:

A = O empregado tem mais de 45 anos.
B = O empregado tem idade igual ou superior a 25 anos.
C = O empregado é do sexo masculino.
D = O empregado tem menos de 25 anos sabendo-se que é do sexo masculino.

Solução:

$$P(A) = \frac{n(A)}{n(\Omega)} = \frac{50}{150} \cong 33,33 \% \ \checkmark$$

$$P(B) = \frac{n(B)}{n(\Omega)} = \frac{115}{150} \cong 76,66 \% \ \checkmark$$

$$P(C) = \frac{n(C)}{n(\Omega)} = \frac{80}{150} \cong 53,33 \% \ \checkmark$$

$$P(D|C) = \frac{P(D \cap C)}{P(C)} = \frac{\dfrac{30}{150}}{\dfrac{80}{150}} = \frac{30}{150} \times \frac{150}{80} = \frac{30}{80} = 37,50 \% \ \checkmark$$

3.19 Em um grupo de cinco pessoas escolhidas ao acaso, determinar a probabilidade de todas elas terem datas de aniversário diferentes, supondo o ano de 365 dias.

Solução:

Destaque o evento:

A = Escolher cinco pessoas com datas de aniversário em dias diferentes.

Observemos que cada data de aniversário pode ser considerada um número entre 1 a 365, inclusive.

Dias do ano						
1º	2º	3º	4º	...	364º	365º

Logo, teremos para o número de resultados possíveis:

$$n(\Omega) = 365 \times 365 \times 365 \times 365 \times 365 = 365^5$$

Já para o número de resultados favoráveis ao evento A,

Datas de aniversário das pessoas				
1º	2º	3º	4º	5º

obtemos $n(A) = 365 \times 364 \times 363 \times 362 \times 361 = A_{365,5}$.

Assim,

$$P(A) = \frac{n(A)}{n(\Omega)} = \frac{365 \times 364 \times 363 \times 362 \times 361}{365^5} \cong 97,28\% \checkmark$$

Nota: Entre 23 ou mais pessoas é mais provável que pelo menos duas tenham aniversário no mesmo dia que todas em dias diferentes.

3.20 Com os dígitos 1, 2 , 3, 4 e 5 são formados números de quatro algarismos distintos. Se um deles é escolhido ao acaso, qual a probabilidade de ele ser:

a. par?;

b. ímpar?

Solução:

Seja o Ω o conjunto dos números de quatro algarismos distintos formados com os dígitos 1, 2 , 3, 4 e 5.

Temos então $n(\Omega) = 5 \times 4 \times 3 \times 2 = A_{5,4} = 120$.

a. Considere o evento:

$B = $ O número escolhido é par e a figura seguinte:

a	b	c	y

em que $y \in \{2, 4\}$

Note que é conveniente escolher, primeiramente, o valor de y entre 2 e 4 para, só então, fazer a escolha dos valores de a, b e c entre os dígitos restantes. Agindo de tal modo, concluímos que o número de resultados favoráveis ao evento B é:

$$n(B) = 2 \times 4 \times 3 \times 2 = 2 \times A_{4,3} = 48$$

Portanto, $P(B) = \dfrac{n(B)}{n(\Omega)} = \dfrac{48}{120} = 40\% \checkmark$

b. Destaque o evento:

$C - $ o número escolhido é ímpar.

Como $C = B^c$, segue-se $P(C) = 1 - P(B) = 1 - 0,4 = 60\% \checkmark$

3.21 Em um círculo de raio R é inscrito um quadrado de lado L. Encontre a probabilidade de que um ponto lançado aleatoriamente no interior do círculo se encontre também no interior do quadrado, supondo que a probabilidade de queda dentro de qualquer uma das partes do círculo dependa apenas da área dessa parte e seja proporcional a ela.

Introdução ao Cálculo das Probabilidades **121**

Solução:

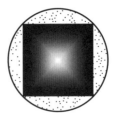

Sabemos que a área do círculo é dada por πR^2 e a área do quadrado, por L^2, conforme a figura seguinte:

Portanto, a probabilidade p desejada é dada por:

$$p = \frac{L^2}{\pi R^2} \qquad \text{(I)}$$

Observemos que, se o quadrado está inscrito no círculo, então a sua diagonal será igual ao diâmetro do círculo. Assim acontecendo, utilizando o teorema de Pitágoras, podemos escrever:

$$(2R)^2 = L^2 + L^2$$

$$4R^2 = 2L^2$$

$$\therefore L^2 = 2R^2 \qquad \text{(II)}$$

Substituindo o resultado de (II) em (I), encontraremos o resultado final:

$$p = \frac{2R^2}{\pi R^2} = \frac{2}{\pi} \checkmark$$

3.22 O Prof. Roberto, que é piloto de motos, deseja vencer o Grande Prêmio Cidade El Mundo, e suas chances são, segundo especialistas, de 3 para 2. Calcular a probabilidade de ele vencer tal corrida.

Solução:

O enunciado deve ser entendido do seguinte modo: *a probabilidade de o piloto vencer está para a probabilidade de ele não vencer, assim como 3 está para 2*. Portanto, chamando de p a probabilidade de o piloto vencer, então $1 - p$ será a probabilidade de ele não vencer.

$$\text{Assim, } \frac{p}{1-p} = \frac{3}{2} \quad \therefore \quad p = 0{,}6 \checkmark$$

3.23 Uma urna contém cinco esferas vermelhas e quatro brancas. Extraem-se *sucessivamente* duas esferas, sem reposição, constatando-se que a segunda é branca. Qual a probabilidade de a primeira também ser branca?

Solução:

Como sabemos que a segunda esfera é branca, existem apenas três possibilidades de a primeira ser branca, dentre os oito casos possíveis. Portanto, a probabilidade é, pois:

$$p = \frac{3}{8} \checkmark$$

3.24 Sejam os eventos $E_1, E_2, E_3, ..., E_n$, que constituem uma partição do espaço amostral Ω, ou seja, $E_1 \cup E_2 \cup E_3 ... \cup E_n = \Omega$, e tais que $P(E_i) > 0$, para todo $i = 1, 2, 3, ..., n$.
Provar que:

$$P(B) = \sum_{i=1}^{n} P(E_i) P(B|E_i)$$

Solução:

Consideremos um evento B qualquer.

Podemos então escrever:

$$B = B \cap \Omega = B \cap (E_1 \cup E_2 \cup E_3 ... E_n)$$

$$B = (B \cap E_1) \cup (B \cap E_2) \cup (B \cap E_3) \cup ... (B \cap E_n)$$

De que se conclui:

$$P(B) = \sum_{i=1}^{n} P(E_i \cap B) = \sum_{i=1}^{n} P(E_i) P(B|E_i) \checkmark$$

3.25 Uma urna contém α_1 bolas brancas e β_1 bolas vermelhas. Outra urna contém α_2 bolas brancas e β_2 vermelhas. Passa-se uma bola, escolhida ao acaso, da primeira para a segunda urna, e, em seguida, extrai-se uma bola desta última, também ao acaso. Pergunta-se: qual a probabilidade de que a bola escolhida seja branca?

Solução:

Sejam os eventos:

E_1 = A bola passada da primeira para a segunda urna é branca.
E_2 = A bola passada da primeira para a segunda urna é vermelha.
B = A bola extraída da segunda urna é branca.

Como E_1 e E_2 formam uma partição do espaço amostral (vide exercício precedente) tem-se:

$$P(B) = P(B \cap E_1) + P(B \cap E_2)$$

$$P(B) = P(E_1)P(B|E_1) + P(E_2)P(B|E_2)$$

$$P(B) = \frac{\alpha_1}{a_1 + \beta_1} \times \frac{\alpha_2 + 1}{\alpha_2 + \beta_2 + 1} + \frac{\beta_1}{\alpha_1 + \beta_1} \times \frac{\alpha_2}{\alpha_2 + \beta_2 + 1}$$

Introdução ao Cálculo das Probabilidades

$$P(B) = \frac{\alpha_1(\alpha_2 + 1) + \beta_1\alpha_2}{(\alpha_1 + \beta_1)(\alpha_2 + \beta_2 + 1)} \checkmark$$

3.26 O depósito da loja de confecções Savanah Ltda. possui 180 calças jeans da marca A, das quais seis são defeituosas, e 200 da marca B, das quais nove são defeituosas. Um funcionário da loja vai ao depósito e retira uma calça jeans. Qual a probabilidade de que a calça jeans seja:

a. da marca A ou não defeituosa (D^c)?

b. defeituosa sabendo-se que é da marca B?

c. defeituosa (D)?

Solução:

Pelo exposto, ficam determinadas as probabilidades seguintes:

$$P(A) = \frac{180}{380}, P(B) = \frac{200}{380} \text{ e } P(D^c) = \frac{365}{380}$$

Portanto,

a.

$$P(A \cup D^C) = P(A) + P(D^C) - P(A \cap D^C)$$

$$\therefore \quad P(A \cup D^c) = \frac{180}{380} + \frac{365}{380} - \frac{174}{380} = \frac{371}{380} \cong 97,63\% \checkmark$$

b.

$$P(D|B) = \frac{P(D \cap B)}{P(B)} = \frac{n(D \cap B)}{n(B)} = \frac{9}{200} = 4,5\% \checkmark$$

c. Utilizando o Teorema da Probabilidade Total, podemos escrever:

$$P(D) = P(D \cap A) + P(D \cap B)$$

$$P(D) = P(A)\,P(D|A) + P(B)\,P(D|B)$$

$$\text{em que } P(D|A) = \frac{P(D \cap A)}{P(A)} = \frac{n(D \cap A)}{n(A)} = \frac{6}{180}$$

$$\text{e } P(D|B) = \frac{P(D \cap B)}{P(B)} = \frac{n(D \cap B)}{n(B)} = \frac{9}{200}$$

$$\text{Logo, } P(D) = \frac{6}{180} \times \frac{180}{380} + \frac{9}{200} \times \frac{200}{380} = \frac{15}{380} \cong 3,95\% \checkmark$$

3.27 O Sr. Ray Moon Dee, ao dirigir-se ao trabalho, usa um ônibus ou o metrô com probabilidades de 0,2 e 0,8, nessa ordem. Quando toma um ônibus, chega atrasado 30% das vezes. Quando toma o metrô, atrasa-se 20% dos dias. Se o Sr. Ray Moon Dee chegar atrasado ao trabalho em determinado dia, qual a probabilidade de ele ter tomado um ônibus?

Solução:

Considere os eventos:

O = O Sr. Ray Moon Dee usa um ônibus com $P(O) = 0,2$;
M = O Sr. Ray Moon Dee usa o metrô com $P(M) = 0,8$;
A = O Sr. Ray Moon Dee chega atrasado.

Podemos então escrever:

$$P(A|O) = 0,3 \text{ e } P(A|M) = 0,2$$

correspondentes aos 30 % e 20 % dos dias em que ele chega atrasado quando toma ônibus e metrô, respectivamente.

Utilizando o Teorema da Probabilidade Total, encontramos a probabilidade de ele chegar atrasado:

$$P(A) = P(O \cap A) + P(M \cap A)$$

$$P(A) = P(O)P(A|O) + P(M)P(A|M)$$

$$P(A) = 0,2 \times 0,3 + 0,8 \times 0,2 = 0,22$$

Portanto,

$$P(O|A) = \frac{P(O \cap A)}{P(A)} = \frac{P(O)P(A|O)}{P(A)} = \frac{0,2 \times 0,3}{0,22} \cong 27,27 \text{ \%} \checkmark$$

3.28 Estima-se que 80 % de todo o rebanho de gado bovino da Fazenda Boi-Bumbá é tratado com vacina contra uma doença grave. A probabilidade de um animal ficar curado dessa doença é de 1 em 30, caso não haja tratamento, e 1 em 2, havendo tratamento. Se uma vaca portadora dessa doença ficar curada, qual é a probabilidade de ela ter tomado a vacina preventiva?

Solução:

Destaque os eventos:

T = A vaca é tratada com a vacina.
T^c = A vaca não é tratada com a vacina.
C = A vaca fica curada.

Logo, $P(T) = 0,8$; $P(T^c) = 0,2$; $P(C|T) = 1/2$ e $P(C|T^c) = 1/30$.
A probabilidade de a vaca ser curada é dada por:

$$P(C) = P(C \cap T) + P(C \cap T^c)$$

$$P(C) = P(T)P(C|T) + P(T^c)P(C|T^c)$$

$$P(C) = 0,8 \times \frac{1}{2} + 0,2 \times \frac{1}{30} \cong 0,4066$$

Daí, $P(T|C) = \dfrac{P(T \cap C)}{P(C)} = \dfrac{P(T)P(C|T)}{P(C)} = \dfrac{0,8 \times 0,5}{0,4066} \cong 98,36 \text{ \%} \checkmark$

Introdução ao Cálculo das Probabilidades **125**

3.29 Existem três caixas idênticas. A caixa I contém duas moedas de ouro, a caixa II, uma moeda de ouro e outra de prata e a caixa III, duas moedas de prata. Uma caixa é selecionada ao acaso e é escolhida uma moeda ao acaso. Se a moeda é de ouro, qual a probabilidade de que a outra moeda da caixa escolhida também seja de ouro?

Solução:

Sejam os eventos:

C_I: A caixa escolhida é a I.
C_{II}: A caixa escolhida é a II.
C_{III}: A caixa escolhida é a III.
O: A moeda sorteada é de ouro.

O problema pode então ser expresso da seguinte forma: se a moeda escolhida é de ouro, qual a probabilidade de ela vir da primeira caixa (pois a caixa I é a única que contém duas moedas de ouro)?

Matematicamente:

$$P(C_I|O) = \frac{P(C_I \cap O)}{P(O)}$$

em que:

$$P(C_I \cap O) = \frac{1}{3} \times 1 = \frac{1}{3}$$

$$P(O) = P(C_I \cap O) + P(C_{II} \cap O) + P(C_{III} \cap O) = \frac{1}{3} \times 1 + \frac{1}{3} \times \frac{1}{2} + 0 = \frac{1}{2}$$

Portanto,

$$P(C_I|O) = \frac{P(C_I \cap O)}{P(O)} = \frac{\frac{1}{3}}{\frac{1}{2}} = \frac{2}{3} \checkmark$$

Nota: Esse problema é conhecido como o problema da moeda de Bertrand.

3.30 A Indústria Alpha Ltda., fabricante de esferas metálicas, possui três máquinas, M_1, M_2 e M_3, responsáveis por 25 %, 40 % e 35 %, respectivamente, de sua produção diária. Por sua vez, as respectivas taxas de unidades defeituosas são de 1 %, 2 % e 3 %. Tendo um item sido retirado, ao acaso, da produção diária de 600.000 unidades, e verificando-se que apresenta defeito, pede-se a probabilidade de ser proveniente de M_i ($i = 1, 2, 3$).

Solução:

Representemos por M_i o evento 'o item foi fabricado pela máquina M_i' ($i = 1, 2, 3$) e por D 'o evento o item apresenta defeito'.

Com base no que ficou descrito, utilizando o Teorema de Bayes, na hipótese de que os 60.000 itens da produção diária tenham iguais possibilidades de escolha, teremos:

$$P(M_1) = 0,25, P(M_2) = 0,40 \text{ e } P(M_3) = 0,35$$

concernentes aos 25 %, 40 % e 35 % da produção.

Por outro lado, podemos escrever:

$$P(D|M_1) = 0,01, P(D|M_2) = 0,02 \text{ e } P(D|M_3) = 0,03$$

correspondentes aos 1 %, 2 % e 3 % de itens defeituosos na produção de cada máquina, respectivamente.

Segue-se:

$p_1 = P(M_1)\,P(D|M_1) = 0,25 \times 0,01 = 0,0025$
$p_2 = P(M_2)\,P(D|M_2) = 0,40 \times 0,02 = 0,0080$
$p_3 = P(M_3)\,P(D|M_3) = 0,35 \times 0,01 = 0,0105$

Aplicando Bayes, obtemos as probabilidades desejadas:

$P(M_1|D) = p_1/(p_1 + p_2 + p_3) = 0,119$ ✔
$P(M_2|D) = p_2/(p_1 + p_2 + p_3) = 0,381$ ✔
$P(M_3|D) = p_3/(p_1 + p_2 + p_3) = 0,500$ ✔

3.31 A circulação da estrada que liga a cidade Alpha à cidade Betha é cortada por três sinais luminosos, não sincronizados, com distância mínima entre eles de 2,5 km. Os sinais têm ciclo de um minuto, com duração para o sinal verde de 30, 30 e 40 segundos, respectivamente. Se um carro percorre a estrada, à velocidade de 60 km/h, observando todos os sinais, qual a probabilidade de não ser parado por nenhum deles?

Solução:

Seja C_i o evento seguinte: o carro não é parado pelo i-ésimo sinal ($i = 1, 2, 3$). Temos:

$$P(C_1) = P(C_2) = 30/60 = 1/2 \text{ e } P(C_3) = 40/60 = 2/3$$

Supondo a independência das ações dos sinais, obtemos:

$$P(T) = P(C_1) \times P(C_2) \times P(C_3) = 1/2 \times 1/2 \times 2/3 = 1/6 ✔$$

em que $T = C_1 \cap C_2 \cap C_3$ é o evento o carro não é parado por nenhum dos sinais.

3.32 Considere A e B dois eventos quaisquer associados a um experimento aleatório. Se A e B são independentes, pede-se mostrar que:

a. A e B^c são independentes;

b. A^c e B são independentes.

Solução:

a. O evento A em linguagem de conjuntos pode ser escrito como:

$$A = (A \cap B) \cup (A \cap B^c)$$

Portanto, $P(A) = P(A \cap B) + P(A \cap B^c)$ **(I)**

Como A e B são eventos independentes, temos:

$$P(A \cap B) = P(A)\,P(B)$$ **(II)**

Substituindo (II) em (I), encontramos:

$$P(A) = P(A)\,P(B) + P(A \cap B^c)$$

$$P(A \cap B^c) = P(A) - P(A)\,P(B)$$

$$P(A \cap B^c) = P(A)\,[1 - P(B)]$$

$$\therefore\ P(A \cap B^c) = P(A)\,P(B^c)\ ✔$$

b. Da mesma forma que o item anterior, podemos expressar o evento B:

$$B = (B \cap A) \cup (B \cap A^c)$$

Segue-se, $P(B) = P(B \cap A) + P(B \cap A^c)$ **(III)**

Como B e A são eventos independentes, temos:

$$P(B \cap A) = P(B)\,P(A)$$ **(IV)**

Substituindo (IV) em (III), encontramos:

$$P(B) = P(B)\,P(A) + P(B \cap A^c)$$

$$P(B \cap A^c) = P(B) - P(B)\,P(A)$$

$$P(B \cap A^c) = P(B)\,[1 - P(A)]$$

$$\therefore\ P(B \cap A^c) = P(B)\,P(A^c)\ ✔$$

3.33 Sejam A e B dois eventos independentes quaisquer associados a um experimento aleatório. Se $P(A \cap B) = 0{,}01$ e $P(A \cap B^c) = 1/600$, pede-se determinar $P(B)$.

Solução:

Se A e B são eventos independentes, então A e B^c também são eventos independentes, conforme demonstrado no exercício anterior.

Assim,

$$P(A \cap B) = P(A) \times P(B) = 0{,}01$$ **(I)**

$$P(A \cap B^c) = P(A) \times P(B^c) = \frac{1}{600}$$ **(II)**

Dividindo (I) por (II), obtemos:

$$\frac{P(A) \times P(B)}{P(A) \times P(B^c)} = \frac{0,01}{\dfrac{1}{600}} = 6 \text{ em que } P(B^c) = 1 - P(B)$$

$$\frac{P(B)}{1 - P(B)} = 6 \therefore P(B) = \frac{6}{7} \ \checkmark$$

3.34 Debi Loyde prepara-se para uma prova estudando uma lista de exercícios com 10 problemas dos quais consegue resolver apenas oito. Na prova, o Prof. Pi Rado escolhe aleatoriamente cinco problemas da lista de 10 exercícios. Qual a probabilidade de o estudante resolver corretamente todos os cinco problemas da prova?

Solução:

Defina o evento:

E = Debi Loyde resolve corretamente todos os cinco problemas da prova.

Para o espaço amostral deveremos escolher cinco problemas entre os 10 da lista:

$$n(\Omega) = \binom{10}{5}$$

Resolver corretamente os cinco problemas da prova significa escolhê-los entre os oito que Debi Loyde consegue solucionar. O número de maneiras distintas que isto pode ser feito é dado por:

$$n(E) = \binom{8}{5} \times \binom{2}{0}$$

Portanto, a probabilidade é igual a:

$$P(E) = \frac{\binom{8}{5} \times \binom{2}{0}}{\binom{10}{5}} = \frac{8 \times 7 \times 6 \times 5 \times 4}{10 \times 9 \times 8 \times 7 \times 6} \cong 22,22 \ \% \ \checkmark$$

3.35 Dois dígitos são selecionados aleatoriamente de 1 a 9. Se a soma é par, encontre a probabilidade de ambos os números serem ímpares.

Solução:

Inicialmente deveremos lembrar que se a soma de dois números é um número par, então esses dois números são pares ou estes dois são ímpares. Consideremos então os eventos a seguir:

S: A soma dos números é par.
A: Os dois números escolhidos são pares.
B : Os dois números escolhidos são ímpares.

Introdução ao Cálculo das Probabilidades   **129**

Portanto, para o espaço amostral S deveremos escolher dois dígitos cuja soma seja um número par:

$$n(S) = n(A) + n(B) = \binom{4}{2} + \binom{5}{2} = 6 + 10 = 16$$

Daí, a probabilidade de os dois números escolhidos serem ímpares é:

$$P(B|S) = \frac{n(B \cap S)}{n(S)} = \frac{10}{16} = 62,5\% \checkmark$$

3.36 Um grupo é formado por seis homens e quatro mulheres. Três pessoas são selecionadas ao acaso e sem reposição. Qual a probabilidade de que ao menos duas sejam do sexo masculino?

Solução:

O espaço amostral Ω é constituído de todas as combinações das 10 pessoas tomadas 3 a 3:

$$n(\Omega) = \binom{10}{3} = 120$$

O evento E que nos interessa é formado por todas as combinações de Ω tais que em cada uma exista dois ou três homens:

$$n(E) = \binom{6}{2} \times \binom{4}{1} + \binom{6}{3} \times \binom{4}{0} = 80$$

Portanto,

$$P(E) = \frac{n(E)}{n(\Omega)} = \frac{80}{120} \cong 66,66\% \checkmark$$

3.37 Cinco lâmpadas são escolhidas aleatoriamente de um pacote que contém 10 lâmpadas das quais três são defeituosas. Seja w o número de lâmpadas defeituosas escolhidas. Determine a probabilidade de $w = 2$.

Solução:

Seja o evento:

$L =$ Escolher cinco lâmpadas das quais duas são defeituosas e três não defeituosas.

Para o espaço amostral deveremos escolher cinco lâmpadas dentre as 10 contidas no pacote:

$$n(\Omega) = \binom{10}{5}$$

Para o número de maneiras de escolher os elementos do evento L, deveremos escolher duas lâmpadas defeituosas entre as três defeituosas do pacote e, portanto, três lâmpadas não defeituosas entre as sete não defeituosas do pacote. Assim, o número de elementos para o nosso evento será:

$$n(L) = \binom{3}{2} \times \binom{7}{3}$$

Dessa forma,

$$P(L) = \frac{\binom{3}{2} \times \binom{7}{3}}{\binom{10}{5}} = \frac{3 \times 35}{252} \cong 41,66\ \% \ \checkmark$$

3.38 A probabilidade de um determinado evento ocorrer em uma prova é igual a $1/n$. Determine a probabilidade de esse evento não ocorrer nenhuma vez em n provas. Para que valor tende essa probabilidade quando n tender para infinito?

Solução:

A probabilidade de que esse evento não ocorra em uma prova é igual a:

$$1 - \frac{1}{n} = \frac{n-1}{n}$$

Portanto, a probabilidade de esse evento não ocorrer em n provas é dada por:

$$(1 - \frac{1}{n})^n = (\frac{n-1}{n})^n \ \checkmark$$

Aplicando o limite quando n tender para *infinito* na probabilidade encontrada anteriormente, teremos:

$$\lim_{n \to \infty} (\frac{n-1}{n})^n = \lim_{n \to \infty} (1 - \frac{1}{n})^n = e^{-1} = \frac{1}{e} \ \checkmark$$

3.39 Esferas metálicas verdes e amarelas produzidas por uma máquina são selecionadas aleatoriamente, uma após a outra, para uma inspeção. Encontre a probabilidade p de as verdes e amarelas serem escolhidas alternadamente em uma amostra constituída de três esferas verdes e quatro amarelas.

Solução:

Se as esferas verdes e amarelas devem ser escolhidas de forma alternada, então a primeira a ser escolhida deve ser uma esfera de cor amarela.

Portanto,

$$p = \frac{4}{7} \times \frac{3}{6} \times \frac{3}{5} \times \frac{2}{4} \times \frac{2}{3} \times \frac{1}{2} \times \frac{1}{1} = \frac{1}{35} \ \checkmark$$

Introdução ao Cálculo das Probabilidades

3.40 Juliana lança simultaneamente três dados não viciados.

   a. Qual a probabilidade de ela obter 18 pontos em um único lançamento?
   b. Qual a probabilidade de ela não obter 18 pontos em um único lançamento?
   c. Qual a probabilidade de ela não obter 18 pontos em n lançamentos?
   d. Qual a probabilidade de ela obter 18 pontos, pelo menos uma vez, em n lançamentos?
   e. A partir de qual valor do parâmetro n a probabilidade calculada no item anterior se torna superior a 50 %?

Solução:

Sejam os eventos:

A = Juliana obtém 18 pontos em um único lançamento;
B = Juliana obtém 18 pontos em n lançamentos.

a. Para obter soma dos pontos igual a 18, é necessário que Juliana obtenha a face seis em todos os três dados.
Assim,

$$P(A) = \frac{1}{6} \times \frac{1}{6} \times \frac{1}{6} = \frac{1}{216}$$

b. A probabilidade de ela não obter soma de pontos igual a 18 em um único lançamento é igual a:

$$P(A^c) = 1 - \frac{1}{216} = \frac{215}{216}$$

c. A probabilidade de ela não obter soma de pontos igual a 18 em n lançamentos é dada por:

$$P(B^c) = \left(\frac{215}{216}\right)^n$$

d. A probabilidade de se obter soma de pontos igual a 18, pelo menos uma vez, em n lançamentos é igual a:

$$P(B) = 1 - \left(\frac{215}{216}\right)^n$$

e. A probabilidade de se obter soma de pontos igual a 18, pelo menos uma vez, em n lançamentos ser superior a 0,5 é igual a:

$$P(B) = 1 - \left(\frac{215}{216}\right)^n > \frac{1}{2}$$

$$1 - \frac{1}{2} > \left(\frac{215}{216}\right)^n$$

$$\log \frac{1}{2} > n \log \left(\frac{215}{216} \right)$$

$$-\log 2 > n \log \left(\frac{215}{216} \right)$$

$$\therefore \ n > 149{,}3$$

Portanto, deveremos ter, no mínimo, $n = 150$. ✓

3.41 Determine o menor valor de n de sorte que a probabilidade de que pelo menos uma pessoa entre n pessoas aniversarie hoje seja maior que 50 %, supondo que o ano possua 365 dias.

Solução:

A probabilidade de que uma dada pessoa não aniversarie hoje é igual a :

$$\frac{364}{365}$$

Portanto, entre n pessoas, a probabilidade de nenhuma aniversariar hoje é dada por:

$$\left(\frac{364}{365} \right)^n$$

Assim, a probabilidade de que pelo menos uma pessoa aniversarie hoje é igual a:

$$1 - \left(\frac{364}{365} \right)^n$$

Desejamos encontrar o menor valor de n que torne verdadeira a inequação:

$$1 - \left(\frac{364}{365} \right)^n > \frac{1}{2}$$

$$\left(\frac{364}{365} \right)^n < \frac{1}{2}$$

$$n \log \left(\frac{364}{365} \right) > \log \frac{1}{2}$$

$$\therefore \ n > 252{,}65$$

Dessa forma, o menor valor de n que torna a inequação verdadeira, e, por conseguinte, a afirmação do enunciado, é $n = 253$. ✓

Introdução ao Cálculo das Probabilidades

3.42 Durante os primeiros dois meses do ano em curso, a Empresa Jaraguá, fabricante de produtos agrícolas, apresentou a seguinte configuração de vendas e devoluções pelo motivo de o produto não se encontrar dentro das especificações exigidas pelo cliente.

Cliente	Quantidade – em toneladas	
	Fornecida	Devolvida
A_1	500	10
A_2	756	30
A_3	456	20
A_4	900	18
A_5	467	50

Determinado cliente devolveu um produto de 495t pelo fato de ele se encontrar fora das especificações do controle de qualidade. Pedem-se ordenar, com base nos valores descritos no quadro anterior, os clientes mais prováveis de terem devolvido tal venda.

Solução:

Considere os seguintes eventos:

A_i = o produto é vendido ao cliente i $i = 1, 2, 3, 4, 5$.
B = o produto é devolvido por não atender às especificações do cliente.

Observe que os eventos A_i definem uma partição sobre o espaço amostral Ω. Assim,

$$P(A_1) = \frac{500}{500 + 756 + 456 + 900 + 467} \cong 0,162$$

$$P(B|A_1) = \frac{10}{500} \cong 0,02$$

$$P(B) = \frac{10 + 30 + 20 + 18 + 50}{500 + 756 + 456 + 900 + 467} = \frac{128}{3079} \cong 0,04157$$

$$P(A_1|B) = \frac{P(B|A_1) \times P(A_1)}{P(B)} = \frac{0,0032}{0,04157} \cong 0,077$$

Da mesma forma, procede-se para os A_i restantes, conforme quadro seguinte.

134 *Capítulo 3*

Cliente	Probabilidade			
	$P(A_i)$	$P(B\|A_i)$	$P(B\|A_i) \cdot P(A_i)$	$P(A_i\|B)$
A_1	0,162	0,020	0,0032	0,077
A_2	0,246	0,040	0,0098	0,235
A_3	0,148	0,044	0,0065	0,156
A_4	0,292	0,020	0,0058	0,140
A_5	0,152	0,107	0,0163	0,391
Total	1,000		$P(B) = 0,04157$	1,000

Portanto, a ordenação procurada é:

$$P(A_5|B) > P(A_2|B) > P(A_3|B) > P(A_4|B) > P(A_1|B) \checkmark$$

3.43 A procura diária de determinado jornal vespertino (X) em uma banca de revistas é descrita como se segue:

X	0	1	2	3	4
$P(X)$	0,050	0,060	0,060	0,080	0,125

X	5	6	7	8	9
$P(X)$	0,250	0,125	0,050	0,060	0,140

Sabendo-se que:

- a banca de revistas recebe diariamente seis jornais;
- os jornais chegam sempre antes das 17h e a banca encerra as vendas às 19h30.
- em determinado dia, às 19h, a banca de revistas já havia vendido quatro jornais.

Pergunta-se: qual a probabilidade de que nesse dia se venda todo o estoque de jornais?

Solução:

Para que se venda todo o estoque é necessário que se vendam seis jornais ou mais:

$$X \geq 6$$

Mas sabe-se que, nesse dia, já tinham sido vendidos (e, portanto, procurados) quatro jornais, o que significa dizer que nesse dia a procura será necessariamente igual ou superior a quatro:

$$X \geq 4$$

Introdução ao Cálculo das Probabilidades **135**

Portanto, a probabilidade de que se vendam seis jornais, sabendo-se que se venderam quatro jornais ou mais, é dada por:

$$P(X \geq 6 \mid X \geq 4) = \frac{P(X \geq 6 \cap X \geq 4)}{P(X \geq 4)} = \frac{P(X \geq 6)}{P(X \geq 4)} = \frac{0,375}{0,75} \cong 0,5 \checkmark$$

3.44 A empresa Castanhal Ltda. produz castanha *in natura* na zona de El Mundo. No ano passado a empresa comercializou apenas 50.000 das 55.000 toneladas de castanha processadas. As 5.000 toneladas restantes acabaram por apodrecer, pois não foi possível colocá-las no mercado, devido ao excesso de produção.

Atendendo às normas de qualidade impostas por seus clientes, toda castanha vendida é classificada em três categorias: Grande, Média e Pequena.

Das 25.000 toneladas classificadas na categoria Grande, 80 % foram vendidas a um preço por quilo superior a $ 60.000.

Sabendo ainda que:

- Metade da produção de castanha foi vendida a um preço por kg superior a $ 60.000.
- 75 % da produção de castanha do tipo média foi vendida a um preço inferior a $ 60.000 por quilo.
- Toda a produção de castanha do tipo pequena foi vendida a um preço inferior a $ 60.000 por quilo.
- Calcule:

a. A porcentagem de castanha que foi classificada nas categorias Média e Pequena.
b. De toda a castanha que foi vendida a um preço superior a $ 60.000, qual a porcentagem que foi classificada na categoria Média.
c. A probabilidade de um quilo de castanha que foi vendido a um preço de $ 20.000 ter sido enquadrado na categoria Média.

Solução:

Defina os eventos como se seguem:

A_1: uma castanha escolhida ao acaso ser da categoria Grande;
A_2: uma castanha escolhida ao acaso ser da categoria Média;
A_3: uma castanha escolhida ao acaso ser da categoria Pequena;
B: castanha ser vendida a um preço superior a 60.000 por quilo.

Os eventos constituem uma partição.

Tipo	Probabilidade			
	$P(A_i)$	$P(B \mid A_i)$	$P(B \mid A_i) \cdot P(A_i)$	$P(A_i \mid B)$
A_1	0,5000	0,8000		
A_2		0,2500		
A_3		0,0000		
Total	1,0000	$P(B) = 0,5000$		1,0000

136 *Capítulo 3*

a. Pretende-se saber $P(A_2)$ e $P(A_3)$. Assim, atendendo à fórmula da probabilidade total:

$$0,50 = 0,5 \times 0,8 + P(A_2) \times 0,25 + P(A_3) \times 0$$

Sabendo que os eventos constituem uma partição:

$$0,50 + P(A_2) + P(A_3) = 1.$$

Resolvendo o sistema (duas equações e duas incógnitas) temos:

$$P(A_2) = 40\,\% \ \wedge \ P(A_3) = 10\,\%. \ \checkmark$$

Segue o quadro demonstrativo de probabilidade:

Tipo	Probabilidade			
	$P(A_i)$	$P(B\mid A_i)$	$P(B\mid A_i) \cdot P(A_i)$	$P(A_i\mid B)$
A_1	0,5000	0,8000	0,4000	0,8000
A_2	0,4000	0,2500	0,1000	0,2000
A_3	0,1000	0,0000	0,0000	0,0000
Total	1,0000	$P(B) = 0,5000$		1,0000

a. Temos $P(A_2\mid B) = 0,20.$ ✓

b. Pretende-se saber $P(A_2\mid B^c)$.
Temos então:

$$P(A_2\mid B^c) = \frac{P(A_2 \cap B^C)}{P(B)}$$

$$P(B^c\mid A_2) = \frac{P(A_2 \cap B^C)}{P(A_2)}$$

Portanto:

$$P(A_2 \cap B^C) = P(A_2) \times P(B^C\mid A_2)$$

$$P(A_2 \cap B^C) = 0,4 \times (1 - 0,25) = 0,30$$

$$P(A_2\mid B^c) = \frac{0,30}{1 - 0,50} = 0,60 \ \checkmark$$

3.45 Leia com atenção o diálogo abaixo e responda o que se pede.

– Vejo que você tem um gato – diz o Prof. Reinaldo ao Prof. Renan – O rabinho branco dele é muito bonitinho! Quantos gatos você tem?

– Não muitos – diz o Prof. Renan – A minha vizinha tem 20 gatos, muito mais que eu.

– Você ainda não me disse quantos gatos você tem! diz o Prof. Reinaldo.

– Bem... Vou colocar a coisa da seguinte maneira: se você escolher dois dos meus gatos ao acaso, a probabilidade de que ambos tenham o rabo branco é de exatamente 50 %, responde o Prof. Renan.

– Isso ainda não me diz quantos gatos você tem! diz o Prof. Reinaldo.

– Diz sim! retruca o Prof. Renan.

Pergunta-se: quantos gatos tem o Prof. Renan? E quantos deles têm o rabo branco?

Solução:

Suponha que existam g gatos, dos quais b têm o rabo branco.

Temos então, $g(g-1)$ pares ordenados de gatos diferentes e $b(b-1)$ pares ordenados de gatos de rabo branco.

Isso significa dizer que a probabilidade de ambos os gatos terem o rabo branco é:

$$\frac{b(b-1)}{g(g-1)}$$

Que deve ser igual a 50 %:

$$\frac{b(b-1)}{g(g-1)} = \frac{1}{2}$$

Ou seja:

$$g(g-1) = 2b(b-1)$$

Em que g e b são números inteiros.

Assim, a menor solução é $g = 4$ e $b = 3$. A seguinte é $g = 21$ e $b = 15$. Como o Prof. Renan tem menos de 20 gatos, ele deve ter quatro gatos, sendo três deles com rabo branco.

3.46 Lampião Jr. e Maria Bonitinha desejam encontrar-se entre as 14h e as 15h, ficando combinado que nenhum deles espere mais de 20 minutos um pelo outro. Nessas condições, pede-se a probabilidade de eles se encontrarem.

Solução:

A figura representa a chegada de Maria Bonitinha (A) e Lampião Jr. (B) nos 60 minutos compreendidos entre as 14h e as 15h.

Seja o evento E = as duas pessoas encontram-se no horário combinado, A_t a área do quadrado (área possível) e A_d a área não favorável ao encontro (área não tracejada).

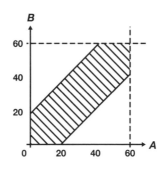

Dessa forma, $P(E) = \dfrac{A_t - A_d}{A_t} = 1 - \dfrac{A_d}{A_t} = 1 - \dfrac{40^2}{60^2} \cong 0{,}56$ ✓

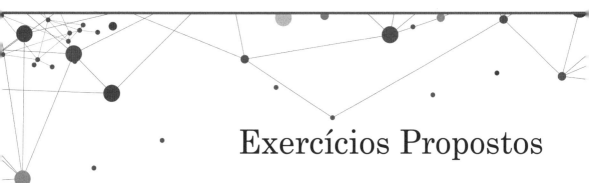

Exercícios Propostos

3.1 Em uma pequena cidade de 5000 eleitores vai haver uma eleição com os candidatos Tita e Niki. É feita uma prévia em que os 5000 eleitores são entrevistados, sendo que 2501 já se decidiram, definitivamente, por Tita. Determinar a probabilidade de que Niki ganhe a eleição.

3.2 No Grande Prêmio Cidade de El Mundo correm os animais: Pégaso, Malik, Incitatus e Zeus. Estima-se que Pégaso tem probabilidade de vencer o páreo tanto quanto Malik, possibilidade essa duas vezes maior que a de Incitatus. Por outro lado, a probabilidade de Zeus vencer o páreo é igual à probabilidade de Pégaso ou Incitatus vencer. Determinar, para a situação descrita, a probabilidade de Pégaso ou Malik vencer a corrida.

3.3 A probabilidade de três motoristas serem capazes de dirigir até suas casas com segurança depois de ingerirem bebidas alcoólicas é 1/5, 1/6 e 1/2, respectivamente. Se decidirem dirigir até suas casas depois de beberem em uma festa, qual a probabilidade de que:

a. todos os três motoristas sofram acidentes;
b. ao menos um dos motoristas dirija até sua casa a salvo.

Introdução ao Cálculo das Probabilidades **139**

3.4 Renata pode ir para a esquerda, para a direita ou em frente, ao chegar a cada um dos cinco cruzamentos de um labirinto. Determine a probabilidade de Renata atravessar o labirinto corretamente, havendo somente um caminho correto possível.

3.5 Em um grupo de r pessoas escolhidas ao acaso, mostrar que a probabilidade p de todas elas terem datas de aniversário diferentes, supondo o ano de 365 dias, é:

$$p = \frac{1}{365^r} \prod_{i=1}^{r} (365 - i + 1) \quad 1 \le r \le 365$$

3.6 Um retângulo está dividido em quadrados, dispostos em três filas e quatro colunas, numeradas de 1 a 12, como mostra a figura a seguir. São escolhidos dois quadrados, pelo sorteio dos números de 1 a 12.

01	02	03	04
05	06	07	08
09	10	11	12

Calcular a probabilidade dos seguintes eventos:

a. os quadrados escolhidos se acham sobre uma mesma coluna;
b. os quadrados escolhidos se acham tanto em linhas como em colunas distintas;
c. os quadrados escolhidos têm números ímpares e não são vizinhos.

3.7 Um paranormal chamado Hayma Landro diz que pode ler a mente humana. Com o objetivo de provar isso, ele conduz uma sessão com seis bilhetes numerados de um a seis. Uma pessoa concentra-se em dois bilhetes numerados e Hayma Landro diz que lê sua mente e o número desses bilhetes. Qual a probabilidade de ele acertar, se sabemos que se trata de alguém que arrisca, sem base, uma resposta ou uma afirmação?

3.8 Um grupo é constituído de 10 pessoas e nele se encontram Ele e Ela. Se o grupo é disposto ao acaso em uma fila, determine a probabilidade de que haja, exatamente, quatro pessoas entre Ele e Ela.

3.9 Um prospector de petróleo perfura uma sucessão de poços em determinada área com o objetivo de descobrir um poço produtivo. Se a probabilidade de haver sucesso ao perfurar cada poço é de 30 %, determine:

a. a probabilidade de o segundo poço perfurado ser o primeiro produtivo;
b. a probabilidade de se localizar um poço produtivo sabendo-se que o total de perfurações não resulta em mais que três poços.

3.10 De acordo com a cor dos olhos e dos cabelos, um grupo de moças é classificado segundo a tabela a seguir:

140 *Capítulo 3*

Cor dos cabelos	Cor dos olhos	
	Azuis	Castanhos
Loiro	18	08
Moreno	09	09
Ruivo	04	02

Se você marca um encontro com uma dessas garotas, escolhida ao acaso, qual a probabilidade de ela ser:

a. loira?
b. morena de olhos azuis?
c. morena ou ter olhos azuis?
d. Está chovendo quando você encontra a garota. Seus olhos estão parcialmente cobertos, mas você percebe que ela tem olhos castanhos. Qual a probabilidade de que ela seja da cor morena?

3.11 Madame Depré Siva, quando tem crises existenciais, escolhe, ao acaso, um entre dois analistas de sua confiança. Se um deles tem probabilidade de 3/5 de avaliar sua crise existencial e o outro 4/7. Qual é a probabilidade de que a crise existencial de Madame Depré Siva seja superada?

3.12 São emitidos 10.000 bilhetes da Loteria Ligeirinha, cada um custando $ 1,00.

a. Se você compra dois bilhetes, de quantas maneiras diferentes poderá escolhê-los?
b. Suponha que a casa lotérica emitente dos bilhetes escolha quatro para serem premiados. Qual a probabilidade de que dois bilhetes comprados por você sejam premiados?

3.13 Quantas vezes deve uma moeda honesta ser jogada para que a probabilidade de dar cara pelo menos uma vez seja igual ou maior que 0,9?

3.14 Na cidade de Marimbá, apenas 20 % das pessoas não são favoráveis ao desenvolvimento de um sistema de transporte de massa. Se cinco cidadãos são escolhidos aleatoriamente entre a população dessa comunidade, qual a probabilidade de todos os cinco serem favoráveis a esse plano?

3.15 Em um colégio, 10 % dos homens e 5 % das mulheres têm mais que 1,80 m de altura. Por outro lado, 60 % dos estudantes desse colégio são homens. Se um estudante, selecionado aleatoriamente, tem mais que 1,80 m de altura, qual a probabilidade de ele ser do sexo feminino?

Introdução ao Cálculo das Probabilidades

3.16 As peças X, Y e Z de um carro, que na montagem devem ser ajustadas, são fabricadas por diferentes empresas e têm, respectivamente, 5 %, 2 % e 1 % de probabilidades de ser defeituosas. Tomando ao acaso um conjunto montado, calcular a probabilidade de que esse conjunto:

    a. seja totalmente perfeito;
    b. contenha somente a peça X defeituosa;
    c. contenha pelo menos duas peças defeituosas.

3.17 Uma bolsa contém duas moedas de prata e quatro moedas de cobre; uma segunda contém quatro moedas de prata e três moedas de cobre. Se duas moedas forem selecionadas ao acaso e sem reposição de uma das bolsas, pergunta-se: qual a probabilidade de elas serem do mesmo metal?

3.18 A tabela a seguir dá a distribuição de probabilidades dos quatro tipos de sangue de indivíduos em uma comunidade:

Probabilidades	Tipos de sangue			
	A	B	AB	O
De ter o tipo especificado	0,30	X_1	X_2	X_3
De não ter o tipo especificado	X_4	0,80	0,90	X_5

Pede-se:

    a. determinar os valores de X_j, para $j = 1, 2, 3, 4, 5$;
    b. a probabilidade de que dois indivíduos sorteados ao acaso nessa comunidade tenham: um, o tipo A, e outro, o tipo B;
    c. a probabilidade de que um indivíduo sorteado ao acaso nessa comunidade não tenha o tipo B ou não tenha o tipo AB.

3.19 Em uma população, o número de homens é igual ao número de mulheres. Sabe-se que 6 % dos homens são daltônicos e 0,25 % das mulheres são daltônicas. Se uma pessoa é selecionada ao acaso e verifica-se que é daltônica, determine a probabilidade de que ela seja do sexo feminino.

3.20 Duas máquinas A e B produzem peças idênticas, sendo que a produção da máquina A é o triplo da produção da máquina B. A máquina A produz 80 % de peças boas enquanto a máquina B produz 90 %. Se uma peça é selecionada aleatoriamente do estoque e verifica-se que é boa, calcular a probabilidade de que tenha sido fabricada pela máquina A.

3.21 Em uma fábrica existem três máquinas destinadas à produção de parafusos. A primeira máquina produz diariamente 1000 parafusos, a segunda máquina, 4000 e a terceira, 5000. Sabendo-se que a primeira máquina produz 4 % de parafusos defeituosos, a

142   *Capítulo 3*

segunda, 2 % e a terceira, 1 % e tendo-se ao final do dia encontrado um parafuso defeituoso, calcular a probabilidade de esse parafuso ter sido produzido em cada uma dessas máquinas.

3.22 Oito crianças, entre elas Yara e Yasmin, são dispostas ao acaso em uma fila. Qual a probabilidade de:

a. Yara e Yasmin ficarem juntas?

b. Yara e Yasmin ficarem separadas?

3.23 Durante o mês de dezembro a probabilidade de chover é de 10 %. Um time ganha um jogo em um dia chuvoso com 40 % de probabilidade e em um dia sem chuva com 60 %. Tendo esse time ganho um jogo em dezembro, qual a probabilidade de que nesse dia tenha chovido?

3.24 Sabe-se que, das peças produzidas por uma indústria, 8 % têm defeitos de fabricação que podem ser recuperados e 5 % têm defeitos que não podem ser recuperados, sendo as demais peças perfeitas. Tomando-se, ao acaso, três dessas peças, determine a probabilidade de que:

a. sejam todas defeituosas;

b. ocorra pelo menos uma peça com defeito recuperável;

c. ocorram somente duas peças perfeitas.

3.25 A experiência do Banco Maguary S.A. mostra que um cliente em cada 600, com fundos suficientes em sua conta, engana-se na data e emite um cheque pós-datado. Por outro lado, 1 % dos clientes têm o mau hábito de emitir cheques sem fundos e sempre o fazem com data posterior. Acaba de ser apresentado ao banco um cheque pós-datado. Qual a probabilidade de que o cheque não tenha fundos suficientes?

3.26 Uma urna contém uma bola preta e nove brancas. Uma segunda urna contém y bolas pretas e as restantes brancas, perfazendo um total de 10 bolas. O primeiro experimento consiste em retirar, ao acaso, uma bola de cada urna. No segundo experimento, as bolas das duas urnas são reunidas e, destas, duas bolas são retiradas ao acaso. Nessas condições, determine o mínimo valor de y a fim de que a probabilidade de saírem duas bolas pretas seja maior no segundo do que no primeiro experimento.

3.27 Em uma sala, existem cinco crianças: uma brasileira, uma italiana, uma japonesa, uma alemã e uma francesa. Em uma urna há cinco bandeiras correspondentes aos países de origem dessas crianças: Brasil, Itália, Japão, Alemanha e França. Se uma criança e uma bandeira são selecionadas, ao acaso, respectivamente, da sala e da urna, determine a probabilidade de que a criança sorteada não receba a sua bandeira.

3.28 A Profa. Don Doca deve chegar ao Centro de Ciências da Natureza, onde trabalha, até as 8h. Em virtude do tráfego e de fatores outros, ela chega entre as 7h45 e as 8h05.

Introdução ao Cálculo das Probabilidades **143**

A frequência relativa f_r de suas diversas chegadas pode ser representada por um triângulo isósceles. Admitindo-se tal fato como verdadeiro, qual a probabilidade de ela não chegar atrasada?

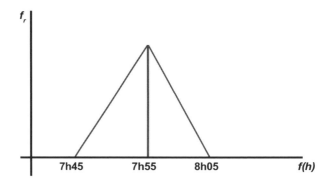

3.29 Oito pessoas tomam em Luxemburgo um vagão de 1ª classe da linha de metrô de Sceaux, com paradas nas estações de:

> Port-Royal e Denfert-Rochereau;
> Cité Universitaire e Gentilly;
> Arcueil-Cachan e Bagneaux;
> Bourg-la-Reine e Sceaux;
> Fontenay-aux-Roses e Robinson.

Supondo que o fluxo de passageiros viajando de 1ª classe, naquele horário, é o mesmo para cada uma das referidas estações, calcular a probabilidade de os passageiros descerem todos em estações distintas.

3.30 A probabilidade de que o Prof. Pi Rado ganhe mais de $ 1000 ao mês vale 2/5 e a de que ele goste de vinho, 4/5. Pede-se a probabilidade de que ele ganhe mais de $ 1000 ao mês, goste de vinho e morra algum dia.

3.31 Ele e Ela dizem a verdade com probabilidades iguais a 3/4 e 3/5, respectivamente, independentemente um do outro. Ele faz uma afirmação e Ela diz que Ele mente. Calcular a probabilidade de Ele dizer a verdade.

3.32 A empresa de ônibus coletivo K & K Ltda. verificou que seus veículos podem parar por defeito elétrico ou mecânico. Se o defeito for elétrico, a proporção é de 1 para 8 e, caso seja mecânico, 1 para 13. Em 15 % das viagens há defeito elétrico e, em 26 %, mecânico, não ocorrendo mais de um defeito em cada viagem igual ou de tipo diferente. Se o ônibus não completar o itinerário, qual a probabilidade de ocorrer defeito mecânico?

3.33 Dana e Dynho concordam em encontrar-se entre as 17h e as 18h, ficando combinado que nenhum deles espere mais de 15 minutos um pelo outro. Nessas condições, pede-se a probabilidade de eles se encontrarem.

3.34 Na construção do Edifício Paraíso, a quantidade disponível de cimento (X) é uma variável que pode ser descrita pelo diagrama de frequências a seguir:

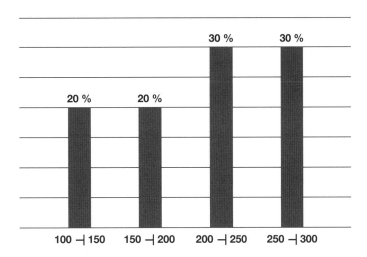

A quantidade de material usada em um dia de trabalho é de 150 sacos ou de 250 sacos com as probabilidades de 70 % e 30 %, respectivamente.

   a. Qual a probabilidade de termos falta de material em certo dia de trabalho?
   b. Se existe falta de material, qual é a probabilidade de que se tenha menos do que 200 sacos disponíveis?

Nota: Temos falta sempre que a quantidade de cimento disponível é menor que a quantidade necessária para aquele dia de trabalho na construção.

3.35 No Município de Marimbá, houve cinco anos de seca em um período de 43 anos. Calcular a probabilidade de a situação persistir nos próximos dois anos.

3.36 A probabilidade de fechamento de cada relé do circuito apresentado a seguir é dada por p. Se todos os relés funcionarem independentemente, determinar a probabilidade de que haja corrente entre os terminais L e M.

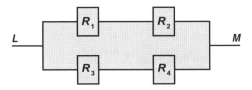

3.37 Uma urna contém cinco bolas brancas e seis bolas vermelhas. Outra urna contém sete bolas brancas e três vermelhas. Passa-se uma bola, escolhida ao acaso, da primeira para a segunda urna e, em seguida, extrai-se uma bola desta última urna, também ao acaso. Pergunta-se: qual a probabilidade de que a bola escolhida seja branca?

3.38 Em um colégio, 25 % dos estudantes foram reprovados em Matemática, 15 %, em Química e 10 %, em Matemática e Química simultaneamente. Um estudante é escolhido ao acaso.

   a. Se ele foi reprovado em Química, qual a probabilidade de ter sido reprovado em Matemática?
   b. Qual a probabilidade de ele ter sido reprovado em Matemática ou Química?

3.39 Dr. Retró Grado guarda seu dinheiro em um açucareiro. Este contém três notas de $ 100, cinco de $ 50, seis de $ 10 e oito de $ 5. Se ele retirar do açucareiro duas notas simultaneamente e ao acaso, qual a probabilidade de que uma seja de $ 100 e a outra de $ 50?

3.40 Um juiz de futebol possui três cartões no bolso. Um é todo amarelo, outro, todo vermelho e o terceiro é vermelho de um lado e amarelo do outro. Em determinado lance o juiz retira, ao acaso, um cartão do bolso e o mostra ao jogador. Qual a probabilidade de a face vista pelo juiz ser vermelha e de a outra face, mostrada ao jogador, ser amarela?

3.41 Em certa cidade, 20 % dos carros são da marca φ, 35 % dos carros são táxis e 40 % dos táxis são da marca φ. Se um carro é escolhido ao acaso, determine a probabilidade de:

   a. ser táxi e não ser da marca φ;
   b. ser da marca φ e não ser táxi.

3.42 Em um circuito, três componentes elétricos são ligados em série e trabalham independentemente um do outro. As probabilidades de falharem o 1º, 2º e 3º componentes valem, a saber, $p_1 = 0,3$; $p_2 = 0,1$; $p_3 = 0,4$. Qual a probabilidade de que não passe corrente pelo circuito?

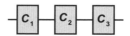

3.43 De uma urna que contém quatro bolas brancas e cinco pretas, duas bolas são retiradas ao acaso e substituídas por duas bolas amarelas. Depois disso, duas bolas são retiradas. Qual a probabilidade de saírem bolas brancas?

3.44 Têm-se quatro números positivos e seis negativos. Escolhendo quatro números ao acaso e efetuando-se o produto deles, qual a probabilidade de que o resultado seja positivo?

3.45 A probabilidade de o Prof. Saby Tudo arremessar um dardo além de 100 metros em um único arremesso é de 80 %. Qual a probabilidade de que, em cinco arremessos, pelo menos uma vez ultrapasse os 100 m?

3.46 Em 25 % das vezes, Alexandra chega em casa tarde para almoçar. Por outro lado, o almoço atrasa 10 % das vezes. Sabendo que os atrasos de Alexandra e os almoços são independentes entre si, determine a probabilidade de, em um dia qualquer, ocorrerem ambos os atrasos.

3.47 Determine a probabilidade de que um ponto selecionado ao acaso a partir de um quadrado se localize no círculo de raio r nele inscrito.

3.48 Os pontos a e b ($a > b$) são selecionados aleatoriamente na reta real R de tal forma que $-2 \le b \le 0$ e $0 \le a \le 3$. Encontre a probabilidade p de que a distância entre a e b seja maior que 3.

3.49 Três meninos e três meninas sentam-se em uma fila. Determine a probabilidade de:

a. os três meninos sentarem-se juntos;

b. meninos e meninas sentarem-se em lugares alternados.

3.50 Esferas metálicas verdes e amarelas produzidas por uma máquina são selecionadas aleatoriamente, uma após a outra, para uma inspeção. Encontre a probabilidade p de as esferas verdes e amarelas serem escolhidas alternadamente em uma amostra constituída de três esferas verdes e três amarelas.

3.51 Uma companhia aérea afirma que 99 % de seus voos chegam na hora marcada. Se forem escolhidos três voos e admitindo-se que o atraso de qualquer um deles não afeta a hora de chegada dos restantes, qual a probabilidade de os três voos chegarem na hora prevista?

3.52 Na cidade de El Mundo existem apenas dois tipos de detergentes A e B para lavar louça. Sabendo-se que:

- o detergente A é comprado por 70 % das donas de casa;
- o detergente B é comprado por 40 % das donas de casa;
- por simplicidade de análise, supõe-se que todas as donas de casa usam alguns destes detergentes.

Tendo sido lançado no mercado um detergente C, sabe-se que somente as donas de casa que usam um único detergente poderão estar interessadas em experimentar o novo produto, com probabilidades 0,7 para as que utilizam o detergente A e de 0,5 para as de B.

Qual a probabilidade de uma dona de casa inquirida ao acaso não estar propensa a experimentar o novo detergente?

3.53 Considere um canal de comunicação binário através do qual são enviados os símbolos b_0 e b_1 cujas probabilidades de ocorrência são conhecidas *a priori* a partir das características da fonte de mensagem e são dadas por $P(b_0) = p$ e $P(b_1) = 1 - p$. Sabe-se também que no lado receptor são detectados os símbolos a_0 e a_1.

As probabilidades de transição dos símbolos enviados (b_0, b_1) para os símbolos recebidos (a_0, a_1) são também conhecidos *a priori* a partir das características do canal de comunicação, e são dadas por:

$$P(a_0|b_0) = q; \quad P(a_1|b_0) = 1 - q;$$
$$P(a_0|b_1) = r; \quad P(a_1|b_1) = 1 - r.$$

Mostre que a probabilidade *a posteriori* do símbolo enviado pela fonte b_0 uma vez que a_0 foi recebido é dada por:

$$P(b_0|a_0) = \frac{q \times p}{q \times p + r \times (1 - p)}$$

3.54 De um lote de peças produzidas por uma máquina, das quais 90 são perfeitas e 10 são defeituosas, extraem-se aleatoriamente peças com reposição. Qual a probabilidade de que a primeira peça defeituosa seja encontrada na 101ª extração?

3.55 Um anúncio publicitário aparece ao longo de um ano em 10 números, em um total de 52 números, de uma revista semanal. Se um leitor leu 15 números dessa revista, qual a probabilidade de que em nenhum desses números aparecesse tal anúncio?

3.56 Três alarmes estão dispostos de tal maneira que qualquer um deles funcionará independentemente de algo indesejável ocorrer. Se cada alarme tem probabilidade 0,9 de trabalhar eficientemente, qual é a probabilidade de se ouvir o alarme quando necessário?

3.57 Um indivíduo tem n chaves, das quais somente uma abre uma porta. Ele seleciona, a cada tentativa, uma chave ao acaso, sem reposição, e tenta abrir a porta. Qual é a probabilidade de que ele abra a porta na k-ésima tentativa ($k = 1, 2..., n$)?

3.58 Uma secretária imprime seis cartas do seu computador e endereça seis envelopes aos destinatários desejados. Seu chefe, apressado, interfere e coloca as cartas nos envelopes aleatoriamente, uma carta em cada envelope. Qual é a probabilidade de que exatamente cinco cartas estejam no envelope correto?

3.59 Em uma cidade, em cada 1000 carros observados, a quantidade de táxis em relação à marca é determinada segundo o quadro abaixo:

Tipo	Marca	
	Volks	**Outra**
Táxi	120	80
Outro	350	450

a. táxi;
b. não ser táxi ou ser de outra marca;
c. ser táxi ou ser Volkswagen;
d. ser Volkswagen ou não ser táxi.

3.60 Considere dois círculos inscritos em um círculo maior, como mostra a figura seguinte:

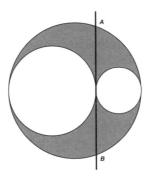

Sabe-se que o raio do círculo maior vale *r cm* enquanto o segmento AB vale *t cm*. Um dardo é lançado no círculo maior. Mostre que a probabilidade *p* de ele cair na área hachurada vale:

$$p = 0{,}125 \times \left(\frac{t}{r}\right)^2$$

3.61 Escolhe-se aleatoriamente um ponto no interior de um círculo de raio unitário e centro na origem. Calcular a probabilidade de que a distância do ponto escolhido até a origem não seja maior que 0,5.

Sugestões para Leitura

FONSECA, J. S. et al. *Curso de estatística*. São Paulo: Atlas, 1975.

HOEL, P. G. et al. *Introdução à teoria da probabilidade*. Rio de Janeiro: Interciência, 1978.

MEYER, P. L. *Probabilidade:* aplicações à estatística. Rio de Janeiro: Ao Livro Técnico, 1969.

MONTELLO, Jessé. *Estatística para economista*. Rio de Janeiro: APEC, 1970.

SPIEGEL, Murray. *Probabilidade e estatística*. São Paulo: McGraw-Hill, 1981.

STEVENSON, W. J. *Estatística aplicada à administração*. São Paulo: Harper & Row do Brasil, 1981.

Variáveis Aleatórias Discretas

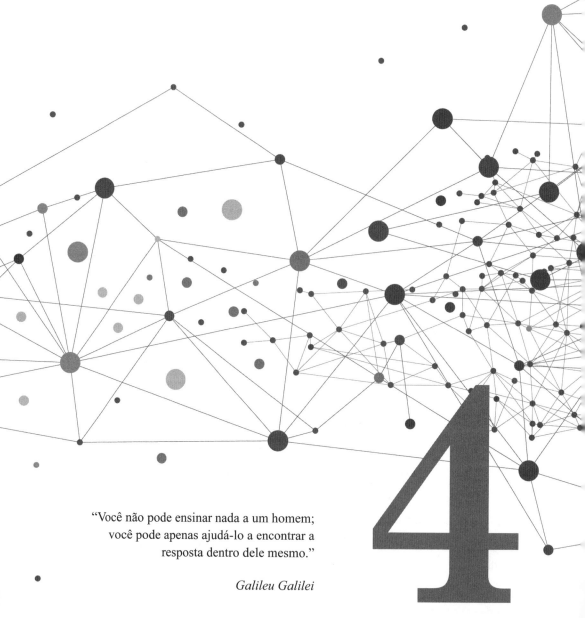

"Você não pode ensinar nada a um homem; você pode apenas ajudá-lo a encontrar a resposta dentro dele mesmo."

Galileu Galilei

Resumo Teórico

4.1 Variável Aleatória Discreta

É a variável que pode assumir, com probabilidade diferente de zero, um número finito de valores dentro de um intervalo finito (o caso típico é quando efetuamos contagens).

4.2 Esperança Matemática ou Valor Esperado

Se X representa uma variável aleatória discreta assumindo valores $X_1, X_2, ..., X_n$ com probabilidades $P(X_1), P(X_2), ..., P(X_n)$, respectivamente, sendo $\sum_{i=1}^{n} P(X_i) = 1$, a esperança matemática de X, representada por $E(X)$, é dada por:

$$E(X) = \sum_{i=1}^{n} X_i P(X_i)$$

O valor esperado, a exemplo da média aritmética para a distribuição de frequências, é uma medida de tendência central ou posição, só que utilizando a frequência relativa ou probabilidade.

Uma das muitas aplicações do conceito de valor esperado é a análise de decisão estatística, que consiste em escolher, entre várias alternativas, aquela que maximiza (minimiza) determinada grandeza.

4.2.1 Teoremas sobre a Esperança Matemática

- Se k é uma constante,

$$E(k) = k$$

- Se X é uma variável aleatória e k uma constante,

$$E(kX) = kE(X)$$

- Se X e Y são variáveis aleatórias, então

$$E(X \pm Y) = E(X) \pm E(Y)$$

- Se X e Y são variáveis aleatórias independentes, portanto,

$$E(XY) = E(X)\,E(Y)$$

Variáveis Aleatórias Discretas **151**

- O valor esperado de uma combinação linear de variáveis aleatórias $X_1, X_2, X_3, ..., X_n$ é igual à combinação linear de seus valores esperados,

$$E(a_1X_1 + a_2X_2 + ...a_nX_n) = a_1E(X_1) + a_2E(X_2) + ... + a_nE(X_n)$$

4.3 Variância

A variância de uma variável aleatória discreta é um número real não negativo definido como:

$$\text{Var}(X) = E(X - \mu)^2$$

ou ainda, $\text{Var}(X) = E(X^2) - \left[E(X) \right]^2$

A variância é uma medida de dispersão dos valores da variável aleatória em torno da média μ. Um valor pequeno de variância indica que existe pouca dispersão em torno da média. Se a variância é grande, os valores da variável aleatória estão muito dispersos em torno da média.

A média e a variância são casos particulares do que chamamos de momentos de uma distribuição de probabilidade. Os momentos de uma distribuição servem para caracterizar essa distribuição, não apenas no que se refere à sua centralidade e dispersão, mas também com relação a outras características, como a simetria ou assimetria da densidade de probabilidade.

4.3.1 Teoremas sobre a Variância

- Se k é uma constante,

$$\text{Var}(k) = 0$$

- Se X é uma variável aleatória e k uma constante,

$$\text{Var}(kX) = k^2 \, \text{Var}(X)$$

- Se X e Y são variáveis aleatórias, então

$$\text{Var}(X \pm Y) = \text{Var}(X) + \text{Var}(Y) \pm 2 \, \text{Cov}(X,Y)$$

- Se X e Y são variáveis aleatórias e a e b constantes,

$$\text{Var}(aX \pm b) = a^2 \, \text{Var}(X)$$

$$\text{Var}(aX \pm bY) = a^2 \, \text{Var}(X) + b^2 \, \text{Var}(Y) \pm 2ab \, \text{Cov}(X,Y)$$

4.4 Covariância

A covariância entre duas variáveis aleatórias X e Y é definida por:

$$\text{Cov}(X,Y) = E[(X_i - \mu_x)(Y_i - \mu_y)]$$

ou,
$$\text{Cov}(X,Y) = E[XY] - \mu_x \mu_y$$

Importante!

Quando as variáveis X e Y são independentes, temos sempre $\text{Cov}(X,Y) = 0$. *Dessa forma,* $\text{Var}(X \pm Y) = \text{Var}(X) + \text{Var}(Y) \pm 2\,\text{Cov}(X,Y)$ *reduz-se a:*

$$\text{Var}(X \pm Y) = \text{Var}(X) + \text{Var}(Y)$$

4.5 Coeficiente de Correlação Linear de Pearson

O coeficiente de correlação linear pode ser interpretado como uma versão estandardizada da covariância, funcionando os desvios padrões como fatores de estandardização. Observe-se que, embora os sinais dos dois parâmetros sejam idênticos, o coeficiente de correlação linear é de interpretação muito mais imediata por possuir limites bem precisos, porquanto:

- os valores de ρ variam sempre entre -1 e $+1$;
- o valor absoluto de ρ mede o grau de associação entre as duas variáveis.

Caso $\rho = 0$, então não existe nenhuma relação linear entre as duas variáveis, não significando que não exista entre as duas variáveis uma correlação elevada de outro tipo (não linear).

O sinal de ρ indica a direção da associação linear: sinal positivo implica uma tendência para as duas variáveis modificarem-se em um mesmo sentido enquanto o sinal negativo reflete uma relação inversa entre as duas variáveis, ou seja, as variações positivas associam-se às variações negativas da outra.

O coeficiente de correlação linear entre duas variáveis aleatórias X e Y é definido por:

$$\rho(X, Y) = \frac{E[XY] - \mu_x \mu_y}{\sigma_x \sigma_y} \text{ em que } -1 \leq \rho(X, Y) \leq 1$$

Exercícios Resolvidos

4.1 Considere X a importância em dinheiro que podemos receber de prêmio em certo jogo de azar. Se para participar do jogo temos de pagar a quantia de $ 4,00, pede-se determinar o ganho esperado, supondo $E(X) = $ 3,00$.

Solução:

Se pagarmos $ 4,00 para participar do jogo, o ganho líquido é representado pela variável aleatória $L = X - 4$, cujo valor esperado de ganho será:

$$E(L) = E(X - 4) = E(X) - 4$$

$$\therefore E(L) = 3 - 4 = -1,00 \checkmark$$

Como o resultado foi negativo, conclui-se que há uma perda esperada de $ 1,00.

4.2 A Empresa Equilibrada S.A. vende três produtos cujos lucros e probabilidades de venda estão anotados na tabela a seguir:

Produto	A	B	C
Lucro unitário ($)	15	20	10
Probabilidade de venda (%)	20	30	50

Pede-se:

a. o lucro médio por unidade vendida e o desvio padrão;
b. o lucro total esperado em um mês em que foram vendidas 5000 unidades.

Solução:

Seja a variável aleatória $X =$ lucro unitário e $P(X)$ a sua probabilidade respectiva de venda.

a. Cálculo do lucro médio:

$$E(X) = \sum_{i=1}^{3} X_i P(X_i)$$

$$E(X) = (15 \times 0,20) + (20 \times 0,30) + (10 \times 0,50) = $ 14,00 \checkmark$$

154 *Capítulo 4*

Cálculo do desvio padrão:

$$\text{Var}(X) = E(X^2) - \left[E(X)\right]^2$$

$$\text{Mas, } E(X^2) = \sum_{i=1}^{3} X_i^2 P(X_i)$$

$$E(X^2) = (15^2 \times 0{,}20) + (20^2 \times 0{,}30) + (10^2 \times 0{,}50) = 215$$

$$\text{Segue-se, Var}(X) = 215 - 14^2 = 19$$

$$\text{Portanto, } \sigma^2 = \sqrt{19} \cong \$\ 4{,}36 \checkmark$$

b) $E(5000X) = 5000 \times E(X) = 5000 \times 14 = \$\ 70.000 \checkmark$

4.3 X é uma variável aleatória com $\mu = E(X)$ e $\sigma^2 = \text{Var}(X)$. Pede-se verificar que a variável $Y = (X - \mu)/\sigma$ possui $E(Y) = 0$ e $\text{Var}(Y) = 1$.

Solução:

$$E(Y) = \frac{1}{\sigma} E(X - \mu) = \frac{1}{\sigma}\left[E(X) - \mu\right] = \frac{1}{\sigma}\left[\mu - \mu\right] = 0 \checkmark$$

$$\text{Var}(Y) = \frac{1}{\sigma^2}\left[\text{Var}(X - \mu)\right] = \frac{1}{\sigma^2}\text{Var}(X) = 1 \checkmark$$

4.4 Considere a distribuição de probabilidades:

X	−1	0	1
$P(X)$	0,375	0,25	0,375

Determine $P(\mu - \sigma < X < \mu + \sigma)$

Solução:

Evidentemente, deveremos calcular de início os valores de μ e σ.
Assim,

$$\mu = E(X) = \sum_{i=1}^{3} X_i P(X_i) = (-1 \times 0{,}375) + 0 + (1 \times 0{,}375) = 0$$

$$\sigma^2 = \text{Var}(X) = E(X^2) - \left[E(X)\right]^2 = E(X^2) - 0 = E(X^2)$$

$$\text{Var}(X) = E(X^2) = (-1^2 \times 0{,}375) + (0^2 \times 0{,}25) + (1^2 \times 0{,}375) = 0{,}75$$

$$\sigma = \sqrt{\text{Var}(X)} \cong 0{,}86$$

Portanto,

$$P(\mu - \sigma < X < \mu + \sigma) = P(0 - 0{,}86 < X < 0 + 0{,}86) = P(X = 0) = 25\,\% \checkmark$$

4.5 Um processo de fabricação produz peças com peso médio de 20 g e desvio padrão de 0,5 g. Essas peças são acondicionadas em pacotes de uma dúzia cada. As embalagens pesam em média 30 g com desvio padrão de 1,2 g. Determinar a média e o desvio padrão do peso total do pacote.

Solução:
Suponha que o peso das peças (X) e o peso da embalagem (Y) sejam duas variáveis independentes, isto é, o peso do material empacotado não é influenciado pelo peso do pacote.

Denotando o peso total do pacote por T, temos:

$$T = 12\,X + Y$$

Então:

$$E(T) = 12 \times E(X) + E(Y)$$

$$\mathrm{Var}(T) = 12^2 \times \mathrm{Var}(X) + \mathrm{Var}(Y)$$

em que $E(X) = 20$ g, $E(Y) = 30$ g, $\mathrm{Var}(X) = 0{,}25$ g², $\mathrm{Var}(Y) = 1{,}44$ g².

Cálculo do peso médio:

$$E(T) = (12 \times 20) + 30 = 270 \text{ g} \checkmark$$

Cálculo do desvio padrão:

$$\mathrm{Var}(T) = 12^2 \times 0{,}25 + 1{,}44 = 37{,}44$$

$$\text{Daí, } \sigma^2 = \sqrt{37{,}44} \cong 6{,}11 \text{ g} \checkmark$$

4.6 A Transportadora Yuki Ltda. possui uma frota de quatro caminhões de aluguel. Sabe-se que o aluguel é feito por dia, e que a distribuição diária do número de caminhões alugados é a seguinte:

X	00	01	02	03	04
$P(X)$	10	20	30	30	10

em que X representa o número de caminhões alugados/dia e $P(X)$ a probabilidade de alugar caminhões em (%).

Pede-se calcular:

a. o número médio diário de caminhões alugados, bem como o desvio padrão;

156 *Capítulo 4*

b. a média e o desvio padrão do lucro diário, sabendo-se que:

- o valor do aluguel por dia é da ordem de $ 300;
- a despesa total diária com manutenção de cada veículo é igual a $ 140 quando ele é alugado no dia e de $ 15 quando tal fato não acontece.

Solução:

a. Cálculo do número médio de caminhões:

$$E(X) = \sum_{i=1}^{5} X_i P(X_i)$$

$$E(X) = (0 \times 0,10) + (1 \times 0,20) + \ldots + (4 \times 0,10)$$

Portanto, $E(X) = \$ 2,1$ caminhões/dia. ✓

Cálculo do desvio padrão:

$$\text{Var}(X) = E(X^2) - \left[E(X) \right]^2$$

$$E(X^2) = \sum_{i=1}^{5} X_i^2 P(X_i)$$

$$E(X^2) = (0^2 \times 0,10) + (1^2 \times 0,20) + \ldots + (4^2 \times 0,10) = 5,7$$

$$\text{Var}(X) = 5,7 - 2,1^2 = 1,29$$

$$\sigma^2 = \sqrt{1,29} \cong 1,13 \text{ caminhão/dia.} ✓$$

b. Seja a variável aleatória L = lucro médio diário.
Observemos que:

Receita total... $300\,X$

Despesa total com manutenção:

– quando alugado no dia................... $140\,X$
– quando não alugado no dia............ $15 \times (4 - X)$

Segue-se, $L = 300\,X - 140\,X - 15 \times (4 - X)$

ou seja, $L = 175\,X - 60$

Cálculo do lucro médio diário:

$E(L) = 175 \times E(X) - 60$, com $E(X) = 2,1$ calculado no item precedente.

Logo, $E(L) = (175 \times 2,1) - 60 = \$ 307,50$ ✓

Cálculo do desvio padrão para o lucro diário:

$$Var(L) = 175^2 \times Var(X) - 0, \text{ em que } Var(X) = 1,29 \text{ foi calculado anteriormente.}$$

$$Var(L) = 30.625 \times Var(X) = 30.625 \times 1,29 = 39.506,25$$

$$\sigma \cong \$ \ 198,76 \ \checkmark$$

4.7 A Loteria Ligeirinha distribui prêmios entre seus clientes da seguinte forma:

400 prêmios de $ 100;

50 prêmios de $ 200;

10 prêmios de $ 400.

Admitindo-se que em certo concurso sejam emitidos e vendidos 10.000 bilhetes, qual o preço justo a se pagar por um bilhete?

Solução:

Seja Y a variável aleatória que denota a quantia, em $, a ser gasta em um bilhete. Podemos, com base no que foi exposto, escrever as probabilidades seguintes:

$$P(Y = 100) = \frac{400}{10.000} = 0,04$$

$$P(Y = 200) = \frac{50}{10.000} = 0,005$$

$$P(Y = 400) = \frac{10}{10.000} = 0,001$$

Em resumo:

Y	100	200	400	0
P(Y)	0,04	0,005	0,001	0,954

Portanto, a esperança de Y é, pois:

$$E(Y) = \sum_{i=1}^{4} Y_i P(Y_i)$$

$$E(Y) = (100 \times 0,04) + (200 \times 0,005) + (400 \times 0,001) + (0 \times 0,954)$$

$$\therefore \ E(Y) = \$ \ 5,40$$

Assim, o preço justo a se pagar por um bilhete é de $ 5,40. ✓

Nota: Entretanto, como deve haver uma margem de lucro, o preço do bilhete deverá ser um pouco maior.

4.8 Uma fábrica de automóveis deve enviar peças pesadas de seu equipamento para sua fábrica de montagem na cidade de Marimbá.

Sabe-se que:

- as peças podem ser enviadas por via aérea ou via marítima;
- o custo por via aérea é geralmente mais alto, porém, pode haver greve no embarque, o que atrasaria a chegada das peças a Marimbá.

A matriz de custo, expressa em $, é dada por:

Decisão	Com greve	Sem greve
Enviar por navio	2000	2000
Enviar por avião	6000	1000

a. Se a probabilidade de acontecer uma greve é estimada em 40 %, qual a tomada de decisão que minimizaria os custos esperados?

b. Até que valor de probabilidade de greve ainda é mais vantajoso o envio por navio?

Solução:

Considere $E(C_1)$ e $E(C_2)$ os custos esperados por navio e avião, respectivamente.

a. Temos:

$$E(C_1) = 2000 \times 0{,}4 + 2000 \times (1 - 0{,}4) = 2000$$

$$E(C_2) = 6000 \times 0{,}4 + 1000 \times (1 - 0{,}4) = 3000$$

Como $E(C_1) < E(C_2)$ conclui-se que a remessa deverá ser transportada por navio! ✓

b. Seja p a probabilidade de greve.

$$E(C_1) = 2000 \times p + 2000 \times (1 - p) = 2000$$

$$E(C_2) = 6000 \times p + 1000 \times (1 - p) = 5000\,p + 1000$$

Fazendo $E(C_1) < E(C_2)$ temos:

$$2000 < 5000\,p + 1000$$

$$5000\,p > 1000 \;\therefore\; p > 0{,}20 ✓$$

4.9 O número φ de residências que um posto de Corpo de Bombeiros pode atender depende da distância r (em número de quarteirões) através da qual uma mangueira pode se estender no decorrer de certo espaço de tempo. Suponha que φ seja proporcional à área de um círculo de raio r (quadras de prédios), com centro nessa companhia de Corpo de Bombeiros:

$$\varphi = \lambda\, \pi\, r^2$$

Variáveis Aleatórias Discretas **159**

em que λ é uma constante e r, uma variável aleatória relativa ao número de quadras pelas quais a mangueira pode estender-se em determinado período de tempo. Para certo batalhão de bombeiros com $\lambda = \dfrac{10}{\pi}$, a distribuição de probabilidades de r é a indicada na tabela a seguir em que $P(r) = 0$ para qualquer $r \leq 20$ ou $r \geq 27$.

r	21	22	23	24	25	26
$P(r)$	0,05	0,15	0,35	0,25	0,15	0,05

Calcule o valor esperado para o número de residências φ que podem ser atendidas por esse posto de Corpo de Bombeiros.

Solução:

A esperança matemática para o número φ de residências é dada por:

$$E(\varphi) = E(\lambda \pi r^2) = \lambda \pi E(r^2) = \frac{10}{\pi} \times \pi \times E(r^2)$$

Contudo, $E(r^2) = \displaystyle\sum_{i=1}^{6} r_i^2 P(r_i) = 21^2 \times 0{,}05 + 22^2 \times 0{,}20 \ldots + 26^2 \times 0{,}05 = 551{,}35$

Portanto, $E(\varphi) = \dfrac{10}{\pi} \times \pi \times 551{,}35 \cong 5513$ residências. ✓

4.10 Um consultor financeiro deve avaliar o risco de dois investimentos A e B. Baseando-se em sua experiência de mercado e projeções econômicas, esse investidor formula as seguintes distribuições de probabilidades dos resultados monetários previstos.

Investimento A		Investimento B	
Retorno em \$	**Probabilidade**	**Retorno em \$**	**Probabilidade**
600	0,10	300	0,10
650	0,15	500	0,20
700	0,50	700	0,40
750	0,15	900	0,20
800	0,10	1100	0,10

Com base nesses dados, qual alternativa deverá ser escolhida por esse consultor?

Solução:

Para definir a melhor alternativa, deveremos primeiramente mensurar o valor esperado de cada distribuição de probabilidades considerada, ou seja, a média dos vários retornos esperados R_i ponderados pela probabilidade P_i ($i = 1, 2, \ldots, 5$) atribuída a cada um desses valores.

Matematicamente,

$$E(R) = \sum_{i=1}^{5} R_i P(R_i)$$

Assim, teremos:

$$E(R_A) = (0{,}1 \times 600) + (0{,}15 \times 650) + \dots (0{,}10 \times 800) = \$\ 700\ \checkmark$$

$$E(R_B) = (0{,}1 \times 300) + (0{,}20 \times 500) + \dots (0{,}10 \times 1100) = \$\ 700\ \checkmark$$

Observe-se que as duas alternativas de investimento apresentam o mesmo valor esperado de $ 700, podendo ser consideradas, em termos de retorno esperado, indiferentes à implementação de um ou de outro.

Entretanto, apesar de serem equivalentes em termos de retorno esperado, os investimentos não apresentam o mesmo risco (variabilidade), como poderá ser observado por meio do cálculo do desvio padrão para cada distribuição de probabilidades:

$$\sigma_R = \sqrt{E(R^2) - \left[E(R)\right]^2}$$

em que, $E(R) = \sum_{i=1}^{5} R_i P(R_i)$ e $E(R^2) = \sum_{i=1}^{5} R_i^2 P(R_i)$

Assim,

$$E(R_A^2) = 600^2 \times 0{,}10 + 650^2 \times 0{,}15 + \dots + 800^2 \times 0{,}10 = 492.750$$

$$E(R_B^2) = 300^2 \times 0{,}10 + 500^2 \times 0{,}20 + \dots + 1.100^2 \times 0{,}10 = 538.000$$

Portanto,

$$\sigma_A = \sqrt{492.750 - 700^2} \cong \$\ 52{,}44$$

$$\sigma_B = \sqrt{538.000 - 700^2} \cong \$\ 219{,}08$$

Conclui-se então que o investimento A, ao assumir um nível de mais baixo risco (menor desvio padrão), será considerado como o mais atraente.

Nota: Racionalmente, o investidor dá preferência a investimento que ofereça maior retorno esperado e menor risco associado.

4.11 A Companhia Security Ltda. transporta seus produtos utilizando dois tipos de contêineres: um do tipo A, com dimensões de $8 \times 10 \times 30$ m, e outro do tipo B, medindo $10 \times 12 \times 35$ m. Se 40 % de seu transporte for efetuado em contêiner do tipo A, e o restante em contêineres do tipo B, qual será o volume médio transportado em cada contêiner, supondo que eles estejam sempre cheios?

Variáveis Aleatórias Discretas **161**

Solução:

A esperança matemática para o volume V transportado será dada pela soma das esperanças dos volumes dos contêineres dos tipos A e B:

$$E(V) = (0,4 \times 8 \times 10 \times 30) + (0,6 \times 10 \times 12 \times 35) = 3480 \text{ m}^3 \checkmark$$

4.12 Uma caixa contém 3 bolas brancas e uma bola vermelha. Alexandra vai retirar as bolas uma por uma, até conseguir a bola vermelha. Sendo Y o número de tentativas que serão necessárias para encontrar a bola vermelha, determine a distribuição de probabilidade da variável aleatória Y. Encontre a esperança e a variância de Y.

Solução:

Sejam os eventos:

B_i = retirar a i-ésima bola banca $i = 1, 2, 3$;
V = retirar a bola vermelha.

Considere as probabilidades associadas à variável aleatória Y:

$$P(Y = 1) = P(V) = \frac{1}{4}$$

$$P(Y = 2) = P(B_1 \cap V) = \frac{3}{4} \times \frac{1}{3} = \frac{1}{4}$$

$$P(Y = 3) = P(B_1 \cap B_2 \cap V) = \frac{3}{4} \times \frac{2}{3} \times \frac{1}{2} = \frac{1}{4}$$

$$P(Y = 4) = P(B_1 \cap B_2 \cap B_3 \cap V) = \frac{3}{4} \times \frac{2}{3} \times \frac{1}{2} \times 1 = \frac{1}{4}$$

Portanto, $P(Y = j) = 0,25$ para $j = 1, 2, 3, 4$.

Distribuição de Probabilidade:

Y	1	2	3	4
$P(Y)$	0,25	0,25	0,25	0,25

Cálculo da esperança de Y:

$$E(Y) = \sum_{i=1}^{4} Y_i P(Y_i)$$

$$E(Y) = 0,25 \times (1 + 2 + 3 + 4) = 2,5 \checkmark$$

Cálculo da Variância de Y:

$$\text{Var}(Y) = E(Y^2) - \left[E(Y) \right]^2$$

$$\text{Mas, } E(Y^2) = \sum_{i=1}^{4} Y_i^2 P(Y_i)$$

$$E(Y^2) = 0,25 \times (1^2 + 2^2 + 3^2 + 4^2 + 5^2) = 13,75$$

$$\text{Segue-se, } \text{Var}(Y) = 13,75 - 2,5^2 = 7,5 \checkmark$$

4.13 Sabe-se que a demanda semanal D de certa mercadoria possui a seguinte distribuição de probabilidade:

D	0	1	2	3	4	5	> 5
$P(D)$ em (%)	5	10	25	30	20	10	0

A mercadoria é comprada a \$ 2,50 a unidade e vendida a \$ 3,70 durante a semana em questão. Na semana seguinte, a mercadoria é considerada resíduo e vendida a \$ 0,50. Sabe-se também que a embalagem desse produto custa \$ 0,20 por unidade vendida na semana.

Pergunta-se: qual a quantidade ideal Q a ser estocada?

Solução:

Evidentemente, a quantidade a ser estocada Q deverá ser aquela que proporcionar lucro esperado máximo. Assim, para calcular a função de lucro L, consideremos os casos a seguir:

1º caso: $D < Q$

Receita da venda de resíduo.................. $0,5 (Q - D)$
Custo de embalagem............................ $-0,2 D$
Custo da mercadoria............................ $-2,5 Q$

$$\text{Segue-se, } L = 3D - 2Q$$

2º caso: $D \geq Q$

Receita da mercadoria .... $3,7 D$
Custo de embalagem............................ $-0,2 D$
Custo da mercadoria............................ $-2,5 Q$

$$\text{Assim, } L = 3,7D - 2,7Q$$

Como $D \geq Q$, temos $D = Q$.

$$\text{Portanto, } L = Q$$

Resumindo:

$$L = \begin{cases} 3D - 2Q, & D < Q \\ Q, & D \geq Q \end{cases}$$

A seguir, com base na função de lucro L precedente, mostramos a matriz de lucro para possíveis valores de Q:

D	P(D)	Q					
		0	1	2	3	4	5
0	0,05	0	−2	−4	−6	−8	−10
1	0,10	0	1	−1	−3	−5	−7
2	0,25	0	1	2	0	−2	−4
3	0,30	0	1	2	3	1	−1
4	0,20	0	1	2	3	4	2
5	0,10	0	1	2	3	4	5
> 5	0,00	0	1	2	3	4	5

Calculando, agora, o lucro esperado para cada alternativa, temos:

$E(L|Q = 0) = 0$

$E(L|Q = 1) = (-2 \times 0,05) + (1 \times 0,95) = 0,85$

$E(L|Q = 2) = (-4 \times 0,05) + (-1 \times 0,10) + (2 \times 0,85) = 1,40$

$E(L|Q = 3) = (-6 \times 0,05) + (-3 \times 0,10) + (0 \times 0,25) + (3 \times 0,60) = 1,20$

$E(L|Q = 4) = (-8 \times 0,05) + (-5 \times 0,10) + (-2 \times 0,25) + (1 \times 0,30) + (4 \times 0,30) = 0,10$

$E(L|Q = 5) = (-10 \times 0,05) + (-7 \times 0,10) + (-4 \times 0,25) + (-1 \times 0,30) + (2 \times 0,20) + (5 \times 0,10) = -1,60$

Portanto, a alternativa preferível é a de estocar duas unidades, visto que conduz ao máximo valor esperado para o lucro:

$$E(L|Q = 2) = \$ 1,40 \checkmark$$

4.14 A empresa Zeppelin pretende disponibilizar um serviço de pronta entrega para a venda de seus produtos. Estima-se que o número de solicitações por dia desse tipo de serviço seja o seguinte:

Nº de solicitações	0	1	2	3	4	5
Probabilidade	0,30	0,20	0,20	0,15	0,10	0,05

Para tanto, ele pretende adotar o seguinte critério de julgamento de atendimento:

- atribuir um prêmio de 100 pontos sempre que o número de atendimentos for igual à capacidade de atendimento;
- atribuir um prêmio de 10 pontos sempre que o número de atendimentos for inferior à capacidade de atendimento;

164 *Capítulo 4*

- atribuir uma penalidade de 50 pontos sempre que em determinado dia haja clientes sem atendimento.

Pergunta-se: qual capacidade diária de atendimento que deverá ser implementada?

Solução:
Sejam as variáveis aleatórias X, G e a constante c:

X: número de solicitações diárias;
c: capacidade diária de atendimento;
G: pontuação obtida pelo critério definido pela empresa.

Em que:

$$G = \begin{cases} 100, & X = c \\ 10, & X < c \\ -50, & X > c \end{cases}$$

Dessa forma, deseja-se procurar o valor de c que maximize G, ou seja, que maximize $E(G)$:

$$E(G) = 100 \times P(X = c) + 10 \times P(X < c) - 50 \times P(X > c)$$

Como $E(G)$ é uma função de X, deve-se escolher c por tentativa:

$E(G|c = 1) = 100 \times 0,2 + 10 \times 0,3 - 50 \times 0,5 = -2$

$E(G|c = 2) = 100 \times 0,2 + 10 \times 0,5 - 50 \times 0,3 = +10$

$E(G|c = 3) = 100 \times 0,15 + 10 \times 0,7 - 50 \times 0,15 = +14,5$

$E(G|c = 4) = 100 \times 0,1 + 10 \times 0,85 - 50 \times 0,05 = +16$

$E(G|c = 5) = 100 \times 0,05 + 10 \times 0,95 - 50 \times 0 = +14,5$

Considere então que a capacidade diária a ser implementada deverá ser igual a 4. ✓

4.15 Admita os seguintes retornos esperados dos ativos A e B para os cenários considerados.

Estado de natureza	Probabilidade de ocorrer em (%)	Retorno em (%)	
		Ativo A	Ativo B
Crescimento	30	28	8
Estabilidade	40	15	12
Recessão	30	-5	7

Determine:

a. O retorno médio esperado de cada ativo.

b. O risco envolvido (desvio padrão) para cada ativo.

Solução:

Sejam R_A e R_B os retornos esperados dos ativos A e B, nessa ordem.

a. $E(R_A) = (28 \times 0,30) + (15 \times 0,40) + (-5 \times 0,30) = 12,9\,\%$ ✓
$E(R_B) = (8 \times 0,30) + (12 \times 0,40) + (7 \times 0,30) = 9,3\,\%$ ✓

b.

$$\sigma_A^2 = E(R_A^2) - E^2(R_A)$$

$$E(R_A^2) = 28^2 \times 0,30 + 15^2 \times 0,40 + 5^2 \times 0,30 = 332,7$$

$$\sigma_A = \sqrt{332,7 - 12,9^2} \cong 12,89\,\% \text{ ✓}$$

$$\sigma_B^2 = E(R_B^2) - E^2(R_B)$$

$$E(R_B^2) = 8^2 \times 0,30 + 12^2 \times 0,40 + 7^2 \times 0,30 = 91,5$$

$$\sigma_B = \sqrt{91,5 - 9,3^2} \cong 2,23\,\% \text{ ✓}$$

4.16 Se X é uma variável aleatória com variância σ^2, mostre que:

a. $\lambda + X$ tem a mesma variância de X;

b. λX tem variância $\lambda^2 \sigma^2$.

Solução:

a. Seja $\mu = E(X)$.

$$\text{Temos } E(\lambda + X) = E(X) + \lambda = \mu + \lambda.$$

$$\text{Var}(\lambda + X) = E[(\lambda + X)^2] - E^2(\lambda + X) = E(\lambda^2 + 2X\lambda + X^2) - (\mu + \lambda)^2$$

$$\text{Var}(\lambda + X) = E(\lambda^2) + E(2X\lambda) + E(X^2) - \mu^2 + 2\mu\lambda + \lambda^2$$

$$\text{Var}(\lambda + X) = \lambda^2 + 2\lambda\,E(X) + E(X^2) - \mu^2 - 2\mu\lambda - \lambda^2$$

$$\text{Var}(\lambda + X) = \lambda^2 + 2\mu\lambda + E(X^2) - \mu^2 - 2\mu\lambda - \lambda^2$$

$$\text{Var}(\lambda + X) = E(X^2) - \mu^2 = \sigma^2 \text{ ✓}$$

b. Considere $\sigma^2 = \text{Var}(X)$.
Assim, $E(\lambda X) = \lambda E(X) = \lambda \mu.$

$$\text{Var}(\lambda X) = E[(\lambda X)^2] - E^2(\lambda X) = E(\lambda^2 X^2) - \lambda^2 \mu^2$$

$$\text{Var}(\lambda X) = E(\lambda^2 X^2) - \lambda^2 \mu^2 = \lambda^2\,E(X^2) - \lambda^2 \mu^2$$

$$\text{Var}(\lambda X) = \lambda^2\,E(X^2) - \lambda^2 \mu^2 = \lambda^2\,[E(X^2) - \mu^2] = \lambda^2 \sigma^2 \text{ ✓}$$

4.17 A covariância entre duas variáveis aleatórias X e Y é definida por:

$$\text{Cov}(X,Y) = E[X - E(X)][Y - E(Y)]$$

Mostre que $\text{Cov}(X,Y) = 0$ quando X e Y forem independentes.

Solução:

$$\text{Cov}(X,Y) = E[XY - YE(X) - XE(Y) + E(X)\,E(Y)]$$

$$\text{Cov}(X,Y) = E(XY) - E(X)\,E(Y) - E(Y)\,E(X) + E(X)\,E(Y)]$$

$$\text{Cov}(X,Y) = E(XY) - E(X)\,E(Y)$$

Como X e Y são independentes teremos $E(XY) = E(X)\,E(Y)$.
Portanto:

$$\text{Cov}(X,Y) = E(XY) - E(X)\,E(Y) = E(X)\,E(Y) - E(X)\,E(Y) = 0 \checkmark$$

4.18 Mostre que, em uma série de lançamentos do tipo cara ou coroa, a esperança matemática do número de caras, antes do aparecimento da primeira coroa, é dada por $\dfrac{q}{p}$, em que q é a probabilidade associada à probabilidade de ocorrer cara e $p = 1 - q$.

Solução:

A probabilidade de uma cara antes da primeira coroa é qp;
A probabilidade de duas caras antes da primeira coroa é q^2p;
A probabilidade de três caras antes da primeira coroa é q^3p;

$$\ldots$$

A probabilidade de k caras antes da primeira coroa é q^kp.
Defina a variável aleatória X: número de caras antes do aparecimento da primeira coroa. Portanto:

$$E(X) = 1 \times pq + 2 \times pq^2 + 3 \times pq^3 + \ldots + k \times pq^k = \frac{pq}{(1 - q)^2} = \frac{q}{p}$$

Em nosso caso particular $E(X) = 1$, uma vez que $p = q = 1/2$ $\checkmark$

4.19 Se $X_1, X_2, X_3, \ldots, X_3$ denotam as variáveis aleatórias para uma amostra de tamanho n e, s^2 é a variância amostral, mostre que:

$$E(s^2) = \frac{n-1}{n}\sigma^2$$

em que σ^2 é a variância da população.

Solução:

Temos:

$$(X_i - \bar{X}) = (X_i - \mu) - (\bar{X} - \mu)$$

Variáveis Aleatórias Discretas **167**

Portanto:

$$(X_i - \bar{X})^2 = (X_i - \mu)^2 - 2(\bar{X} - \mu)(X_i - \mu) + (\bar{X} - \mu)^2 \qquad \textbf{(I)}$$

Aplicando somatório em ambos os membros em (I), temos:

$$\sum_{i=1}^{n}(X_i - \bar{X})^2 = \sum_{i=1}^{n}(X_i - \mu)^2 - 2(\bar{X} - \mu)\sum_{i=1}^{n}(X_i - \mu) + n(\bar{X} - \mu)^2 \qquad \textbf{(II)}$$

Como:

$$\sum_{i=1}^{n}(X_i - \mu) = \sum_{i=1}^{n}X_i - n\mu = n(\bar{X} - \mu) \qquad \textbf{(III)}$$

obtemos em (II) e (III):

$$\sum_{i=1}^{n}(X_i - \bar{X})^2 = \sum_{i=1}^{n}(X_i - \mu)^2 - 2n(\bar{X} - \mu)^2 + n(\bar{X} - \mu)^2$$

Ou ainda:

$$\sum_{i=1}^{n}(X_i - \bar{X})^2 = \sum_{i=1}^{n}(X_i - \mu)^2 - n(\bar{X} - \mu)^2 \qquad \textbf{(IV)}$$

Finalmente, tomando a esperança matemática em ambos os membros no resultado (IV), encontramos:

$$E\left[\sum_{i=1}^{n}(X_i - \bar{X})^2\right] = E\left[\sum_{i=1}^{n}(X_i - \mu)^2\right] - nE(\bar{X} - \mu)^2$$

$$E\left[\sum_{i=1}^{n}(X_i - \bar{X})^2\right] = n\sigma^2 - n\frac{\sigma^2}{n} = (n-1)\sigma^2$$

Donde se conclui que:

$$E(s^2) = \frac{n-1}{n}\sigma^2 \checkmark$$

4.20 Considere uma variável aleatória $\varpi \geq 0$, com média finita e um número real $\lambda \geq 0$. Mostre que:

$$P(\varpi \geq \lambda) \leq \frac{E(\varpi)}{\lambda}$$

Solução:

Defina uma variável Y da maneira seguinte: $Y = 0$ se $\varpi < \lambda$ e $Y = \lambda$ caso $\varpi \geq \lambda$. Em resumo:

$$Y = \begin{cases} 0, \omega < \lambda \\ \lambda, \omega \geq \lambda \end{cases}$$

Fundamentado na definição de Y temos:

$$P(Y = 0) = P(\varpi < \lambda) \text{ e } P(Y = \lambda) = P(\varpi \geq \lambda).$$

A esperança matemática de Y é dada por:

$$E(Y) = 0 \times P(Y = 0) + \lambda \times P(Y = \lambda)$$

Ou ainda,

$$E(Y) = \lambda \times P(\varpi \geq \lambda) \tag{I}$$

Contudo, $Y \leq \varpi$ como pode ser observado pela própria definição de Y. Dessa forma, podemos escrever:

$$E(Y) \leq E(\varpi) \tag{II}$$

Aplicando (I) em (II) obtemos:

$$\lambda \times P(\varpi \geq \lambda) \leq E(\varpi)$$

$$P(\varpi \geq \lambda) \leq \frac{E(\varpi)}{\lambda} ✓$$

Nota: Essa desigualdade é chamada desigualdade de Markov.

4.21 Aplicar a desigualdade de Markov (veja exercício precedente) à variável $Y = [X - E(X)]^2$ para obter:

$$P(|X - \mu| \geq \lambda\sigma) \leq \frac{1}{\lambda^2}$$

Solução:

Considere $\mu = E(X)$ e $\sigma^2 = \text{Var}(X)$
Evidentemente, para $Y = (X - \mu)^2$ teremos $E(Y) = \sigma^2$.
Portanto,

$$P(|X - \mu| \geq \lambda\sigma) = P(Y \geq \lambda^2 E(Y)) \leq \frac{E(Y)}{\lambda^2 E(Y)} = \frac{1}{\lambda^2} ✓$$

Nota: Essa desigualdade é chamada desigualdade de Chebyschev. Em geral, é aplicada em situações em que a distribuição de probabilidades não é conhecida (λ representa um limite superior para os desvios da variável em relação à sua média).

4.22 O número de pessoas atendidas no Hospital Spelunke, em um plantão noturno de sábado para domingo, é uma variável aleatória com média igual a 75. Qual o valor máximo para a probabilidade de haver pelo menos 150 atendimentos em certo dia desse plantão?

Solução:

Usando a desigualdade de *Markov* obtemos:

$$P(X \geq 150) \leq \frac{E(X)}{150} = \frac{75}{150} = 0,5 \checkmark$$

4.23 O diâmetro das peças fabricadas por uma máquina é uma variável aleatória de parâmetros $\mu = 5$ cm e $\sigma^2 = 0,25$ cm². Determine um valor para a probabilidade de o diâmetro das peças ser inferior a 4 cm ou superior a 6 cm.

Solução:

A probabilidade pretendida não pode ser calculada exatamente, pois se desconhece a sua distribuição. Utilizando a desigualdade de Chebyschev, temos:

$$P(|X - \mu| \geq \lambda\sigma) \leq \frac{1}{\lambda^2}$$

Assim,

$$P(X \geq \mu - \lambda\sigma \ \vee \ X \geq \mu + \lambda\sigma) \leq \frac{1}{\lambda^2}$$

$$P(X \geq 5 - 0,5\lambda \ \vee \ X \geq 5 + 0,5\lambda) \leq \frac{1}{\lambda^2}$$

Mas,

$$\begin{cases} 5 - 0,5\lambda = 4 \\ 5 + 0,5\lambda = 6 \end{cases}$$

Portanto, $\lambda = 2$.
Dessa forma,

$$P(X \geq 4 \ \vee \ X \geq 6) \leq \frac{1}{2^2} = 0,25$$

A probabilidade pretendida é de no máximo 25 %. $\checkmark$

4.24 Sejam X e Y duas variáveis aleatórias tais que $E(X) = 2$, $E(Y) = 20$, $\text{Cov}(X,Y) = 5$, $\text{Var}(X) = 4$ e $\text{Var}(Y) = 20$. Considere ainda a variável aleatória $Z = 5X + Y$. Determine $E(Z)$ e $\text{Var}(Z)$.

Solução:

$$E(Z) = E(5X + Y) = 5 \times E(X) + E(Y) = (5 \times 2) + 20 = 30 \checkmark$$

$$\text{Var}(Z) = \text{Var}(5X + Y) = \text{Var}(5X) + \text{Var}(Y) + 2\,\text{Cov}(5X, Y)$$

$$\text{Var}(Z) = 5^2 \text{Var}(X) + \text{Var}(Y) + 2 \times 5 \text{Cov}(X,Y)$$

$$\text{Var}(Z) = (25 \times 2) + 20 + (10 \times 5) = 120 \checkmark$$

4.25 O gerente de uma fábrica de tecidos planeja adquirir uma máquina que pode ser do tipo A ou do tipo B.

O número de reparações diárias Y_1 exigidas para manter a máquina A segue uma variável aleatória com média e variância iguais a $0{,}11t$, em que t representa o número de horas de funcionamento diário. Já o número de reparações diárias Y_2 para a máquina do tipo B segue uma variável aleatória com média e variância iguais a $0{,}13t$.

Os custos diários de funcionamento de A e B (expressos em \$) são dados respectivamente por:

$$C_A(t) = 10t + 15Y_1 + 30Y_1^2$$

$$C_B(t) = 8t + 12Y_2 + 29Y_2^2$$

Assumindo que as reparações requerem tempos desprezíveis e que todas as noites as máquinas sofrem revisões para que possam funcionar no outro dia sem apresentarem defeitos, responda as seguintes questões:

a. Qual das máquinas A ou B minimiza o custo diário esperado em um dia de trabalho de 10 horas.

b. Determine o número de horas de funcionamento t que corresponde a uma indiferença na escolha do tipo de máquina no que diz respeito ao custo diário de funcionamento.

Solução:

a. Calculando o valor esperado do custo diário de funcionamento para cada uma das máquinas, obtemos:

Custo da máquina A:

$$E\left[C_A(t)\right] = E\left[10t + 15Y_1 + 30Y_1^2\right]$$

$$E\left[C_A(t)\right] = E\left[10t\right] + E\left[15Y_1\right] + E\left[30Y_1^2\right]$$

$$E\left[C_A(t)\right] = 10t + 15E\left[Y_1\right] + 30 \times \left(\text{Var}\left[Y_1^2\right] + E\left[Y_i\right]^2\right)$$

$$E\left[C_A(t)\right] = 10t + 15 \times 0{,}11t + 30 \times \left(0{,}11t + (0{,}11t)^2\right)$$

$$E\left[C_A(t)\right] = 14{,}95t + 0{,}363t^2$$

Variáveis Aleatórias Discretas **171**

Custo da máquina B:

$$E\left[C_B(t)\right] = E\left[8t + 12Y_2 + 29Y_2^2\right]$$

$$E\left[C_B(t)\right] = E\left[8t\right] + E\left[12Y_2\right] + E\left[29Y_2^2\right]$$

$$E\left[C_B(t)\right] = 8t + 12E\left[Y_2\right] + 29 \times \left(\mathrm{Var}\left[Y_2^2\right] + E\left[Y_2\right]^2\right)$$

$$E\left[C_B(t)\right] = 8t + 12 \times 0,13t + 29 \times \left(0,13t + (0,13t)^2\right)$$

$$E\left[C_B(t)\right] = 14,95t + 0,363t^2$$

Como $t = 10$, temos:

$$E\left[C_A(t)\right] = 14,95 \times 10 + 0,363 \times 10^2 = \$ 185,80 \checkmark$$

$$E\left[C_B(t)\right] = 14,95 \times 10 + 0,363 \times 10^2 = \$ 182,31 \checkmark$$

b. Para determinar o valor t de indiferença basta igualar os dois valores esperados dos custos de funcionamento das máquinas:

$$E\left[C_A(t)\right] = E\left[C_B(t)\right]$$

$$14,95t + 0,363t^2 = 13,33t + 0,4091t^2$$

$$t \times (1,62 - 0,1271t) = 0$$

Assim, $t = 0$ (obviamente) $\vee$ $t = 12,745869$ horas, correspondendo a aproximadamente 12 horas e 45 minutos. $\checkmark$

4.26 Considere a distribuição conjunta das variáveis X e Y:

X_i	Y_j		
	1	**2**	**3**
0	0,08	0,24	0,08
1	0,12	0,36	0,12

Determine:

a. $P(Y=3)$.
b. $P(Y=2|X=0)$.
c. $E(X)$, $E(Y)$, $E(X^2)$, $E(Y^2)$.
d. $\mathrm{Var}(X)$ e $\mathrm{Var}(Y)$.
e. $\mathrm{Cov}(X,Y)$ e $\rho(X,Y)$.

Solução:

Seja o quadro auxiliar:

X_i	Y_j			Total
	1	**2**	**3**	
0	0,08	0,24	0,08	0,40
1	0,12	0,36	0,12	0,60
Total	0,20	0,60	0,20	1,00

a. $P(Y=3) = 0,20$ ✔

b. $P(Y = 2 \mid X = 0) = \dfrac{P(Y = 2 \cap X = 0)}{P(X = 0)} = \dfrac{0,24}{0,40} = 0,60$ ✔

c. $E(X) = \displaystyle\sum_{i=1}^{2} X_i P(X_i) = 0 \times 0,40 + 1 \times 0,60 = 0,60$ ✔

$E(Y) = \displaystyle\sum_{j=1}^{3} Y_i P(Y_i) = 1 \times 0,20 + 2 \times 0,60 + 3 \times 0,2 = 2$ ✔

$E(X^2) = \displaystyle\sum_{i=1}^{2} X_i^2 P(X_i) = 0^2 \times 0,40 + 1^2 \times 0,60 = 0,60$ ✔

$E(Y^2) = \displaystyle\sum_{j=1}^{3} Y_i^2 P(Y_i) = 1^2 \times 0,20 + 2^2 \times 0,60 + 3^2 \times 0,20 = 4,4$ ✔

d.

$$\text{Var}(X) = E(X^2) - \left[E(X)\right]^2 = 0,6 - 0,6^2 = 0,24 ✔$$

$$\text{Var}(Y) = E(Y^2) - \left[E(Y)\right]^2 = 4,4 - 2^2 = 0,4 ✔$$

e. Destaque o quadro seguinte:

X_i	Y_j	$P(X_i, Y_j)$	$X_i, Y_j P(X_i, Y_j)$
0	1	0,08	0,00
0	2	0,24	0,00
0	3	0,08	0,00
1	1	0,12	0,12
1	2	0,36	0,72
1	3	0,12	0,36
Total			1,20

$$E(XY) = \sum_{i=1}^{2}\sum_{j=1}^{3} X_i Y_j P(X_i, Y_j) = 1{,}2$$

$$\text{Cov}(X,Y) = E[XY] - \mu_x \mu_y = 1{,}2 - 0{,}6 \times 0{,}2 = 0 \checkmark$$

$$\rho(X, Y) = \frac{E[XY] - \mu_x \mu_y}{\sigma_x \sigma_y} = \frac{0}{\sqrt{0{,}24 \times 0{,}4}} = 0 \checkmark$$

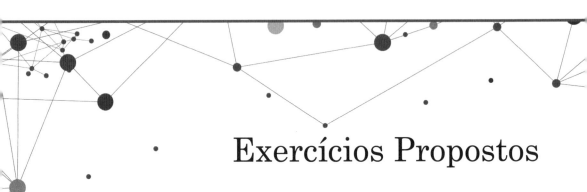

Exercícios Propostos

4.1 Tico e Teco vão jogar cara ou coroa com uma moeda honesta. Eles combinam lançar a moeda cinco vezes, e vence a disputa aquele que ganhar em três ou mais lançamentos. Cada um aposta $ 56. Feitos os dois primeiros lançamentos, em ambos os quais Teco vence, eles resolvem encerrar o jogo. Do ponto de vista probabilístico, de que forma devem ser repartidos os $ 112?

4.2 Seja uma variável aleatória que assume valores em 1, 0 e -1, com $P(X = 0) = 1/2$. Mostre que $-1/2 \leq E(X) \leq 1/2$.

4.3 Seja $\sigma_x > 0$ o desvio padrão de uma variável aleatória X. Dada uma constante real $\lambda \neq 0$, mostrar que $\sigma_{\lambda x}$ e σ_x satisfazem a relação da forma $\sigma_{\lambda x} = \beta \sigma_x$, em que β é uma constante real. Qual o valor de β?

4.4 O Prof. Dee Dee deseja ouvir uma melodia gravada em uma das oito faixas de um disco. Como não sabe em qual das faixas está a melodia gravada, ele experimenta a 1ª faixa, depois a 2ª e assim sucessivamente, até encontrar a melodia procurada. Qual o número médio e o desvio padrão do número de faixas que deverá tocar até encontrar a melodia procurada?

4.5 Um vendedor adquire uma revista por $ 0,50 e a vende ao preço de $ 1,00. Todas as revistas não vendidas no final do mês são vendidas como papel velho, proporcionando ao vendedor a quantia de $ 0,10 por revista. Determine o pedido mais econômico, calculando o lucro médio esperado para cada alternativa, baseado na distribuição de probabilidades para cada demanda mensal dessa revista.

Quantidade mensal solicitada	Probabilidade de venda
100	0,70
120	0,45
140	0,48
160	0,62
180	0,50

4.6 Se chover, um vendedor de guarda-chuva pode ganhar $ 30,00 por dia, do contrário pode perder $ 6,00. Determinar a esperança de ganho mensal (30 dias), sabendo-se que a probabilidade de chuva é da ordem de 30 %.

4.7 Uma variável aleatória X assume valores 0, 1, 2, 3, ..., n, com probabilidade constante dada por:

$$P(k) = \frac{1}{n+1}$$

Pede-se determinar o valor de n, a fim de que seu valor esperado seja igual à sua variância.

4.8 Uma urna contém bolas brancas e pretas, em proporções respectivas p e $q = 1 - p$, em que $0 < p < 1$. Dela, efetuamos extrações sucessivas, com reposição. Seja Y a variável aleatória igual ao número de extrações necessárias, até a obtenção da primeira bola branca, pede-se calcular:

a. $P(Y = n)$, $n = 1, 2, 3, ...$;
b. $E(Y)$;
c. $\text{Var}(Y)$.

4.9 Seja L uma variável aleatória discreta cujo conjunto de valores compreende apenas dois pontos: 0 e 1.
Mostre que:

$$\text{Var}(L) \leq 0{,}25$$

4.10 Calcular a média e o desvio padrão da soma dos pontos obtidos no jogo de dois dados honestos.

4.11 O fundo de investimento Alpha Ltda. recebe diariamente pedidos de compra de cotas de participação, os quais distribuem-se segundo uma média por pessoa de 2200 cotas.

Por outro lado, os resgates efetuados diariamente distribuem-se segundo uma média por pessoa de 1500 cotas. Ao encerrar um dia de trabalho, verificou-se que o número de cotas já adquirido era de 4.500.000 cotas. Sabendo-se que no dia seguinte 25 pessoas irão adquirir cotas e outras 15 irão efetuar resgates, e supondo-se que as compras e os resgates sejam independentes entre si, calcular a média do número de cotas já adquirido pelo fundo ao final desse outro dia.

4.12 Determine a média e a moda de uma variável aleatória discreta Y, cuja distribuição de probabilidades é dada por:

$$P(y) = 2^{-y} \quad y = 1, 2, 3, \ldots$$

4.13 Seja uma variável aleatória discreta X com:

$$E\left[(X-1)\right]^2 = 10 \text{ e } E\left[(X-2)\right]^2 = 6$$

Determine $E(X)$ e Var(X).

4.14 A Empresa Alpha Ltda. deseja decidir entre dois projetos de investimentos para modernização de sua linha de produção. Os valores mensais para o lucro e os prejuízos dos projetos estão dispostos na tabela a seguir:

Projeto	Valores em $		Probabilidade de sucesso
	Lucro	**Prejuízo**	
A	30.000	6000	p
B	25.000	5000	p

Supondo que os dois projetos foram julgados equivalentes, pede-se determinar, com base no valor esperado, a probabilidade de sucesso p.

4.15 Um vendedor de sorvete ganha $ 20/dia, em média, quando é dia de sol. Caso chova, ele ganha $ 2/dia. Sabe-se também que, indiferentemente do fato de ter sol ou chuva, ele sempre ganha $ 12/dia como pintor.

   a. Se às 19h a meteorologia informa que temos 60 % de probabilidade de chuva para o dia seguinte, deverá o vendedor decidir por vender sorvete ou optar por pintura?

   b. Qual deverá ser a probabilidade de chover para que ele decida não vender sorvete?

4.16 Um investimento pode resultar em uma das possibilidades possíveis: lucro de $ 4000, lucro de $ 8000 ou prejuízo de $ 10.000 com probabilidades iguais a 45 %, 55 % e 26 %, respectivamente. Determine o valor esperado para um investimento potencial.

4.17 A organização financeira Betha Ltda. verificou que o lucro unitário L, obtido em uma operação financeira, é dado pela seguinte expressão:

$$L = 1,9\ V - 0,9\ C - 4,5$$

Sabendo-se que o preço de venda unitário V tem uma distribuição média de \$ 50,00 e desvio padrão de \$ 2,00, e que o preço de custo unitário C tem uma distribuição média de \$ 45,00 e desvio padrão de \$ 1,50, qual é a média e o desvio padrão do lucro unitário?

4.18 Um produto tem custo médio de \$ 10,00 e desvio padrão de \$ 0,80. Calcular o preço de venda médio, bem como seu desvio padrão, de forma que o lucro médio seja de \$ 4,00 e seu desvio padrão de \$ 1,00.

4.19 Existindo $E\ [X(X - 1)]$, mostrar que existem $\mu = E(X)$ e $\sigma^2 = \text{Var}(X)$ satisfazendo à relação:

$$\sigma^2 = E\ [X(X - 1)] + \mu - \mu^2$$

4.20 As variáveis aleatórias X e Y têm variâncias respectivamente iguais a 3 e 1. Determine a variância de $X - 2Y$ sabendo-se que a covariância de X e Y é igual a 1.

4.21 X é uma variável aleatória para a qual existem $\mu = E(X)$ e $\sigma^2 = \text{Var}(X)$.

a. Verificar que $E\ (X - \theta)^2 = \sigma^2 + (\mu - \theta)^2 \ \forall \ \theta \in R$.
b. Mostrar que $E\ (X - \theta)^2$ assume um mínimo para $\mu = \theta$.

4.22 Seja X: número de caras e Y: número de coroas quando são lançadas duas moedas. Calcular a média e a variância de $Z = 2X + Y$.

4.23 Se X é uma variável aleatória com $\mu = E(X)$ e $\sigma^2 = \text{Var}(X)$. Pede-se mostrar que a variável $Y = X - (X - \mu)/\sigma$ possui $E(Y) = \mu$ e $\text{Var}(Y) = (\sigma - 1)^2$.

4.24 Uma variável aleatória X possui média $\mu = 13$ e variância $\sigma^2 = 0$. Quais os possíveis valores assumidos por essa variável em uma amostra aleatória com três elementos?

4.25 A duração, em horas, de certo componente fabricado pela Indústria Alpha Ltda. possui distribuição de probabilidades desconhecida. Entretanto, sabe-se que a vida útil possui média em torno de 2000 horas com desvio padrão de 250 horas. Determinado técnico da empresa afirma que a probabilidade de um componente durar entre 1500 e 2500 horas é de 50 %. Comente (justificando) a afirmação desse técnico.

Variáveis Aleatórias Discretas **177**

4.26 Giselle pode escolher entre dois investimentos A e B descritos a seguir.

- A: ações de uma indústria que tem dado 30 % de lucros nos últimos 10 anos.
- B: ações de uma nova companhia de petróleo que está realizando prospecção em uma região onde, em média, uma concessão em três tem obtido quantidades comerciais de óleo. Em se obtendo óleo, o retorno sobre o investimento é de 70 %, caso contrário, 10 %.

Qual a alternativa que deverá ser escolhida por Giselle?

4.27 Sendo X e Y duas variáveis aleatórias quaisquer, mostre que:

$$\text{Cov}(X - Y, X + Y) = \text{Var}(X) + \text{Var}(Y).$$

4.28 O número de refrigeradores (X) vendidos diariamente em certo estabelecimento comercial é uma variável aleatória com a seguinte distribuição de probabilidade:

X	0	1	2	3	4
$P(X)$	a	b	c	b	a

Se em 10 % dos dias as vendas são inferiores a uma unidade e em 70 % dos dias as vendas são superiores a uma unidade, pede-se determinar:

a. os valores das constantes a, b e c e a função distribuição da variável aleatória X;

b. a probabilidade de que, quando considerados dois dias, as vendas sejam superiores, em cada um deles, a duas unidades;

c. se cada refrigerador é vendido a $ 15, determine a função de probabilidade de receita bruta (Y) obtida com a venda de refrigeradores em determinado dia;

d. se em um dia a receita bruta for inferior a $ 50, determine a probabilidade de que seja superior a $ 20.

4.29 Um empreiteiro possui um projeto de construção de um edifício residencial para o qual estima custos fixos girando em torno de $ 25.000 e mão de obra em torno de $ 900/dia. Desse modo, se o projeto demorar X dias a ser concluído, o custo total de mão de obra será $ 900X e o custo total do projeto de:

$$C = 25.000 + 900X$$

O empreiteiro sabe que o projeto demorará entre 10 e 14 dias, e que:

$$P(X{=}10 \cup X{=}11) = 0,4 \qquad P(X{=}12) = 2\,P(X{=}14)$$

$$P(X{=}10) = 2\,P(X{=}14) \qquad P(X{=}11) = P(X{=}13)$$

a. Determine o custo total esperado do projeto.

b. Qual a probabilidade de o projeto ter duração de no máximo 12 dias?

4.30 No último trimestre foram editados no mercado dois livros: X e Y. O número de exemplares vendidos em cada um dos meses do trimestre de cada uma das obras nas grandes livrarias do país tem a seguinte distribuição de probabilidade conjunta:

		X			
		1000	**1500**	**2000**	$f(y)$
	500	p	$2p$	$3p$	$6p$
Y	**1000**	$2p$	$4p$	$2p$	$8p$
	1500	$3p$	$2p$	p	$6p$
	f(x)	$6p$	$8p$	$6p$	$20p$

a. Determine o valor de p.
b. Determine o número médio mensal de livros X vendidos.
c. Calcule Var(X).
d. Qual a proporção de livrarias em que se vendeu o mesmo número de exemplares das duas obras?
e. Qual a probabilidade de uma livraria, escolhida ao acaso, ter vendido mais exemplares dos livros Y do que X?
f. Se $W = 0{,}6\,X + 0{,}8\,Y$ é o número total de livros vendidos das obras X e Y nas livrarias nesse trimestre, calcule a média dessa variável.

4.31 Uma pessoa paga \$ k cada vez que joga um dado e recebe tantos \$ quantos pontos obteve. Qual o valor de k cuja esperança matemática do lucro é nula? Qual o desvio padrão da distribuição do lucro?

Sugestões para Leitura

FONSECA, J. S. et al. *Curso de estatística*. São Paulo: Atlas, 1975.

HOEL, P. G. et al. *Introdução à teoria da probabilidade*. Rio de Janeiro: Interciência, 1978.

MEYER, P. L. *Probabilidade:* aplicações à estatística. Rio de Janeiro: Ao Livro Técnico, São Paulo, 1969.

MONTELLO, Jessé. *Estatística para economista*. Rio de Janeiro: APEC, 1970.

SPIEGEL, Murray. *Estatística*. São Paulo, McGraw-Hill Book do Brasil, 1970. (Coleção Schaum.)

_____. *Probabilidade e estatística*. Rio de Janeiro: McGraw-Hill, 1981.

STEVENSON, W. J. *Estatística aplicada à administração*. São Paulo: Harper & Row do Brasil, 1981.

Distribuições Teóricas de Probabilidades

"No fundo, a teoria das probabilidades
é apenas o senso comum expresso
em números."

Laplace

Resumo Teórico

5.1 Distribuição de Probabilidade

Trata-se de uma expressão matemática aplicável a múltiplas situações desde que determinadas premissas sejam respeitadas. Possibilita o cálculo de uma probabilidade por meio da simples aplicação de uma fórmula ou, às vezes, da leitura de uma tabela.

5.2 Distribuição Binomial

É a distribuição que envolve um número finito de tentativas; os resultados das diversas tentativas são independentes, de modo que a probabilidade de que certo resultado seja o mesmo em cada tentativa; cada tentativa admite somente dois resultados, mutuamente exclusivos, tecnicamente chamados sucesso e fracasso.

A distribuição binomial é caracterizada por dois parâmetros, p e n. A constante p é o parâmetro contínuo e n é o parâmetro discreto. Quando $p = q$, a distribuição é chamada simétrica; do contrário, assimétrica.

$$P(X) = \binom{n}{x} p^x q^{n-x}, \ X = 0, 1, 2, \ldots, n,$$

em que:

n = número de tentativas;
X = número de sucessos entre n tentativas;
$q = 1 - p$.

Valor esperado:

$$\mu = np$$

Variância:

$$\sigma^2 = npq$$

5.3 Distribuição Hipergeométrica

Seja N uma população finita constituída de apenas dois atributos D e B (por exemplo, defeituosa e não defeituosa), com $D \leq N$. Nessas condições, as proporções de elementos do tipo D e B são

$$p = \frac{D}{N} \quad \text{e} \quad q = \frac{N - D}{N}$$

nessa ordem.

Admita que dessa população sejam retiradas sucessivamente e sem reposição, n elementos. Se X representar o número de elementos do tipo D que figuram entre os n elementos retirados da população, então X segue uma distribuição hipergeomética cuja função de probabilidade é dada por:

$$P(X) = \frac{\binom{D}{X}\binom{N-D}{n-X}}{\binom{N}{n}}, \; X = 0, 1, 2, ..., D. \qquad \textbf{(I)}$$

em que:

$\binom{N}{n}$ é o número de diferentes combinações que é possível efetuar com N elementos partindo de uma amostra de tamanho n.

$\binom{D}{X}\binom{N-D}{n-X}$ é o número dos elementos que contém exatamente X elementos do tipo D.

A função de probabilidade (I) pode também ser escrita da forma:

$$P(X) = \frac{\binom{Np}{X}\binom{Nq}{n-X}}{\binom{N}{n}} \qquad \textbf{(II)}$$

em que p e q foram definidos anteriormente como proporções de elementos do tipo D e B.

Constata-se facilmente que a diferença entre a distribuição binomial e a hipergeométrica é que nessa última a probabilidade de ocorrência de cada um dos resultados possíveis não se mantém constante de experiência para experiência, e os resultados passam a não ser independentes.

Valor esperado:

$$\mu = np$$

Variância:

$$\sigma^2 = npq \times \frac{N - n}{N - 1}$$

5.4 Distribuição de Poisson

Trata-se do caso limite da distribuição binomial, quando o número de provas n tende para o infinito e a probabilidade p do evento em cada prova é vizinha de zero. Em essência, a distribuição de Poisson é a distribuição binomial adequada para eventos *independentes e raros*, ocorrendo em um período praticamente infinito de intervalos. Cumpre destacar que a unidade de medida é contínua (em geral, tempo ou espaço), mas a variável aleatória (número de ocorrências) é discreta.

$$P(X) = \lim_{n \to \infty} \binom{n}{x} p^x q^{n-x} = \frac{\lambda^x e^{-\lambda}}{x!}, \quad X = 0, 1, 2, \ldots, n,$$

em que:

X = número de ocorrências ou sucessos;
e = base neperiana;
λ = valor esperado;

Valor esperado:

$$\lambda = np$$

Variância:

$$\sigma^2 = \lambda$$

5.5 Distribuição Normal

A curva normal é a distribuição contínua mais importante, tanto do ponto de vista teórico quanto nas aplicações práticas da estatística.

Foi estudada pela primeira vez por DeMoivre (1667-1754), no âmbito dos seus estudos sobre jogos de azar, mas foi Laplace (1749-1827) quem primeiro a especificou de forma precisa.

Gauss (1777-1855) ficou com o nome associado a essa distribuição por ter contribuído com sua forma mais usual ao analisar a teoria dos erros de observação astronômica.

Quetelet (1796-1874) foi o primeiro a utilizá-la no domínio do social, mas foi Galton (1822-1911) quem lhe deu um papel central na psicologia.

Vale salientar que em uma distribuição normal:

- a probabilidade de um valor singular é zero;
- só há sentido em determinar probabilidade de intervalos.

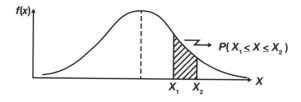

A probabilidade de a variável assumir valores no intervalo $[x_1, x_2]$ corresponde à área sob a curva limitada por x_1 e x_2.

Os valores dessas áreas podem ser obtidos por integração, mas na prática são facilmente calculados por meio de uma tabela que fornece diretamente a área entre a média e determinado valor da variável. Em essência, trabalha-se com uma curva normal padronizada, na qual a variável X é substituída pelo escore reduzido Z:

$$Z = \frac{X - \mu}{\sigma}$$

em que μ é a média e σ o desvio padrão. Pode ser verificado que a variável reduzida Z possui média 0 e desvio padrão 1.

A função de densidade para essa distribuição é dada por:

$$f(X) = \frac{1}{\sigma\sqrt{2\pi}} e^{-0,5\left(\frac{x-\mu}{\sigma}\right)^2}$$

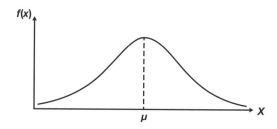

contendo as características que se seguem:

- $f(X)$ é simétrica em relação à origem $X = \mu$;
- $f(X)$ possui máximo para $X = \mu$;
- $f(X)$ tende para zero quando X tende para $+\infty$ ou $-\infty$;
- $f(X)$ possui dois pontos de inflexão cujas abscissas valem $\mu + \sigma$ e $\mu - \sigma$.

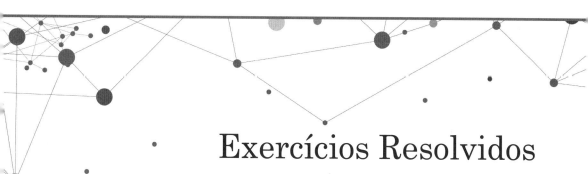

Exercícios Resolvidos

5.1 O submarino *Corsário I* dispara quatro torpedos em cadência rápida contra o navio *Pégaso*. Cada torpedo tem probabilidade igual a 90 % de atingir o alvo. Qual a probabilidade de o navio receber pelo menos um torpedo?

Solução:

Considere a variável aleatória $X =$ número de torpedos que atingem o alvo, com parâmetros $n = 4$, $p = 0,90$ e $q = 0,10$.

Sabemos que $P(X = 0) + P(X \geq 1) = 1$, ou seja,

$$P(X \geq 1) = 1 - P(X = 0)$$

Como $P(X = 0) = \binom{4}{0}(0,9)^0(0,1)^4 = 0,0001$,

concluímos que $P(X \geq 1) = 1 - 0,0001 = 0,9999$ ✔

5.2 Se a probabilidade de ocorrência de uma peça defeituosa é de 30 %, determinar a média e o desvio padrão da distribuição de peças defeituosas de um total de 800.

Solução:

Temos $n = 800$, $p = 0,30$ e $q = 0,70$

Assim, podemos escrever:

Média:

$\mu = np = 800 \times 0,30 = 240$ peças defeituosas. ✔

Desvio padrão:

$$\sigma = \sqrt{npq} = \sqrt{800 \times 0,30 \times 0,70} \cong 12,96 \text{ peças defeituosas. } ✔$$

5.3 Sabe-se que X possui distribuição binomial com média 3 e variância 2,1. Pede-se determinar $P(X = 9)$.

Solução:

Valor esperado:

$$\mu = np = 3 \qquad \text{(I)}$$

Variância:

$$\sigma^2 = npq = 2,1 \qquad \text{(II)}$$

Substituindo (I) em (II) encontramos:

$$3q = 2,1 \therefore q = 0,7$$

Portanto, $p = 1 - q = 0,3$ e $n = \dfrac{3}{0,3} = 10$.

Assim, $P(X = 9) = \binom{10}{9}(0,3)^9(0,7)^1 \cong 0,0001377$ ✔

5.4 Um quarto da população de certo município não assiste regularmente a programas de televisão. Colocando-se 500 pesquisadores, cada um entrevistando quatro pessoas, estimar quantos desses pesquisadores informarão que até duas pessoas são telespectadoras habituais.

Solução:

Destaque a variável aleatória X = número de telespectadoras habituais, com parâmetros $n = 4$, $p = 0,75$ e $q = 0,25$.

Como estamos interessados em $P(X \leq 2)$, façamos os cálculos das probabilidades seguintes:

$$P(X = 0) = \binom{4}{0}(0,75)^0(0,25)^4 \cong 0,0039$$

$$P(X = 1) = \binom{4}{1}(0,75)^1(0,25)^3 \cong 0,0468$$

$$P(X = 2) = \binom{4}{2}(0,75)^2(0,25)^2 \cong 0,2109$$

Segue-se que $P(X \leq 2) = 0,0039 + 0,0468 + 0,2109 \cong 0,2616$
Logo, o valor esperado será igual a:

$$0,2616 \times 500 \cong 131 \text{ pesquisadores} \checkmark$$

5.5 Os registros de uma pequena empresa indicam que 30 % das faturas expedidas são pagas após o vencimento. De 10 faturas emitidas, qual a probabilidade de exatamente três serem pagas com atraso?

Solução:

Seja X = o número de faturas pagas com atraso com $n = 10$, $p = 0,3$ e $q = 0,7$.

$$P(X = 3) = \binom{10}{3}(0,3)^3(0,7)^7 \cong 0,2668 \checkmark$$

5.6 A probabilidade de um sapato apresentar defeito de fabricação é de 3 %. Para que um par de sapatos seja rejeitado pelo controle de qualidade, basta que apenas um dos pés, direito ou esquerdo, apresente defeito. Em uma partida de 40.000 pares, qual o valor esperado e o desvio padrão do número de pares totalmente defeituosos?

Solução:

Considere X = o número de pares a serem rejeitados. Logo, X é uma variável aleatória com distribuição binomial de parâmetros seguintes:

$$n = 40.000 \text{ e } p = 1 - (0,97)^2 = 0,0591$$

Portanto,

Valor esperado:

$$\mu = np = 40.000 \times 0,0591 = 2364 \text{ pares defeituosos. ✓}$$

Desvio padrão:

$$\sigma = \sqrt{npq} = \sqrt{40.000 \times 0,0591 \times 0,9409} \cong 47 \text{ pares defeituosos. ✓}$$

5.7 Na venda de um produto temos duas opções:

- cobrar $ 1000 por peça sem inspeção;
- classificar o lote em produto de 1ª e 2ª qualidades, mediante a seguinte inspeção: retiramos cinco peças do lote e se não encontramos mais que uma defeituosa o lote será classificado de 1ª qualidade, sendo de 2ª qualidade o lote que não satisfizer tal condição. Sabe-se que o preço de venda é de $ 1200 por peça do lote de 1ª e $ 800 por lote de 2ª.

Se cerca de 10 % das peças produzidas são defeituosas e são vendidos 50 lotes contendo 10 peças cada, analisar qual das duas opções é mais vantajosa para o vendedor.

Solução:

Temos $n = 5, p = 0,10, q = 0,90$.

$$P(X \leq 1) = \binom{5}{0}(0,1)^0(0,9)^5 + \binom{5}{1}(0,1)^1(0,9)^4 = 0,9185$$

Portanto, a probabilidade de o lote ser classificado como de 1ª e de 2ª qualidade é, respectivamente, de 91,85 % e 8,15 %.

Como existem 50 lotes de 10 peças cada, na primeira opção o faturamento será de $ 1000 × 50 × 10 = $ 500.000.

Com a opção de inspeção espera-se faturar:

$E(X) = 1200 \times 0,9185 + 800 \times 0,0815 = \$ 1167,40$, ou seja, o preço médio por peça é de $ 1167,40 e o faturamento esperado é de $ 583.700.

Logo, conclui-se que a segunda opção é a mais vantajosa. ✓

5.8 Ontem, 80 % das ações mais negociadas na Bolsa de Valores Alpha Betha caíram de preço. Suponha que você tenha uma carteira com 20 dessas ações e que as ações que perderam valor possuam distribuição binomial.

Pede-se calcular:

a. quantas ações de sua carteira você espera que tenham caído de preço;

b. o valor do desvio padrão das ações na carteira;

c. a probabilidade de que tenham caído de preço exatamente 15 dessas ações.

Solução:

Considere a variável aleatória X = número de ações da carteira com parâmetros $n = 20, p = 0,80$ e $q = 0,20$.

a. Para estimarmos o número de ações da carteira que devem ter caído de preço, partimos do conhecimento prévio de que 80 % das ações mais negociadas caíram de preço.
Portanto,

$$\mu = np = 20 \times 0{,}80 = 16 \text{ ações.} \checkmark$$

b. Desvio padrão:

$$\sigma = \sqrt{npq} = \sqrt{20 \times 0{,}8 \times 0{,}2} \cong 1{,}78 \text{ ação} \checkmark$$

c. $P(X = 2) = \binom{20}{15}(0{,}8)^{15}(0{,}2)^5 \cong 0{,}1745 \cong 17{,}45\ \%. \checkmark$

5.9 Determine a distribuição de probabilidade de meninos e meninas em famílias com três filhos, admitindo iguais as probabilidades de nascimento de menino e menina. Esboce um gráfico de distribuição.

Solução:

Considere a variável aleatória X = número de nascimentos de meninos com parâmetros $n = 3$, $p = 0{,}50$ e $q = 0{,}50$.

A função de probabilidade de X é dada por:

$$P(X = k) = \binom{3}{k}(0{,}5)^k(0{,}5)^{3-k} \quad k = 0, 1, 2, 3$$

Ou ainda,

$$P(X = k) = \binom{3}{k}(0{,}5)^3 \quad k = 0, 1, 2, 3 \checkmark$$

Portanto, a distribuição de probabilidades será dada por:

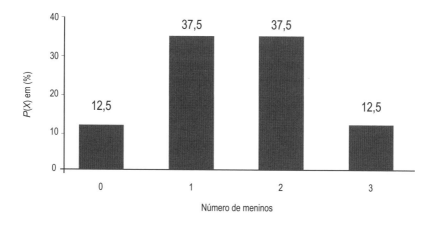

Distribuições Teóricas de Probabilidades

5.10 Se X é uma variável aleatória que possui distribuição binomial de parâmetros n e p, ou seja, $B(n, p)$, provar que a variável definida por $Y = n - X$ tem distribuição $B(n, q)$, em que $q = 1 - p$.

Solução:

$$P(Y = k) = P(X = n - k) = \binom{n}{n-k} p^{n-k} q^{n-(n-k)}$$

$$P(Y = k) = P(X = n - k) = \binom{n}{n-k} p^{n-k} q^{k}, \text{ para } k = 0, 1, 2, \ldots, n$$

Logo, verificamos que Y é $B(n, q)$. ✔

5.11 Fixado um inteiro positivo n, consideremos uma família de variáveis aleatórias x_p, em que x_p possui distribuição binomial de parâmetros n e p, ou seja, $B(n, p)$. Pede-se determinar o conjunto de parâmetros p de sorte que:

$$P(x_p = 0) > P(x_p = 1), \text{ em que } 0 \leq p < 1.$$

Solução:
Se $P(x_p = 0) > P(x_p = 1)$, podemos escrever:

$$(1 - p)^n > np\,(1 - p)^{n-1} \tag{I}$$

O resultado obtido em (I) também pode ser escrito como:

$$(1 - p)^{n-1}\,(1 - p) > np\,(1 - p)^{n-1}$$

que por sua vez é equivalente a:

$$(1 - p) > np, \text{ isto é, } p < 1/(1 + n).$$

Concluímos então que:

$$0 \leq p < 1/(1 + n) \text{ ✔}$$

5.12 Se X possui distribuição binomial, mostre que:

a. $\mu = np$

b. $\sigma^2 = npq$

Solução:

a. Valor esperado:

$$E(X) = \sum_{x=0}^{n} X \binom{n}{x} p^x q^{n-x} = \sum_{x=1}^{n} X \frac{n!}{(n - X)!X!} p^x q^{n-x}$$

$$E(X) = \sum_{x=1}^{n} X \frac{n(n-1)!}{(n-X)!X(X-1)!} \, p \, p^{x-1}q^{n-x}$$

$$E(X) = np \sum_{x=1}^{n} \frac{(n-1)!}{(n-X)!(X-1)!} \, p^{x-1}q^{n-x}$$

$$E(X) = np \sum_{x=1}^{n} \binom{n-1}{x-1} p^{x-1}q^{n-x} = np(p+q)^{n-1} = np \quad \checkmark$$

b. Variância:

$$\text{Var}(X) = E(X^2) - [E(X)]^2 = E(X^2) - n^2 p^2 \qquad \textbf{(I)}$$

Fazendo a transformação $X^2 = X(X-1) + X$, temos:

$$E(X^2) = E\left[X(X-1) + X\right] = E\left[X(X-1)\right] + E(X) = E\left[X(X-1)\right] + np \quad \textbf{(II)}$$

Entretanto, $E[X(X-1)] = \sum_{x=0}^{n} X(X-1) \frac{n!}{(n-X)!X!} \, p^x q^{n-x}$

$$E[X(X-1)] = \sum_{x=2}^{n} X(X-1) \frac{n(n-1)(n-2)!}{(n-X)!X(X-1)(X-2)!} \, p^2 \, p^{x-2}q^{n-x}$$

$$E[X(X-1)] = n(n-1)p^2 \sum_{x=2}^{n} \frac{(n-2)!}{(n-X)!(X-2)!} \, p^{x-2}q^{n-x}$$

$$E[X(X-1)] = n(n-1)p^2 \sum_{x=2}^{n} \binom{n-2}{x-2} p^{x-2}q^{n-x}$$

$$E[X(X-1)] = n(n-1)p^2(p+q)^{n-2} = n(n-1)p^2 \qquad \textbf{(III)}$$

Substituindo (III) em (II), obtemos:

$$E(X^2) = E\left[X(X-1)\right] + np = n(n-1)p^2 + np = n^2p^2 - np^2 + np \qquad \textbf{(IV)}$$

Aplicando (IV) em (I) encontramos a variância procurada:

$$\text{Var}(X) = E(X^2) - [E(X)]^2 = E(X^2) - n^2p^2$$

$$\text{Var}(X) = n^2p^2 - np^2 + np - n^2p^2$$

$$\text{Var}(X) = np - np^2 = np(1-p) = npq \quad \checkmark$$

5.13 A Empresa Dana & Dynho Ltda. produz esferas metálicas que são embaladas em caixas com 50 unidades cada. O departamento de qualidade dessa empresa examina cada caixa antes de sua remessa para o cliente, testando oito esferas. Se nenhuma esfera for defeituosa, a caixa é aceita. Do contrário, todas as esferas da caixa são testadas. Se existem quatro esferas defeituosas em uma caixa, qual a probabilidade de que seja necessário examinar todas as esferas da caixa?

Distribuições Teóricas de Probabilidades **191**

Solução:

Considere:

número total de esferas da caixa $N = 50$;
número de esferas defeituosas da caixa $D = 4$ (portanto 46 esferas não apresentam defeitos);
tamanho da amostra $n = 8$;
X: número de esferas defeituosas da amostra.

Portanto, X segue uma distribuição hipergeométrica cuja função de probabilidade é dada por:

$$P(X) = \frac{\binom{4}{X}\binom{46}{8-X}}{\binom{50}{8}} \quad 0 \le X \le 4$$

Assim,

$$P(X \ge 1) = 1 - P(X = 0) = 1 - \frac{\binom{4}{0}\binom{46}{8}}{\binom{50}{8}} \cong 51,39\,\% \checkmark$$

5.14 Em um lote de 50 peças existem três defeituosas. Se desse lote forem retirados aleatoriamente duas peças sem reposição, pede-se determinar o valor esperado e a variância para o número de peças defeituosas do mesmo.

Solução:

Se X representa o número de peças defeituosas da amostra, então ela segue uma distribuição hipergeométrica de parâmetros:

$$N = 50;\ D = 3\ \text{e}\ n = 2, p = 3/50\ \text{e}\ q = 47/50.$$

Valor esperado:

$$\mu = np = 2 \times \frac{3}{50} \cong 0,12 \checkmark$$

Variância:

$$\sigma^2 = npq \times \frac{N-n}{N-1} = 2 \times \frac{3}{50} \times \frac{47}{50} \times \frac{50-2}{50-1} \cong 0,11 \checkmark$$

5.15 De um lote de 200 peças, retiram-se cinco para serem analisadas pelo controle de qualidade. Admitindo que a porcentagem de peças defeituosas no lote seja de 1 %, determine a probabilidade de que, entre as cinco peças retiradas, pelo menos uma seja defeituosa. Determine, também, o valor esperado e a variância para o número de peças defeituosas desse lote.

Solução:

Sejam $N = 200$, $D = 2$ e $n = 2$ com $p = 0,01$ e $q = 0,99$ e X: número de peças defeituosas da amostra.

Evidentemente, X segue uma distribuição hipergeométrica cuja função de probabilidade é dada por:

$$P(X) = \frac{\binom{2}{X}\binom{198}{2-X}}{\binom{200}{2}} \quad 0 \leq X \leq 2$$

$$P(X \geq 1) = 1 - \frac{\binom{2}{0}\binom{198}{2}}{\binom{200}{2}} \cong 1,99\ \% \ \checkmark$$

Valor esperado:

$$\mu = Np = 2 \times 0,01 \cong 0,02 \ \checkmark$$

Variância:

$$\sigma^2 = npq \times \frac{N-n}{N-1} = 2 \times 0,01 \times 0,99 \times \frac{200-2}{200-1} \cong 0,019 \ \checkmark$$

5.16 Se X possui distribuição hipergeométrica, mostre que:

a. $\mu = np$

b. $\sigma^2 = npq \times \dfrac{N-n}{N-1}$

Solução:

Sabemos que:

$$P(X) = \frac{\binom{Np}{X}\binom{Nq}{n-X}}{\binom{N}{n}}$$

em que $p = \dfrac{D}{N}$ e $q = \dfrac{N-D}{N}$, conforme definido no resumo teórico.

a. Valor esperado

$$\mu = \sum_{x=0}^{n} X \frac{\binom{Np}{X}\binom{Nq}{n-X}}{\binom{N}{n}} = \sum_{x=1}^{n} X \frac{\dfrac{Np}{X}\binom{Np-1}{X-1}\binom{Nq}{n-X}}{\dfrac{N}{n}\binom{N-1}{n-1}}$$

Distribuições Teóricas de Probabilidades **193**

$$\mu = \sum_{x=1}^{n} X \frac{\dfrac{Np}{X}\dbinom{Np-1}{X-1}\dbinom{Nq}{n-X}}{\dfrac{N}{n}\dbinom{N-1}{n-1}} = np\sum_{x=1}^{N}\frac{\dbinom{Np-1}{X-1}\dbinom{Nq}{n-X}}{\dbinom{N-1}{n-1}}$$

Fazendo $v = X - 1$ temos:

$$\mu = np\sum_{v=0}^{n-1}\frac{\dbinom{Np-1}{v}\dbinom{Nq}{n-v-1}}{\dbinom{N-1}{n-1}} = np\frac{\dbinom{Np-1+Nq}{v+n-1-v}}{\dbinom{N-1}{n-1}}$$

$$\mu = np\frac{\dbinom{N-1}{n-1}}{\dbinom{N-1}{n-1}} = Np \checkmark$$

b. Variância:

$$\sigma^2 = E(X^2) - [E(X)]^2 = E(X^2) - N^2p^2 \qquad \textbf{(I)}$$

Fazendo a transformação $X^2 = X(X-1) + X$ temos:

$$E(X^2) = E\,[X(X-1)+X] = E\,[X(X-1)] + E(X) = E\,[X(X-1)] + Np \quad \textbf{(II)}$$

Porém, $E[X(X-1)] = \sum_{x=2}^{n} X(X-1)\dfrac{\dbinom{Np}{X}\dbinom{Nq}{n-X}}{\dbinom{N}{n}}$

$$E[X(X-1)] = n(n-1)p\frac{Np-1}{N-1}\sum_{x=2}^{N}\frac{\dbinom{Np-2}{X-2}\dbinom{Nq}{n-X}}{\dbinom{N-2}{n-2}}$$

Fazendo $v = X - 2$, temos:

$$E[X(X-1)] = n(n-1)p\frac{Np-1}{N-1}\sum_{v=0}^{n-2}\frac{\dbinom{Np-2}{v}\dbinom{Nq}{n-2-v}}{\dbinom{N-2}{n-2}}$$

$$E[X(X-1)] = n(n-1)p\frac{Np-1}{N-1}\frac{\dbinom{Np-2+Nq}{v+n-2-v}}{\dbinom{N-2}{n-2}}$$

194   *Capítulo 5*

$$E[X(X-1)] = n(n-1)p\frac{Np-1}{N-1}\cdot\frac{\dbinom{N-2}{n-2}}{\dbinom{N-2}{n-2}} = n(n-1)p\frac{Np-1}{N-1} \qquad \textbf{(III)}$$

Substituindo (III) em (I) encontramos a variância procurada:

$$\sigma^2 = n(n-1)p\frac{Np-1}{N-1} + np - n^2p^2$$

$$\sigma^2 = np\frac{nNp - n - Np + 1 + N - 1 - nNp + np}{N-1}$$

$$\sigma^2 = np\frac{-n - Np + n + np}{N-1} = np\frac{(N-n)(1-p)}{N-1}$$

$$\sigma^2 = npq \times \frac{N-n}{N-1} \checkmark$$

5.17 Na revisão tipográfica de um livro encontrou-se, em média, 1,2 erro por página. Das 600 páginas do livro, estimar o número de páginas que não precisam ser modificadas por não apresentarem defeitos.

Solução:
Denotemos a variável aleatória X = número de defeitos por página, com $\lambda = 1,2$.

$$\text{Ora, } P(X=0) = \frac{1,2^0 e^{-1,2}}{0!} \cong 0,3011$$

Logo, o valor esperado será igual a $600 \times 0,3011 \cong 181$, ou seja, em média é de se esperar que 181 páginas não apresentem defeitos. $\checkmark$

5.18 Calcular a probabilidade de passarem exatamente dois carros por minuto em um posto de pedágio pelo qual passam, em média, quatro carros por minuto.

Solução:
Seja a variável aleatória X = número de carros por minuto com média $\lambda - 4$.
Temos então:

$$P(X=2) = \frac{4^2 e^{-4}}{2!} \cong 0,146 \checkmark$$

5.19 Sabendo-se que a probabilidade de um indivíduo acusar reação negativa à injeção de determinado soro é 0,001, determine a probabilidade de que, em 3000 indivíduos:

a. exatamente dois acusem reação negativa;

b. mais de dois indivíduos acusem reação negativa.

Distribuições Teóricas de Probabilidades **195**

Solução:

Seja a variável X = número de indivíduos que acusam reação negativa. X possui distribuição de Bernoulli, mas, supondo que reações negativas sejam eventos raros, podemos considerá-la como distribuição de Poisson com:

$$\lambda = 3000 \times 0{,}0001 = 3$$

Portanto,

a. $P(X = 2) = \dfrac{3^2 e^{-3}}{2!} \cong 0{,}224$ ✔

b. $P(X > 2) = 1 - [P(X = 0) + P(X = 1) + P(X = 2)]$

em que:

$$P(X = 0) = \frac{3^0 e^{-3}}{0!} = e^{-3}$$

$$P(X = 1) = \frac{3^1 e^{-3}}{1!} = 3e^{-3}$$

$$P(X = 2) = \frac{3^2 e^{-3}}{2!} = 4{,}5e^{-3}$$

Portanto, $P(X > 2) = 1 - 8{,}5e^{-3} \cong 0{,}5768 \cong 57{,}68\,\%$ ✔

5.20 Em uma linha adutora de água de 60 km de extensão, o número de vazamentos no período de um mês segue uma lei de Poisson de parâmetro $\lambda = 4$. Qual a probabilidade de ocorrer, durante o mês, pelo menos um vazamento em certo setor de 3 km de extensão?

Solução:

No caso de um trecho de 3 km de extensão, o número de vazamentos seguirá a lei de Poisson de parâmetro $\lambda^* = \dfrac{3 \times 4}{60} = 0{,}2$. Logo, a probabilidade de pelo menos um vazamento é dado por:

$$\sum_{i=1}^{n} \frac{e^{-0,2}(0{,}2)^n}{n!} = 1 - e^{-0,2} \cong 18{,}13\,\%$$ ✔

5.21 Se X e Y são variáveis independentes possuindo distribuição de Poisson com parâmetros λ e μ, nessa ordem, então $Z = X + Y$ tem distribuição de Poisson com parâmetro $\lambda + \mu$.

Solução:

Sabemos que

$$P(X = x) = \frac{\lambda^x e^{-\lambda}}{x!}$$

$$P(Y = z - x) = \frac{\mu^{z-x} e^{-\mu}}{(z-x)!}$$

Por isso,

$$P(Z = X + Y) = \sum_{x=0}^{z} P(X = x, Y = z - x) = \sum_{x=0}^{z} P(X = x) \times P(Y = z - x)$$

$$P(Z = X + Y) = \sum_{x=0}^{z} \frac{\lambda^x e^{-\lambda}}{x!} \times \frac{\mu^{z-x} e^{-\mu}}{(z-x)!} = \sum_{x=0}^{z} \frac{\lambda^x \mu^{z-x} e^{-(\lambda+\mu)}}{x! \, (z-x)!}$$

$$P(Z = X + Y) = \frac{e^{-(\lambda+\mu)}}{z!} \sum_{x=0}^{z} \frac{\lambda^x \mu^{z-x}}{x! \, (z-x)!} \times z!$$

$$P(Z = X + Y) = \frac{e^{-(\lambda+\mu)}}{z!} \sum_{x=0}^{z} \frac{z!}{x! \, (z-x)!} \lambda^x \mu^{z-x}$$

$$P(Z = X + Y) = \frac{e^{-(\lambda+\mu)}}{z!} \sum_{x=0}^{z} \binom{z}{x} \lambda^x \mu^{z-x}$$

$$P(Z = X + Y) = \frac{e^{-(\lambda+\mu)}}{z!} (\lambda + \mu)^z$$

$$P(Z = X + Y) = \frac{(\lambda + \mu)^z e^{-(\lambda+\mu)}}{z!} \quad \checkmark$$

5.22 Um automóvel viaja sempre equipado com dois pneus novos nas rodas dianteiras e dois pneus recauchutados nas rodas traseiras. Sabe-se que os pneus novos dessa marca costumam furar em média à razão de uma vez a cada 6000 km rodados, ao passo que os pneus recauchutados furam, em média, uma vez a cada 3000 km. Admitindo-se que os pneus que furam são logo consertados e recolocados na mesma posição, deseja-se saber a probabilidade de que, em uma viagem de 2000 km,

a. o pneu traseiro direito fure uma única vez;
b. o pneu dianteiro esquerdo fure uma única vez;
c. haja pelo menos um pneu furado.

Solução:

Considere as variáveis aleatórias independentes X e Y iguais, respectivamente, ao número de pneus, traseiros e dianteiros, furados em um percurso de 2000 km, em que:

$$\lambda_x = \frac{2000}{6000} = 0{,}333 \text{ furo por pneu traseiro;}$$

$$\lambda_y = \frac{2000}{3000} = 0{,}666 \text{ furo por pneu dianteiro.}$$

a. $\quad P(X = 1) = \dfrac{0{,}333^1 \, e^{-0{,}333}}{1!} \cong 0{,}2386 \quad \checkmark$

b. $P(Y = 1) = \dfrac{0,666^1 e^{-0,666}}{1!} \cong 0,3419$ ✓

c. A seguir, mostramos duas possíveis formas de resolver o problema embora a segunda maneira seja a mais adequada, por ser mais simples e de compreensão mais fácil.

1ª forma:

Pelo menos um pneu traseiro furado:

$$P(X \geq 1) = 1 - P(X = 0) = 1 - \frac{0,333^0 e^{-0,333}}{0!} \cong 0,2834$$

Pelo menos um pneu dianteiro furado:

$$P(Y \geq 1) = 1 - P(Y = 0) = 1 - \frac{0,666^0 e^{-0,666}}{0!} \cong 0,4865$$

Portanto, a probabilidade P de pelo menos um pneu traseiro ou dianteiro furado é igual a:

$$P = P(X \geq 1) + P(Y \geq 1) - P(X \geq 1) \times P(Y \geq 1)$$

$$P = 0,2834 + 0,4865 - (0,2834 \times 0,4865) \cong 0,632 \checkmark$$

2ª forma:

Se X e Y são variáveis independentes de Poisson, com parâmetros λ_x, λ_y, então $X + Y$ tem distribuição de Poisson com parâmetro $\lambda_x + \lambda_y$, conforme o exercício anterior.

Fazendo $Z = X + Y$, teremos $\lambda_z = \lambda_x + \lambda_y = 0,3333 + 0,6666 = 0,9999$.

Assim,

$$P(Z \geq 1) = 1 - P(Z = 0) = 1 - \frac{0,9999^0 e^{-0,9999}}{0!} \cong 0,632 \checkmark$$

5.23 Uma máquina automática enche latas de 10 cm³ de determinado produto. Cada lata é considerada defeituosa se aparecerem dois ou mais defeitos. Os defeitos classificados pelo controle de qualidade são dos tipos X e Y. Em média, aparecem 0,05 defeito X por cm³ e 0,15 defeito Y por cm³. Qual a probabilidade de uma lata ser considerada defeituosa?

Solução:

Considere as variáveis aleatórias independentes X e Y relativas aos defeitos tipo X e Y, respectivamente, com:

$$\lambda_x = 0,05 \times 10 = 0,5$$

$$\lambda_y = 0,15 \times 10 = 1,5$$

Seja também a variável $W = X + Y$, com distribuição de Poisson $\lambda_z = \lambda_x + \lambda_y = 0,5 + 1,5 = 2$.

$$P(W \geq 2) = 1 - P(W = 0) - P(W = 1) = 1 - \frac{2^0 e^{-2}}{0!} - \frac{2^1 e^{-2}}{1!} \cong 0,5939 \checkmark$$

5.24 A Indústria Controlada S.A. tem dois eventuais compradores de seu produto que pagam preços em função da qualidade:

- o comprador A paga \$ 150,00 por peça, se em uma amostra de 100 peças não encontrar nenhuma defeituosa;
- o comprador B paga \$ 200,00 por peça, desde que encontre no máximo uma peça defeituosa em 120 peças, pagando pelo restante \$ 30,00.

Qual dos dois compradores deveria ser escolhido pelo empresário se ele sabe que, na produção das peças, 3 % são defeituosas?

Solução:

Como a probabilidade de encontrarmos peças defeituosas é pequena ($p = 0,03$) para amostras relativamente grandes, podemos utilizar a distribuição de Poisson para analisar as propostas dos dois compradores.

Proposta do comprador A:

Considere X o número de peças defeituosas em uma amostra de tamanho 100.

$$\lambda = 0,03 \times 100 = 3 \text{ defeituosas}$$

$$P(X = 0) = \frac{3^0 e^{-3}}{0!} \cong 0,0497$$

Portanto, o preço médio unitário esperado que se obtém com o comprador A será:

$$\overline{P}_A = P(X = 0) \times 150 + P(X > 0) \times 50$$

$$\overline{P}_A = 0,0497 \times 150 + [1 - 0,0497] \times 50$$

$$\therefore \ \overline{P}_A = \$ 54,97 \checkmark$$

Proposta do comprador B:

Seja Y o número de peças defeituosas em uma amostra de tamanho 120. Portanto:

$$\lambda = 0,03 \times 120 = 3,6 \text{ defeituosas}$$

$$P(Y < 2) = P(Y = 0) + P(Y = 1)$$

$$P(Y < 2) = \frac{3,6^0 e^{-3,6}}{0!} + \frac{3,6^1 e^{-3,6}}{1!} \cong 0,1256$$

Distribuições Teóricas de Probabilidades **199**

Por conseguinte, o preço médio unitário esperado para o comprador B será:

$$\overline{P}_B = P(Y < 2) \times 200 + P(Y > 2) \times 30$$

$$\overline{P}_B = 0{,}1256 \times 200 + [1 - 0{,}1256] \times 30$$

$$\therefore \ \overline{P}_B = \$ \ 51{,}35 \ \checkmark$$

Conclui-se desse modo que a melhor proposta é a do Comprador B. ✔

Nota: Faz-se necessário lembrar que tal procedimento será repetido várias vezes e que a qualidade do produto, isto é, a porcentagem de peças defeituosas, mantém-se constante.

5.25 Em testes de qualidade ao longo de terreno acidentado, o pneu Botas de Sete Léguas fura uma vez, em média, a cada 3000 km percorridos. Os testes são efetuados sempre com o mesmo modelo de caminhão, calçado com seis pneus e submetido à carga máxima. Em um teste em que 750 km deverão ser percorridos, qual a probabilidade de nenhum pneu furar, supondo que o desempenho segue a lei de Poisson?

Solução:

Seja Y = número de vezes que determinado pneu fura no teste de 750 km. Logo, $E(Y) = 0{,}25$ (número de vezes, em média, que o pneu fura em um percurso de 750 km). Como Y, por hipótese, segue a lei de Poisson, essa terá parâmetro igual a $\lambda = E(Y) = 0{,}25$.

$$\text{Assim,} \ \ P(Y = 0) = e^{-0{,}25} \cong 0{,}778$$

Supondo a independência entre os desempenhos dos seis pneus, a probabilidade pedida será igual a:

$$(0{,}778)^6 \ \checkmark$$

5.26 Suponha que a variável aleatória X possui distribuição de Poisson com média $\lambda > 0$. Sabendo-se que $P(X = 1) = P(X = 2)$, pede-se calcular $P(X = 0)$.

Solução:

Sabemos que:

$$P(X = 0) = \frac{\lambda^0 e^{-\lambda}}{0!} = e^{-\lambda} \tag{I}$$

$$P(X = 1) = \frac{\lambda^1 e^{-\lambda}}{1!} = \lambda e^{-\lambda}$$

$$P(X = 2) = \frac{\lambda^2 e^{-\lambda}}{2!} = \frac{\lambda^2 e^{-\lambda}}{2}$$

Como $P(X = 1) = P(X = 2)$, temos:

$$\lambda e^{-\lambda} = \frac{\lambda^2 e^{-\lambda}}{2} \quad \therefore \ \lambda = 2 \tag{II}$$

Substituindo (II) em (I) encontramos:

$$P(X = 0) = e^{-2} \cong 13,53\% \checkmark$$

5.27 Supondo que o número de carros que chegam a uma fila de guichê de um pedágio possua distribuição de Poisson a uma taxa de três carros por minuto, determine a probabilidade de chegarem quatro carros nos próximos dois minutos.

Solução:

Considere X = número de carros por minuto com média $\lambda = 6$ carros/2 minutos. Temos então:

$$P(X = 5) = \frac{6^4 e^{-6}}{4!} \cong 0,1336 \checkmark$$

5.28 A tabela seguinte demonstra o número de acidentes graves ocorridos na Indústria Lambda S.A. durante determinado exercício fiscal:

Número de acidentes	Número de dias
0	21
1	18
2	7
3	3
4	1

Pede-se ajustar uma distribuição de Poisson a esses dados fazendo comparação entre o número de acidentes esperados e observados. Esboce um gráfico de distribuição.

Solução:

Inicialmente deveremos calcular o número médio de acidentes λ, isto é:

$$\lambda = \frac{0 \times 21 + 1 \times 18 + 2 \times 7 + 3 \times 3 + 4 \times 1}{50} = 0,9 \text{ acidente/dia.}$$

Portanto, de acordo com a distribuição de Poisson, podemos escrever:

$$P(X = k) = \frac{0,9^k \ e^{-0,9}}{k!} \quad k = 0, 1, 2, ..., 9 \qquad \textbf{(I)} \checkmark$$

Com base na distribuição encontrada em (I), podemos montar uma tabela relacionando as probabilidades para cada número de dias, teórico e observado, em que ocorrem acidentes. Note que para obtermos os valores teóricos, multiplicamos o número total de dias em que ocorrem acidentes (no caso, 50) pelas probabilidades respectivas.

Distribuições Teóricas de Probabilidades **201**

Número de acidentes	Probabilidade de acidentes	Número de dias	
		Esperado	Observado
0	0,4066	20	21
1	0,3659	18	18
2	0,1647	8	7
3	0,0494	2	3
4	0,0111	1	1

Pelo que ficou exposto na tabela anterior, constata-se que os dados se ajustam sobremaneira a uma distribuição de Poisson. ✓

5.29 Se a variável aleatória Y possui distribuição de Poisson com média $\lambda > 0$, mostre que:

$$P(Y = k + 1) = \frac{\lambda}{k + 1} P(Y = k) \text{ em que } k = 0, 1, 2, ..., n.$$

Solução:

Visto que Y possui distribuição de Poisson, podemos então escrever:

$$P(Y = k) = \frac{\lambda^k e^{-\lambda}}{k!} \qquad \text{(I)}$$

$$P(Y = k + 1) = \frac{\lambda^{k+1} e^{-\lambda}}{(k + 1)!} \quad \therefore \quad P(Y = k + 1) = \frac{\lambda^k \lambda e^{-\lambda}}{(k + 1)\, k!} = \frac{\lambda^k e^{-\lambda} \lambda}{k!\, (k + 1)} \qquad \text{(II)}$$

Assim, substituindo (I) em (II) encontraremos o resultado final desejado:

$$P(Y = k + 1) = \frac{\lambda}{k + 1} P(Y = k) \checkmark$$

5.30 Os clientes chegam a uma loja a uma razão de cinco por hora. Admitindo que esse processo possa ser aproximado por um modelo de Poisson, determine a probabilidade de que durante qualquer hora:

a. não chegue nenhum cliente;
b. chegue mais de um cliente.

Solução:

Considere $X =$ número de clientes por hora com média $\lambda = 5$.
Assim:

a. $P(X = 0) = \dfrac{5^0 e^{-5}}{0!} \cong 0,0067$ ✓

b. $P(X > 1) = 1 - P(X < 2) = 1 - [P(X = 0) + P(X = 1)]$

$$P(X > 1) = 1 - \frac{5^0 e^{-5}}{0!} - \frac{5^1 e^{-5}}{1!} \cong 0,9595 \checkmark$$

5.31 Mostre que $\lim\limits_{n\to\infty}\binom{n}{x} p^x q^{n-x} = \dfrac{\lambda^x e^{-\lambda}}{x!}$ em que $\lambda = np$

Solução:

Escrevendo a distribuição binomial sob a forma:

$$P(X) = \frac{n(n-1)(n-2)(n-3)\ldots(n-X+1)}{X!}\, p^X (1-p)^{n-X},$$

substituindo p por $\dfrac{\lambda}{n}$, obtemos:

$$P(X) = \frac{n^X(1-\frac{1}{n})(1-\frac{2}{n})(1-\frac{3}{n})\ldots(1-\frac{X-1}{n})}{X!}(\frac{\lambda}{n})^X(1-\frac{\lambda}{n})^{n-X}$$

$$P(X) = (1-\frac{1}{n})(n-\frac{2}{n})(1-\frac{3}{n})\ldots(1-\frac{X-1}{n})\frac{\lambda^X}{X!}(1-\frac{\lambda}{n})^n(1-\frac{\lambda}{n})^{-X}$$

Se $n\to\infty$, $p\to 0$ quando λ permanece constante, os fatores:

$$(1-\frac{1}{n}),\,(1-\frac{2}{n}),\,(1-\frac{3}{n}),\,\ldots,(1-\frac{X-1}{n}),\,(1-\frac{\lambda}{n})^{-X}\to 1$$

Entretanto, $\lim\limits_{n\to\infty}(1-\dfrac{\lambda}{n})^{-n} = e^{-\lambda}$.

Portanto, $\lim\limits_{n\to\infty}\binom{n}{x} p^x q^{n-x} = \dfrac{\lambda^x e^{-\lambda}}{x!}$ ✔

5.32 Considere a variável aleatória X normalmente distribuída com média μ e desvio padrão σ. Determine os valores de α e β de sorte que $E(\alpha X + \beta) = 0$ e $\mathrm{Var}(\alpha X + \beta) = 1$.

Solução:

$$E(\alpha X + \beta) = \alpha E(X) + E(\beta) = \alpha\mu + \beta = 0 \tag{I}$$

$$\mathrm{Var}(\alpha X + \beta) = \alpha^2\,\mathrm{Var}(X) + V(\beta) = \alpha^2\,\sigma^2 = 1 \tag{II}$$

Resolvendo o sistema para α e β, obtemos:

$$\alpha = \frac{1}{\sigma}\ \text{e}\ \beta = -\frac{\mu}{\sigma}\ \checkmark$$

5.33 No processo de fabricação de uma peça, verificou-se que a tolerância de especificação enquadra-se entre a média mais ou menos duas vezes o desvio padrão desse processo. Que porcentagem de peças será rejeitada?

Solução:

Da curva normal sabe-se que, entre a média e mais ou menos dois desvios padrões, situam-se 95,45 % das observações. Logo, o percentual de peças rejeitadas é de 4,55 %. ✔

5.34 Impostos pagos por uma comunidade distribuem-se de tal forma que o coeficiente de variação vale 25 %. Sabendo-se que para um contribuinte que paga \$ 1200 corresponde um escore reduzido $Z = -1$, determine o escore reduzido para um contribuinte que paga \$ 2100.

Solução:

Temos:

$$Z = \frac{X - \bar{X}}{\sigma} \quad \therefore \quad -1 = \frac{1200}{\sigma} - \frac{\bar{X}}{\sigma} \tag{I}$$

Contudo, o coeficiente de variação é igual a:

$$0,25 = \frac{\sigma}{\bar{X}} \quad \therefore \quad \frac{\bar{X}}{\sigma} = 4 \tag{II}$$

Substituindo (II) em (I) temos:

$$-1 = \frac{1200}{\sigma} - 4 \quad \therefore \quad \sigma = 400$$

Portanto,

$$\frac{\bar{X}}{400} = 4 \quad \therefore \quad \bar{X} = 1600$$

Desse modo, \$ 2100 em unidades padronizadas será:

$$Z = \frac{2100 - 1600}{400} = +1,25 \checkmark$$

5.35 Na empresa Mandacaru, têm-se as seguintes informações sobre os salários de dois empregados:

Nome do empregado	Salário mensal	
	Em \$	**Padronizado (Z)**
Tita	700	2
Niki	450	−0,5

Baseado nos dados acima, determine a média e o desvio padrão para os salários da empresa.

Solução:

Temos:

$$2 = \frac{700 - \bar{X}}{\sigma} \quad \therefore \quad 2\sigma + \bar{X} = 700 \tag{I}$$

$$-0,5 = \frac{450 - \bar{X}}{\sigma} \quad \therefore \quad -0,5\sigma + \bar{X} = 450 \qquad \textbf{(II)}$$

Resolvendo o sistema formado pelas equações (I) e (II) obtemos:

$$\bar{X} = \$\ 500 \text{ e } \sigma = \$\ 100 \checkmark$$

5.36 Pela experiência de anos anteriores, verificou-se que o tempo médio gasto por um candidato a supervisor de vendas, em determinado teste, é aproximadamente normal com média de 60 minutos e desvio padrão de 20 minutos.

  a. Que porcentagem de candidatos levará menos de 60 minutos para concluir o teste?
  b. Que porcentagem não terminará o teste se o tempo máximo concedido é de 90 minutos?
  c. Se 50 candidatos fazem o teste, quantos podemos esperar que o terminem nos primeiros 40 minutos?

Solução:

Seja a variável aleatória $X =$ tempo gasto pelo candidato para resolver o teste, com $\mu = 60$ minutos e $\sigma = 20$ minutos.

  a. Para $X = 60 \quad \rightarrow \quad Z = \dfrac{60 - 60}{20} = 0$

$$P(X < 60) = P(Z < 0) = 0,50 = 50\ \% \checkmark$$

  b. Para $X = 90 \quad \rightarrow \quad Z = \dfrac{90 - 60}{20} \cong 1,5$

$$P(X > 90) = P(Z > 1,5)$$

$$P(X > 90) = P(Z > 0) - P(0 < Z < 1,5) = 0,5000 - 0,4332 = 0,0668 \checkmark$$

  c. Para $X = 40 \quad \rightarrow \quad Z = \dfrac{40 - 60}{20} \cong -1$

$$P(X < 40) = P(Z < -1) = P(Z < 0) - P(-1 < Z < 0) =$$
$$0,5000 - 0,3413 = 0,1587$$

Logo, em 50 candidatos esperamos que aproximadamente 8 $(0,1587 \times 50)$ candidatos terminem o teste nos 40 minutos iniciais. $\checkmark$

5.37 A vida útil de lavadoras de pratos automáticas é de 1,5 ano, com desvio padrão de 0,3 ano. Se os defeitos se distribuírem normalmente, que porcentagem das lavadoras vendidas necessitará de conserto antes de o período de garantia de um ano expirar?

Solução:

Seja a variável aleatória $X =$ tempo de uso em anos com $\mu = 1,5$ ano e $\sigma = 0,5$ ano.

$$\text{Para } X = 1 \quad \rightarrow \quad Z = \frac{1 - 1,5}{0,3} \cong -1,67$$

$$P(X < 1) = P(Z < -1,67) = P(Z < 0) - P(0 < Z < -1,67)$$

$$P(X < 1) = P(Z < -1,67) = 0,5000 - 0,4525 = 0,0475 = 4,75\ \% \checkmark$$

5.38 A Empresa Mandacaru S.A. produz televisores e garante a restituição da quantia paga se qualquer televisor apresentar algum defeito grave no prazo de seis meses. Ela produz televisores do tipo A (comum) e do tipo B (luxo), com um lucro respectivo de $ 100 e $ 200 caso não haja restituição, e com um prejuízo de $ 300 e $ 800 caso haja restituição. Suponha que o tempo para a ocorrência de algum defeito grave seja, em ambos os casos, uma variável aleatória com distribuição normal, respectivamente, com médias de nove e doze meses, e desvios padrões de dois e três meses. Se tivesse de planejar uma estratégia de marketing para a empresa, você incentivaria as vendas dos aparelhos do tipo A ou do tipo B?

Solução:

Aparelho do tipo A:

$\mu = 9$ meses e $\sigma = 2$ meses.

Para $X = 6 \quad \rightarrow \quad Z = \dfrac{6 - 9}{2} \cong -1,50$

$$P(X < 6) = P(Z < -1,50) = 0,5000 - 0,4332 = 0,0668 \checkmark$$

que é a probabilidade de um aparelho apresentar defeito no prazo de seis meses.

Consequentemente, a probabilidade de um aparelho não apresentar defeito é de 0,9332.

Portanto, o lucro esperado para o tipo A será:

$$E(X) = 100 \times 0,9332 - 300 \times 0,0668 = \$\ 73,28 \checkmark$$

De modo análogo, temos:

Aparelho do tipo B:

$\mu = 12$ meses e $\sigma = 3$ meses.

Para $X = 6 \quad \rightarrow \quad Z = \dfrac{6 - 12}{3} \cong -2$

$$P(X < 6) = P(Z < -2) = 0,5000 - 0,4772 = 0,0228 \text{ e, do contrário, } 0,9772.$$

Desse modo, o lucro esperado para o tipo B será:

$$E(X) = 200 \times 0,9772 - 800 \times 0,00228 \cong \$\ 193,61 \checkmark$$

Com base nos lucros esperados de vendas, pode-se sugerir um plano de marketing para os aparelhos do tipo B. $\checkmark$

5.39 Determinado produto possui peso médio igual a 800 g e desvio padrão 10 g. É embalada uma caixa com 24 unidades de tal produto, que pesa, em média, 1850 g e desvio padrão de 12 g. Determine, nessas condições, a probabilidade de que uma caixa cheia pese mais que 21.200 g.

Solução:

Seja a variável aleatória X = peso de uma caixa cheia expresso em gramas.

Temos então:

Média da caixa cheia:

$$\mu = 800 \times 24 + 1850 = 21.050 \text{ g}$$

Variância da caixa cheia:

$$\text{Var}(X) = 24 \times 10^2 + 12^2 = 2544 \text{ g}^2$$

Segue-se:

$$Z = \frac{21.200 - 21.050}{\sqrt{2544}} \cong 2,97$$

$$P(X > 21.200) = P(Z > 0) - P(0 < Z < 2,97)$$

$$P(Z > 21.200) = 0,5000 - 0,4985 = 0,0015 ✓$$

5.40 O peso médio das esferas metálicas produzidas pela Indústria Zepelin Ltda. é de 39 kg, com desvio padrão de 11 kg. Supondo-se que os pesos seguem uma distribuição aproximadamente normal, estimar a proporção de esferas com peso:

a. entre 33 e 45 kg;

b. superior a 50 kg.

Solução:

Seja a variável aleatória X = peso das esferas metálicas de média e desvio padrão iguais a μ = 39 kg e σ = 11 kg, respectivamente.

Portanto,

a. Para $X = 33 \rightarrow Z = \dfrac{33 - 39}{11} \cong -0,545$

Para $X = 45 \rightarrow Z = \dfrac{45 - 39}{11} \cong +0,545$

$$\text{Logo, } P(33 < X < 45) = P(-0,545 < Z < +0,0545)$$

$$P(33 < X < 45) = 2\,P(0 < Z < +0,545) = 2 \times 0,212 = 0,424 ✓$$

b. Para $X = 50 \rightarrow Z = \dfrac{50 - 39}{11} \cong +1$

$$\text{Então, } P(X > 50) = P(Z > 1)$$

$$P(X > 50) = 1 - P(0 < Z < 1)$$

$$P(X > 50) = 1 - 0,3413 = 0,1587 ✓$$

5.41 O Prof. Pi Rado aplica uma prova de Estatística Geral com 10 questões, atribuindo notas que variam de 0 a 10, de acordo com o número de questões respondidas corretamente pelo aluno. Sabe-se que a nota média foi de 6,7 e o desvio padrão de 1,2. Admitindo distribuição normal das notas, determine:

a. a porcentagem de estudantes com seis pontos;
b. a maior nota entre os 10 % mais baixos da classe;
c. a menor nota entre os 10 % mais altos da classe.

Solução:

a. Para aplicar a distribuição normal a dados discretos, é necessário tratá-los como se fossem contínuos. Portanto, um escore de seis pontos é considerado como 5,5 a 6,5. Assim:

$$\text{Para } X = 5,5 \quad \rightarrow \quad Z = \frac{5,5 - 6,7}{1,2} \cong -1,0$$

$$\text{Para } X = 6,5 \quad \rightarrow \quad Z = \frac{6,5 - 6,7}{1,2} \cong -0,17$$

$$\text{Logo, } P(33 < X < 45) = P(-1,0 < Z < -0,17) = 0,2738 = 27,38 \text{ \%} ✔$$

b. Seja X_1 a nota máxima procurada e Z_1 seu equivalente em unidades padronizadas. Assim, a área à esquerda de Z_1 é 10 % = 0,10; logo a área entre Z_1 e 0 é 40 % e Z_1 aproximadamente igual a $-1,28$.

$$\text{Então, } Z_1 = \frac{X_1 - 6,7}{1,2} \cong -1,28 \quad \therefore \quad X_1 = 5,2 ✔$$

c. Considere X_2 a nota máxima procurada e Z_2 seu equivalente em unidades padronizadas. Do item (b), por simetria, temos $Z_2 = 1,28$. Portanto:

$$Z_2 = \frac{X_2 - 6,7}{1,2} \cong 1,28 \quad \therefore \quad X_2 \cong 8,2 ✔$$

5.42 Sabe-se que os hotéis e companhias aéreas sempre garantem reservas além de sua capacidade para assegurar lotação. Suponha que as estatísticas feitas por um hotel mostrem que, em média, 10 % não respondem às reservas feitas. Se esse hotel aceitar 250 reservas e tiver somente 230 leitos, qual será a probabilidade de todos os hóspedes que tiverem feito reservas conseguirem quarto quando chegarem ao hotel?

Solução:

Seja a variável aleatória X = número de hóspedes que respondem às reservas. Temos então:

Valor esperado:

$$\mu = np = 0,9 \times 250 = 225 \text{ hóspedes.}$$

Desvio padrão:

$$\sigma = \sqrt{npq} = \sqrt{0,9 \times 0,1 \times 250} \cong 4,74$$

$$\text{Para } X = 230 \quad \rightarrow \quad Z = \frac{230 - 225}{4,74} \cong 1,05$$

$$P(X < 230) = P(Z < 0) + P(1,05 < Z < 0) = 0,5 + 0,3531 = 0,8531 \checkmark$$

5.43 Latas de conservas são fabricadas por uma indústria com média de 990 g e desvio padrão de 10 g. Uma lata é rejeitada pelo controle de qualidade dessa indústria se possuir peso menor que 975 g. Se for observada uma sequência casual destas latas, qual a probabilidade de que em 12 dessas latas, duas sejam rejeitadas?

Solução:

Primeiramente deveremos encontrar a probabilidade de uma lata de conserva ser rejeitada pelo controle de qualidade.

Seja a variável aleatória X: peso das latas de conserva normalmente distribuídas com média $\mu = 990$ e desvio padrão $\sigma = 10$.

$$\text{Para } X = 975 \quad \rightarrow \quad Z = \frac{975 - 990}{10} = -1,5$$

$$P(X < 975) = P(Z < -1,50) = 0,5000 - 0,4332 = 0,0668$$

que é a probabilidade de uma lata ser rejeitada pelo controle de qualidade.

Consideremos a variável aleatória Y: número de latas rejeitadas pelo controle de qualidade com parâmetros $n = 12$ e $p = 0,0668$.

Assim,

$$P(Y - 2) - \binom{12}{2}(0,0668)^2(0,9332)^{10} \cong 0,1475 \simeq 14,75 \%. \checkmark$$

5.44 A variável aleatória φ é normalmente distribuída apresentando amplitude total igual a 48. Pede-se estimar o desvio padrão.

Solução:

Como seis desvios padrões cobrem quase totalmente a distância que vai desde o menor valor até o maior, ou seja, de -3σ a $+3\sigma$, podemos estimar (*mas não calcular*) o desvio padrão σ^* dividindo a amplitude total A_t por 6:

$$\sigma^* = \frac{A_t}{6} = \frac{48}{6} = 8 \checkmark$$

Essa regra é de fundamental importância aos olhos do aluno que deseja testar se o cálculo do desvio padrão σ está correto. Por exemplo, se a amplitude total for 42, é de se esperar que o desvio padrão σ deva estar próximo do desvio padrão estimado $\sigma^* = 7$.

Distribuições Teóricas de Probabilidades **209**

Convém salientar ainda que:

- a regra de um sexto só deve ser aplicada para distribuições normais composta por um grande número de observações;
- o desvio padrão é sempre menor que a amplitude total.

5.45 Os alunos de Física Geral II do Prof. Alan Din distribuem-se de acordo com uma distribuição normal com média 6,0 e desvio padrão 0,5. O Prof. Alan Din atribui graus A, B e C da forma seguinte:

Nota maior ou igual a 7................. A
Nota entre 5 e 7............................ B
Nota menor ou igual a 5............... C

Determine o número esperado de alunos com grau A, B e C em uma classe com 90 alunos.

Solução:

Inicialmente deveremos calcular as probabilidades $P(X \leq 5)$, $P(5 < X < 7)$ e $P(X \geq 7)$, em que X representa as notas obtidas pelos alunos do Prof. Alan Din.

Temos que:

$$Z = \frac{X - 6}{0,5}$$

Para $X = 5$ $\rightarrow$ $Z = \dfrac{5 - 6}{0,5} = -2$

Para $X = 7$ $\rightarrow$ $Z = \dfrac{7 - 6}{0,5} = 2$

$$P(X \leq 5) = P(Z \leq -2) = 0,07275$$

$$P(X \geq 7) = P(Z \geq 2) = 0,07275$$

$$P(5 < X < 7) = P(-2 < Z < 2) = 0,8545$$

Os valores esperados de alunos serão:

Grau A: $0,07275 \times 90 = 7$ ✓
Grau B: $0,8545 \times 90 = 76$ ✓
Grau C: $0,07275 \times 90 = 7$ ✓

Exercícios Propostos

5.1 O submarino *Malik I* dispara cinco torpedos em cadência rápida contra o navio *Pégaso*. Cada torpedo tem probabilidade igual a 75 % de atingir o alvo. Qual a probabilidade de o navio receber pelo menos um torpedo?

5.2 A probabilidade de recuperação de uma cápsula registradora de dados, montada em um balão meteorológico, é igual a 90 %. Lançados sete balões, qual a probabilidade de serem recuperadas exatamente cinco cápsulas?

5.3 A probabilidade de um sapato apresentar defeito de fabricação é de 2 %. Para um par de sapatos ser rejeitado pelo controle de qualidade basta que um dos pés, direito ou esquerdo, apresente defeito. Em uma partida de 10.000 pares, qual o valor esperado e o desvio padrão do número de pares totalmente defeituosos?

5.4 Certa empresa fabricante de artigos para desenho resolveu inserir em seus produtos determinados tipos de lápis, cujos grafites são importados. Esses grafites vêm acondicionados em embalagens contendo seis unidades cada. Após a primeira remessa recebida, verificou-se que 3 % deles são recebidos com quebra. Calcular a probabilidade de:

a. menos da metade dos grafites de certa caixa apresentarem defeitos;

b. no mínimo três caixas, de um grupo de oito, apresentarem um grafite quebrado.

5.5 Uma organização de testes deseja avaliar o peso de determinado produto e verificar se está de acordo com as especificações da embalagem. Para tal, seleciona, aleatoriamente uma amostra de cinco embalagens do mesmo produto no estoque e classifica a marca satisfatória se nenhum dos produtos apresentar diferenças entre peso *versus* especificação da embalagem nessa amostra. Sabe-se que, anteriormente, esse mesmo produto apresentou uma diferença no peso de 10 % por unidade produzida. Calcular a probabilidade de que:

a. o peso venha a ser considerado novamente insatisfatório na amostra;

b. no máximo uma amostra, de um grupo de seis amostras desse produto, venha a ser considerado satisfatório;

c. apenas duas amostras, do mesmo grupo de seis, tenha no mínimo dois produtos com pesos diferentes das especificações por amostra.

Distribuições Teóricas de Probabilidades **211**

5.6 Uma pesquisa de opinião pública revelou que 1/4 da população de determinada cidade assiste regularmente à televisão. Colocando 300 pesquisadores, cada um entrevistando 10 pessoas diariamente, fazer uma estimativa de quantos desses pesquisadores informarão que até 50 % das pessoas entrevistadas são realmente telespectadoras habituais.

5.7 Se a probabilidade de ocorrência de uma peça defeituosa é de 20 %, determinar a média e o desvio padrão da distribuição de peças defeituosas de um total de 600.

5.8 Determinada empresa tem quatro eventuais compradores de seu produto que pagam preços em função da qualidade:

- o comprador A paga $ 1300 por peça, se em uma amostra de cinco peças não encontrar nenhuma defeituosa, e $ 650 pelo restante;
- o comprador B paga $ 900 por peça, desde que encontre no máximo uma peça defeituosa em cinco peças, pagando pelo restante $ 700;
- o comprador C paga $ 620 por peça, aceitando até três defeituosas em uma amostra de cinco, e paga pelo restante $ 430;
- o comprador D não exige nenhuma inspeção, mas paga apenas $ 540 por peça.

Qual dos compradores não deveria ser escolhido pelo empresário, se ele sabe que, na produção, 8 % são totalmente defeituosas?

5.9 A Empresa Spelunke S.A. adota o seguinte critério no setor de controle de qualidade: para cada lote de 90 unidades de seu produto, testa, por amostragem, apenas oito. O critério de avaliação final é feito da seguinte maneira: se forem encontradas no máximo duas peças defeituosas, o lote é aceito normalmente. Do contrário, deve-se passar por outra inspeção. Admitindo-se a existência de três peças defeituosas por lote, calcular:

- **a.** a probabilidade de não haver inspeção total em certo lote;
- **b.** a probabilidade de somente dois lotes, de um grupo de cinco lotes iguais, apresentarem, no máximo, uma peça defeituosa por lote;
- **c.** se o custo operacional para cada lote for de $ 600,00, estimar o custo médio de inspeção para 60 lotes recebidos.

5.10 Dois terços da população de certo município não assistem regularmente a programas de televisão. Colocando-se 400 pesquisadores, cada um entrevistando oito pessoas, estimar quantos desses pesquisadores informarão que até duas pessoas são telespectadoras habituais.

5.11 O fluxo de carros que passam em determinado pedágio é 1,7 carro por minuto. Qual a probabilidade de passarem exatamente dois carros em dois minutos?

5.12 Uma pesquisa científica revelou que para cada mil pessoas entrevistadas, uma está sujeita a choques traumáticos quando da aplicação de penicilina. Determine a probabilidade de que, entre três pessoas entrevistadas ao acaso, uma sofra aquele choque nas mesmas condições.

212 *Capítulo 5*

5.13 Sabe-se por experiência que 1,5 % das pastilhas de freio fabricadas por determinada empresa apresentam defeito. O controle de qualidade da empresa, para tal, escolheu cem peças de pastilhas ao caso. Determinar a probabilidade de que:

a. no máximo duas sejam defeituosas;

b. pelo menos duas apresentem defeitos.

5.14 Uma editora apresenta a probabilidade de se encontrar uma página editada com erro igual a 0,8 %. Em um livro de 500 páginas, determinar a probabilidade de se encontrar, no máximo, quatro páginas com correção.

5.15 Um distribuidor de gasolina tem capacidade de receber, nas condições atuais, no máximo três caminhões por dia. Se chegarem mais de três caminhões, o excesso deve ser enviado a outro distribuidor, e, nesse caso, há uma perda média de $ 800 por dia em que não se podem aceitar todos os caminhões. Sabendo-se que o número de caminhões que chegam diariamente obedece à distribuição de Poisson de média 2, calcular:

a. a probabilidade de chegarem de três a cinco caminhões no total de dois dias;

b. a probabilidade de, em certo dia, ser necessário enviar caminhões para outro distribuidor;

c. a perda média mensal (30 dias) por causa de caminhões que não puderam ser aceitos.

5.16 Ao decolar de um porta-aviões, determinado avião tem probabilidade igual a 0,02 % de se perder por queda no mar. Qual a probabilidade de haver dois ou mais acidentes dessa natureza em 500 decolagens?

5.17 Uma loja vende, em média, 2,5 fogões por dia. Certo dia, ao encerrar o expediente, verifica-se existirem três fogões em estoque, e sabe-se que a nova remessa só chegará após dois dias. Qual a probabilidade de, ao final desses dois dias, a loja não ter deixado de atender, por falta de estoque, às pessoas que vierem comprar?

5.18 O número de rádios vendidos por dia por uma empresa de eletrodomésticos possui uma distribuição aproximadamente de Poisson com média 2. Calcule a probabilidade de a firma vender ao menos três rádios em um período de dois dias.

5.19 A máquina X produz por dia o dobro de peças que são produzidas pela máquina Y. Sabe-se também que as peças defeituosas fabricadas pelas máquinas X e Y são 6 % e 3 %, nessa ordem.

Qual a probabilidade de em um lote de 10 peças extraídas ao acaso da produção total:

a. haver duas peças defeituosas;

b. haver entre duas e cinco peças defeituosas, inclusive;

c. qual o número esperado de peças defeituosas em um lote de 100?

5.20 Impostos pagos por uma grande amostra de contribuintes distribuem-se normalmente de tal forma que 30 % são inferiores a $ 1200,00 e 10 % são superiores a $ 3000,00. Pede-se determinar o imposto médio.

5.21 No engarrafamento do refrigerante Ki Kola, a quantidade de líquido colocada na garrafa é uma variável de média 292 cm cúbicos e desvio padrão de 1,1 cm^3. Garrafas com menos de 290 cm^3 são devolvidas para que o enchimento seja concluído. Calcular a porcentagem de garrafas devolvidas.

5.22 Uma máquina de empacotar determinado produto oferece variações de peso que se distribuem com um desvio padrão de 20 g. Em quanto deve ser regulado o peso médio desses pacotes para que apenas 10 % deles tenham menos que 500 g?

5.23 Uma peça cromada resiste a um ensaio de corrosão por três dias, em média, com desvio padrão de cinco horas.
   Pede-se calcular:
   a. a probabilidade de uma peça resistir menos de 3,5 dias;
   b. a probabilidade de uma peça resistir de 60 a 70 horas;
   c. sabendo-se que 10 % das peças resistem menos que certo valor, determiná-lo.

5.24 Em uma distribuição normal, 30 % dos elementos são menores que 45 e 10 % são maiores que 64. Calcular os parâmetros que definem a distribuição (média e desvio padrão).

5.25 O consumo de gasolina por km rodado, para certo tipo de carro, em determinadas condições de teste, tem uma distribuição normal média de 100 ml e desvio padrão de 5 ml. Pede-se calcular a probabilidade de:
   a. um carro gastar de 95 a 110 ml;
   b. em um grupo de seis carros, tomados ao acaso, encontrarmos três carros que gastaram menos de 95 ml;
   c. idem, todos terem gasto menos que 110 ml.

5.26 Para uma família de certo *status* econômico, as despesas alimentação (A), educação (E), saúde (S) e habitação (H), bem como os desvios padrões, estão mostrados na tabela a seguir:

		Tipo de despesas			
Estatísticas	**Unidade**	**A**	**E**	**S**	**H**
Média	$	140	100	50	65
Desvio padrão	$	18	15	12	14

Admitindo normalidade para essas despesas, em uma cidade de 100.000 famílias, das quais 20 % pertencem a esse *status*, calcular o número de famílias desse *status* em que o gasto mensal total com essas despesas:

a. seja maior que $ 420;

b. esteja entre $ 300 e $ 360;

c. sabendo que 5 % das famílias desse *status* têm gastos acima de certo valor. Determiná-lo.

5.27 Certo produto tem peso médio de 10 g, com desvio padrão de 0,5 g. Ele é embalado em caixas de 120 unidades que pesam, em média, 150 g e desvio padrão 8 g. Determine a probabilidade de que uma caixa cheia pese mais de 1370 g.

5.28 Para n fixado, a variância de uma distribuição binomial B(n,p) é apenas função de p. Mostre, então, que a variância é máxima para $p = 0,50$.

5.29 Pequenos defeitos em folhas de compensado ocorrem ao acaso na média de uma falha por metro quadrado. Determine a probabilidade de que uma folha de 1,50 m $\times$ 2,20 m apresente no máximo duas falhas.

5.30 A voltagem média de uma bateria é de 15,0 volts, com desvio padrão de 0,2 volt. Qual a probabilidade de quatro dessas baterias ligadas em série terem uma voltagem combinada maior que 60,8 volts?

5.31 Uma máquina produz esferas metálicas cujo diâmetro D (medido em mm) é uma variável aleatória aproximadamente normal de valor esperado 9 mm e desvio padrão 0,35 mm. Toda esfera produzida é testada em dois calibres: um de 9,5 mm e o outro de 8,5 mm, sendo aceita pelo controle de qualidade se passar pelo maior e não passar pelo menor, do contrário é rejeitada. Escolhidas duas esferas, qual a probabilidade de pelo menos uma scr rcjcitada?

5.32 Se 3 % das canetas de certa marca são defeituosas, determinar a probabilidade de que em uma amostra de 10 canetas escolhidas ao acaso dessa mesma marca, tenhamos:

a. nenhuma defeituosa;

b. três defeituosas;

c. pelo menos duas defeituosas;

d. no máximo três defeituosas.

5.33 Determinado atacadista verificou, estatisticamente, que metade de seus clientes solicita que os pedidos sejam entregues em domicílio e outra metade vai retirar diretamente seus pedidos no depósito. Para fazer frente aos crescentes pedidos, o comerciante adquire três veículos, recebendo em média cinco pedidos de entrega diária. Qual a probabilidade de o comerciante não poder atender aos pedidos de entregas domiciliares?

5.34 Sabe-se que a probabilidade de um estudante que entra na universidade se formar é de 9,5 %. Determinar a probabilidade de que entre seis estudantes escolhidos aleatoriamente:

a. nenhum se forme;
b. pelo menos dois se formem.

5.35 O Supermercado Vende Tudo Ltda. recebe, em média, quatro pedidos diários de um produto perecível. O preço de custo é de $ 30 por unidade; o preço de venda é de $ 90 por unidade, e o produto não vendido no dia é devolvido, conseguindo-se $ 40 por unidade. Estudar, em termos de lucro médio diário, qual o melhor contrato de compra pelo qual o supermercado deve optar: quatro ou cinco unidades por dia?

5.36 Um teste de múltipla escolha consiste em 100 quesitos, cada um deles com quatro alternativas, das quais apenas uma é correta. Um estudante é submetido ao teste. Se ele conhece as respostas corretas de 20 quesitos e, para responder as restantes, apela para a sorte, qual é a probabilidade de que o aluno acerte entre 45 e 50 quesitos no total?

5.37 O tempo de vida de transistores produzidos pela Indústria Zeppelin Ltda. tem distribuição aproximadamente normal, com valor esperado e desvio padrão igual a 500 horas e 50 horas, respectivamente. Se o consumidor exige que pelo menos 95 % dos transistores fornecidos tenham vida superior a 400 horas, pergunta-se se tal especificação é atendida. Justifique.

5.38 As chegadas de carros a um posto de gasolina para abastecimento entre as 10h00min e as 16h00min do dia ocorrem de acordo com os postulados de Poisson. Se no transcurso de tal período apresentam-se por hora uma média de 30 carros, qual a probabilidade de nenhum se apresentar em certo intervalo de cinco minutos?

5.39 O Departamento de Atendimento da Empresa Mondubim Ltda. está dimensionado a poder atender, no período diário normal, até cinco pedidos de clientes. Se houver mais de cinco pedidos, o pessoal deve recorrer a horas extras para cumprir o atendimento. Sabendo-se que o número de pedidos que chegam diariamente são distribuídos segundo Poisson de média 4,2 pedidos, calcular:

a. a probabilidade de fazer horas extras em certo dia;
b. sendo o custo diário de horas extras de $ 4500, qual será o custo médio semanal em virtude delas? Considerar semana de seis dias.

5.40 A Companhia de Aviação Libélula Ltda. pode acomodar 300 passageiros em um de seus aviões: 30 na primeira classe e 270 na classe econômica. Se essa companhia reservar 30 lugares na primeira classe e 290 na classe econômica, e se a probabilidade de não comparecimento de quem faz uma reserva for de 10 %, pede-se a probabilidade de que todos os passageiros que comparecerem sejam acomodados, se os lugares da primeira classe puderem ser usados pelos passageiros de turismo.

5.41 Uma distribuição binomial possui média igual a 3 e variância 2. Calcule $P(X \geq 2)$.

5.42 Uma amostra de três objetos é escolhida aleatoriamente sem reposição de uma caixa contendo 12 objetos dos quais três são defeituosos. Encontre o número esperado de peças defeituosas.

5.43 Considere a distribuição binomial $P(k) = \binom{n}{k} p^k q^{n-k}$. Demonstre que:

$$P(k) = \frac{(n-k+1)p}{kq} P(k-1) \ \forall \ k \geq 1$$

5.44 A Empresa Equilibrada Ltda. possui um computador operando em *full-time*. O número de defeitos é uma variável aleatória que se supõe possuir uma distribuição de Poisson, com média igual a 0,02 defeito por hora. Sabe-se que o computador operou satisfatoriamente entre 18h00min e 20h00min de determinado dia, e findo esse período foi iniciado o processamento de uma folha de pagamento para o que se exigiu um tempo de cinco minutos. Qual a probabilidade de o processamento ter sido concluído no tempo previsto sem interrupção por defeito de máquina?

5.45 A Companhia de Seguros Vida Mansa possui 10.000 apólices referentes a acidentes de trabalho. Sabe-se que, por ano, a probabilidade de determinado indivíduo morrer de acidente de trabalho é de 0,01 %. Qual a probabilidade de a companhia ter de pagar por ano a pelo menos quatro de seus segurados?

5.46 A Empresa Equilibrada Ltda. possui duas máquinas de alta tecnologia trabalhando *full-time*. Sabe-se que a máquina ① produz o dobro das peças produzidas pela máquina ②. Se a porcentagem de peças defeituosas produzidas pelas máquinas ① e ② são, respectivamente, 0,6 % e 0,3 %, pede-se:

  a. a probabilidade de que, em uma amostra de 10 peças extraídas aleatoriamente da produção conjunta, haja duas peças defeituosas.
  b. o número esperado de peças defeituosas em uma amostra de 1000.

5.47 Pressupondo que, na produção diária de determinada espécie de corda, o número de defeitos por cada 3 metros, X, tem uma distribuição de Poisson com média 2, o lucro Y (em $) por 3 metros de corda vendida é dado por:

$$Y = 50 - 2X - X^2.$$

Qual o lucro esperado por cada 3 metros?

5.48 Deseja-se estimar o número N (desconhecido) de peixes de um açude por meio do seguinte critério: capturam-se n peixes, todos recebendo uma marca de identificação indelével. Os n peixes marcados são devolvidos ao açude e, depois de algum tempo, faz-se uma segunda captura de m peixes.

Distribuições Teóricas de Probabilidades **217**

a. Calcular a probabilidade $P(N)$, em função de N, de haver k peixes marcados nessa segunda amostra de tamanho m.

b. Seja k o número de peixes marcados efetivamente encontrados na segunda captura. Desse modo, $\hat{N} = \left[\dfrac{mn}{k}\right]$, em que $[w]$ representa o maior inteiro que é menor ou igual ao número real w, é a estimativa de máxima verossimilhança de N, ou seja, o número mais provável de peixes no lago. Calcular $\hat{N}$ para $n = m = 2000$ e $k = 321$.

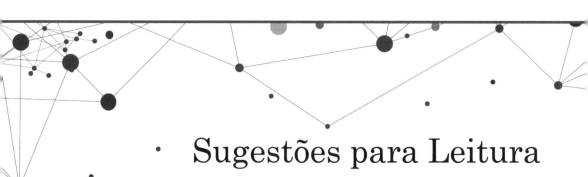

Sugestões para Leitura

FONSECA, J. S. et al. *Curso de estatística*. São Paulo: Atlas, 1975.

HOEL, P. G. et al. *Introdução à teoria da probabilidade*. Rio de Janeiro: Interciência, 1978.

KARMEL, P. H. et al. *Estatística geral e aplicada à economia*. São Paulo: Atlas, 1972.

MEYER, P. L. *Probabilidade:* aplicações à estatística. Rio de Janeiro: Ao Livro Técnico, 1969.

SPIEGEL, Murray. *Probabilidade e estatística*. São Paulo: McGraw-Hill, 1981.

STEVENSON, W. J. *Estatística aplicada à administração*. São Paulo: Harper & Row do Brasil, 1981.

Regressão Linear Simples

> "Nada lhe posso dar que já não exista em você mesmo. Não lhe posso abrir outro mundo de imagens, além daquele que há em sua própria alma. Nada lhe posso dar a não ser a oportunidade, o impulso, a chave. Eu o ajudarei a tornar visível o seu próprio mundo, e isso é tudo."
>
> *Hermann Hesse*

Resumo Teórico

6.1 Análise de Regressão Linear Simples

Muitos estudos estatísticos têm como objetivo estabelecer uma relação traduzida por uma equação que permita estimar o valor de uma variável em função de outra ou outras variáveis.

O caso mais simples é traduzir essa relação pela equação de uma reta, quando o acréscimo de uma variável, designada por dependente e usualmente representada por Y, varia linearmente com os acréscimos provocados em outra variável, designada por independente, representada por X.

Essas equações são usadas em situações nas quais se pretende:

- estimar valores de uma variável com base em valores conhecidos de outra;
- explicar valores de uma variável em termos de outra;
- predizer valores futuros de uma variável.

Duas importantes características da equação linear devem ser destacadas: o coeficiente angular da reta e a cota da reta em determinado ponto (também chamado de coeficiente linear, ou simplesmente intercepto).

6.1.1 Variável Dependente

É a variável não controlada em um experimento, sendo, por definição, aleatórios os seus valores. É também chamada de variável endógena.

6.1.2 Variável Independente

É a variável que pode ser controlada em um experimento. Em outras palavras, seus valores são exatos. É também conhecida por variável exógena ou explicativa.

6.2 Modelo de Regressão Linear Simples

O modelo linear simples é o que contém apenas uma variável independente. Sua equação básica é a seguinte:

$$Y_i = \alpha + \beta X_i + \varepsilon_i \ (i = 1, 2, 3, \ldots, n)$$

em que Y_i é a variável dependente, X_i é a variável explicativa (independente), ε_i é o termo aleatório e α, β são os parâmetros a serem estimados.

6.2.1 Pressupostos do Modelo de Regressão Linear Simples

- A variável ε_i é real e aleatória.
- A variável aleatória ε_i possui média zero, isto é, $E(\varepsilon_i) = 0$.
- A variável aleatória ε_i possui variância constante, ou $\text{Var}(\varepsilon_i) = \sigma^2$.
- A variável aleatória ε_i tem distribuição normal:

$$\varepsilon_i \sim N(0, \sigma^2).$$

- As variáveis aleatórias residuais referentes a duas observações não estão correlacionadas, sendo, portanto, independentes entre si. Assim, sua covariância assume o valor zero:

$$\text{Cov}(\varepsilon_i, \varepsilon_j) = 0, \forall\ i \neq j$$

- ε_i e X_i são independentes, ou seja, $E(\varepsilon_i X_i) = 0$.

6.3 Estimação dos Parâmetros

Para determinação dos estimadores do modelo de regressão existem vários métodos dos quais se sobressai o de mínimos quadrados. Ele tem por objetivo obter estimativas dos parâmetros α e β de sorte que a soma dos quadrados desses desvios seja mínima.

Assim, adotado o modelo linear:

$$Y = \alpha + \beta X + \varepsilon_i$$

será necessário estimarmos parâmetros a e b para α e β a partir de n pares de observações (X_i, Y_i), $i = 1, 2, 3, ..., n$. Dessa forma, obteremos uma estimativa do modelo adotado por meio da fórmula:

$$\hat{Y} = a + bX$$

em que $\hat{Y}$ (lê-se Y chapéu) será o estimador de Y (por conveniência, os índices $i = 1, 2, 3, ..., n$ das variáveis X, Y foram abandonados).

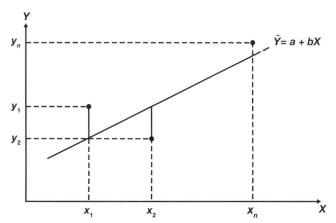

Para dado valor X, existe uma diferença ε_i entre o valor Y observado e seu correspondente valor estimado $\hat{Y}$ fornecido pela reta de regressão estimada.

Simbolicamente:

$$\varepsilon_i = Y_i - (\alpha + \beta X_i)$$

Como o método de mínimos quadrados consiste em estimar valores para α e β de modo que a soma dos quadrados dos erros ε_i seja mínima:

$$S = \sum_{i=1}^{n} \varepsilon_i^2 = \sum_{i=1}^{n} (Y_i - \alpha - \beta X_i)^2$$

deveremos ter as derivadas parciais de S em relação a α e β iguais a zero:

$$\frac{\partial S}{\partial \alpha} = -2\sum(Y - a - bX) = 0$$

$$\frac{\partial S}{\partial \beta} = -2\sum X(Y - a - bX) = 0$$

Dessa forma obtemos o sistema de equações seguinte:

$$\sum Y = na + b\sum X \qquad \text{(II)}$$

$$\sum XY = a\sum X + b\sum X^2 \qquad \text{(III)}$$

que são conhecidas por equações normais para a obtenção de a e b.

Resolvendo o sistema de equações normais (II) e (III) encontramos os valores dos coeficientes a e b:

$$b = \frac{n\sum_{i=1}^{n} X_i Y_i - \sum_{i=1}^{n} X_i \sum_{i=1}^{n} Y_i}{n\sum_{i=1}^{n} X_i^2 - \left[\sum_{i=1}^{n} X_i\right]^2}$$

$$a = \bar{Y} - b \times \bar{X}$$

em que $\bar{X} = \dfrac{\sum_{i=1}^{n} X_i}{n}$ e $\bar{Y} = \dfrac{\sum_{i=1}^{n} Y_i}{n}$.

6.4 Coeficiente de Correlação Linear Simples de Pearson

O coeficiente de correlação simples de Pearson é uma medida de associação linear entre variáveis quantitativas que oscilam entre -1 e $+1$. Quando seu valor é -1, a correlação é perfeita negativa: os valores altos em uma variável correspondem a valores baixos em outra. Quando seu valor é $+1$, a correlação é perfeita positiva: valores altos em uma variável correspondem a valores altos na outra. Quando seu valor é 0, não existe correlação.

Em resumo, o coeficiente de correlação linear pode ser interpretado como uma versão estandardizada da covariância, funcionando os desvios padrões como fatores de estandardização. Observe-se que, embora os sinais dos dois parâmetros sejam idênticos, o coeficiente de correlação linear é de interpretação muito mais imediata por possuir limites bem precisos como ficou descrito no parágrafo anterior.

Deve ser observado ainda que o coeficiente de correlação como medida de intensidade de relação linear entre duas variáveis é apenas uma interpretação puramente matemática ficando, pois, isenta de qualquer implicação de causa e efeito. Em outras palavras, o fato de que duas variáveis tendam a aumentar ou a diminuir não pressupõe que uma delas exerça efeito direto ou indireto sobre a outra.

A fórmula genérica para seu cálculo pode assumir as formas:

$$r = \frac{\sum_{i=1}^{n}(X_i - \bar{X})(Y_i - \bar{Y})}{\sqrt{\sum_{i=1}^{n}(X_i - \bar{X})^2} \times \sqrt{\sum_{i=1}^{n}(Y_i - \bar{Y})^2}}$$

$$r = \frac{n\sum_{i=1}^{n} X_i Y_i - \sum_{i=1}^{n} X_i \sum_{i=1}^{n} Y_i}{\sqrt{n\sum_{i=1}^{n} X_i^2 - \left[\sum_{i=1}^{n} X_i\right]^2} \times \sqrt{n\sum_{i=1}^{n} Y_i^2 - \left[\sum_{i=1}^{n} Y_i\right]^2}}$$

$$r = \frac{\overline{XY} - \bar{X}\,\bar{Y}}{s_x s_y}$$

em que X e Y são as variáveis já definidas anteriormente.

6.4.1 Propriedades do Coeficiente de Correlação Linear de Pearson

- O coeficiente de correlação é um número adimensional, ou seja, independe das unidades das variáveis X e Y.
- Quando se soma um valor constante qualquer a cada valor da variável X ou da variável Y, ou de ambas, ou quando se subtrai esse mesmo valor da variável X ou da variável Y, ou de ambas, o coeficiente de correlação não se altera:

$$r(X + a, Y + b) = r(X, Y)$$

- Quando se multiplica ou se divide um valor constante qualquer por cada valor da variável X ou da variável Y, ou de ambas, o coeficiente de correlação não se altera:

$$r(aX, bY) = r(X, Y)$$

Regressão Linear Simples **223**

6.5 Coeficiente de Determinação ou Explicação

O coeficiente de determinação R^2 indica quantos por cento a variação explicada pela regressão representa da variação total (vide figura seguinte).

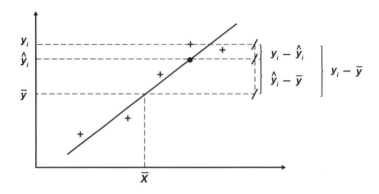

Em que:

$Y_i - \bar{Y}$: desvios totais;

$\hat{Y}_i - \bar{Y}$: desvios explicados;

$Y_i - \hat{Y}_i$: desvios não explicados ou resíduos;

satisfaz a relação:

$$\sum_{i=1}^{n}(Y_i - \bar{Y})^2 = \sum_{i=1}^{n}(\hat{Y}_i - \bar{Y})^2 + \sum_{i=1}^{n}(Y_i - \hat{Y}_i)^2$$

Quando $R^2 = 1$ todos os pontos observados se situam *exatamente* sobre a curva de regressão, ou seja, as variações de Y são 100 % explicadas pelas variações de X, não havendo, portanto, desvios em torno da função estimada. Por outro lado, se $R^2 = 0$, as variações de Y são exclusivamente aleatórias, e a introdução da variável X no modelo não incorporará nenhuma informação sobre as variações de Y.

Portanto:

$$0 \leq R^2 \leq 1$$

A fórmula genérica para seu cálculo pode assumir as formas:

$$R^2 = \left(\frac{\sum_{i=1}^{n}(X_i - \bar{X})(Y_i - \bar{Y})}{\sqrt{\sum_{i=1}^{n}(X_i - \bar{X})^2} \times \sqrt{\sum_{i=1}^{n}(Y_i - \bar{Y})^2}} \right)^2$$

$$R^2 = \left(\frac{n\sum_{i=1}^{n} X_i Y_i - \sum_{i=1}^{n} X_i \sum_{i=1}^{n} Y_i}{\sqrt{n\sum_{i=1}^{n} X_i^2 - \left[\sum_{i=1}^{n} X_i\right]^2} \times \sqrt{n\sum_{i=1}^{n} Y_i^2 - \left[\sum_{i=1}^{n} Y_i\right]^2}} \right)^2$$

$$R^2 = \left(\frac{\overline{XY} - \overline{X}\,\overline{Y}}{s_x s_y} \right)^2$$

em que X e Y são as variáveis já definidas anteriormente (observe que a fórmula para cálculo do coeficiente de determinação R^2 é a do coeficiente de correlação r elevado ao quadrado).

Deve-se empregar o coeficiente de determinação R^2 com certa cautela considerando os motivos descritos a seguir:

- é possível aumentar o valor de R^2 por meio de adição de novas variáveis ao modelo. No entanto, apesar de maior valor para R^2 nem sempre o modelo ajustado será melhor que o primeiro;
- a grandeza de R^2 depende da faixa de variação da variável explicativa. É possível que R^2 seja pequeno simplesmente porque as observações em X estejam assumindo uma faixa de variação muito pequena para que o relacionamento entre X e Y possa ser detectado. Por outro lado, um valor elevado de R^2 pode ocorrer porque X assumiu uma faixa de variação muito extensa que não ocorre em condições usuais;
- R^2 não mede a adequação do modelo pois, mesmo que X e Y não apresentem um relacionamento linear, é possível que R^2 assuma valores elevados;
- R^2 não mede a magnitude da inclinação da reta de regressão. Um grande valor para R^2 não implica um valor elevado para a inclinação da reta.

Exercícios Resolvidos

6.1 Considere duas variáveis X e Y cuja amostra de cinco pares de observações está expressa na tabela seguinte:

X	10	K	30	40	50
Y	06	08	07	08	06

Pede-se determinar o valor de K para que ocorra ausência de relação linear entre as variáveis X e Y.

Solução:

Ora, se as variáveis X e Y são ditas não correlacionadas, o coeficiente angular da reta ajustada:

$$\hat{Y} = a + bX = \bar{Y} + b(X - \bar{X})$$

será nulo, evidentemente. Assim sendo, a reta ajustada fica reduzida a:

$$\hat{Y} = \bar{Y}$$

Sabemos que a fórmula genérica que nos permite calcular o coeficiente angular da reta precedente é dada por:

$$b = \frac{n\sum_{i=1}^{n} X_i Y_i - \sum_{i=1}^{n} X_i \sum_{i=1}^{n} Y_i}{n\sum_{i=1}^{n} X_i^2 - \left[\sum_{i=1}^{n} X_i\right]^2} \tag{I}$$

Portanto, se $b = 0$, então o numerador em (I) será nulo:

$$n\sum_{i=1}^{n} X_i Y_i - \sum_{i=1}^{n} X_i \sum_{i=1}^{n} Y_i = 0$$

$$\therefore \quad n\sum_{i=1}^{n} X_i Y_i = \sum_{i=1}^{n} X_i \sum_{i=1}^{n} Y_i \tag{II}$$

Substituindo os valores da tabela em (II), encontramos:

$$5 \times [890 + 8\,K] = [130 + K] \times 35$$

$$890 + 8\,K = 7 \times [130 + K]$$

$$890 + 8\,K = 910 + 7\,K \therefore K = 20 \checkmark$$

6.2 As exportações de castanha *in natura*, processadas pela Empresa Yasmin Ltda. no período que se estende de 1983 a 1989 encontram-se na tabela a seguir em que a variável quantidade está expressa em toneladas:

Ano	1983	1984	1985	1986	1987	1988	1989
Quantidade	50	46	36	31	25	11	18

Pede-se:

a. a equação de regressão linear da quantidade sobre o tempo;
b. o coeficiente de correlação linear;

c. a quantidade estimada para a exportação em 1990;

d. a variação (%) da quantidade exportada em 1990 relativamente ao ano de 1988.

Solução:

Com o objetivo de evitar um grande número de contas, façamos a mudança de variável seguinte:

$$X_i = t_i - t_0 \, , (t_i = 1983, 1984, \ldots, 1989)$$

em que t_i são os valores da variável independente tempo e t_0 uma constante arbitrária, no caso, $t_0 = 1986$.

Consideremos então o quadro auxiliar:

t_i	X_i	X_i^2	Y_i	$X_i Y_i$	Y_i^2
1983	-3	9	50	-150	2500,00
1984	-2	4	46	-92	2116,00
1985	-1	1	36	-36	1296,00
1986	0	0	31	0	961,00
1987	1	1	25	25	625,00
1988	2	4	11	22	121,00
1989	3	9	18	54	324,00
Total	0	28	217	-177	7943,00

Cálculos auxiliares para os coeficientes:

$$n = 7$$

$$\bar{X} = \frac{\sum_{i=1}^{7} X_i}{7} = \frac{0}{7} = 0 \qquad \bar{Y} = \frac{\sum_{i=1}^{7} Y_i}{7} = \frac{217}{7} = 31$$

$$7 \times \sum_{i=1}^{7} X_i Y_i - \sum_{i=1}^{7} X_i \sum_{i=1}^{7} Y_i = 7 \times (-177) - 0 \times 217 = -1239$$

$$7 \times \sum_{i=1}^{7} X_i^2 - \left[\sum_{i=1}^{7} X_i \right]^2 = 7 \times 28 - 0^2 = 196$$

$$7 \times \sum_{i=1}^{7} Y_i^2 - \left[\sum_{i=1}^{7} Y_i \right]^2 = 7 \times 7943 - 217^2 = 8512$$

a. Equação da reta de regressão:

$$b = -\frac{1239}{196} \cong -6,32$$

$$a = \bar{Y} - b \times \bar{X} = 31 - (-6,32) \times 0 = 31$$

$$\text{Logo, } \hat{Y} = 31 - 6,32X \checkmark$$

b. Coeficiente de correlação linear:

$$r = \frac{-1239}{\sqrt{196 \times 8.512}} \cong -0,959 \checkmark$$

Tal valor indica a existência de forte correlação linear negativa entre as variáveis.

c. Estimativa para 1990:

$$\hat{Y}_{(4)} = 31 - 6,32 \times 4 = 5,72 \text{ toneladas } \checkmark$$

ou seja, em 1990, espera-se uma exportação de somente 5,72 toneladas de castanha *in natura*.

d. Sabemos que $q_{88} = 11\ t$ e $q_{90} = 5,72\ t$

$$\text{Logo, } \frac{q_{90}}{q_{88}} - 1 = \frac{5,72}{11} - 1 = -0,48 \checkmark$$

o que vem indicar um decréscimo na quantidade exportada em 1990, em torno de 48 %, quando comparada ao ano de 1988.

6.3 A Empresa Squadrus Ltda., fabricante de implementos agrícolas de alta tecnologia, realizou um levantamento do custo total de um de seus produtos (Y), expresso em $ 1000,00, em função do número total de peças produzidas (X), expresso em unidades, durante cinco meses, com o objetivo de montar uma regressão linear simples entre essas variáveis, obtendo os somatórios:

$$\sum_{i=1}^{5} X_i = 440 \qquad \sum_{i=1}^{5} Y_i = 120 \qquad \sum_{i=1}^{5} X_i Y_i = 12.300$$

$$\sum_{i=1}^{5} X_i^2 = 49.450 \qquad \sum_{i=1}^{5} Y_i^2 = 3200$$

Nessas condições, pede-se:

a. a reta que melhor se ajuste a esses dados;
b. o valor do coeficiente de correlação linear;
c. o valor mais provável dos custos fixos;

228 *Capítulo 6*

d. o valor estimado do custo variável para uma produção de 500 unidades;

e. admitindo-se um preço de venda de $ 3000, por unidade, estimar a quantidade mínima a ser produzida para que se obtenha um lucro de $ 80.000.

Solução:

Cálculos auxiliares para os coeficientes:

$$n = 5$$

$$\bar{X} = \frac{\sum_{i=1}^{5} X_i}{5} = \frac{440}{5} = 88 \qquad \bar{Y} = \frac{\sum_{i=1}^{5} Y_i}{5} = \frac{120}{5} = 24$$

$$5 \times \sum_{i=1}^{5} X_i Y_i - \sum_{i=1}^{5} X_i \sum_{i=1}^{5} Y_i = 5 \times 12.300 - 440 \times 120 = 8700$$

$$5 \times \sum_{i=1}^{5} X_i^2 - \left[\sum_{i=1}^{5} X_i \right]^2 = 5 \times 49.450 - 440^2 = 53.650$$

$$5 \times \sum_{i=1}^{5} Y_i^2 - \left[\sum_{i=1}^{5} Y_i \right]^2 = 5 \times 3200 - 120^2 = 1600$$

a. Equação da reta de regressão:

$$b = \frac{8700}{53.650} \cong 0,162$$

$$a = \bar{Y} - b \times \bar{X} = 24 - 0,162 \times 88 = 9,744$$

$$\text{Logo, } \hat{Y} = 9,744 + 0,162X \checkmark$$

b. Coeficiente de correlação linear:

$$r = \frac{8700}{\sqrt{53.650 \times 1600}} \cong +0,939 \checkmark$$

indicando a existência de forte correlação linear entre as variáveis em tela.

c. Estimativa para os custos fixos:

$$\hat{Y}_{(0)} = 9,744 + 0,162 \times 0 = 9,744 \checkmark$$

Logo, os custos fixos totalizam $ 9744.

d. Estimativa para o custo variável:

Para $X = 500$ unidades temos:

$$CV = 0,162 \times 500 = 81 \checkmark$$

Donde se conclui que o custo variável perfaz a quantia de, aproximadamente, $ 81.000,00.

e. Seja Q a quantia procurada.
Segue-se que:

$$\text{Lucro} = \text{Receita} - \text{Custo total}$$

$$80.000 = 3000\,Q - (9744 + 162\,Q)$$

$$80.000 = 3000\,Q - 9744 - 162\,Q$$

$$2838\,Q = 89.744 \therefore Q \cong 32 \checkmark$$

Portanto, é necessária a produção de 32 unidades desse produto.

6.4 Ajustar os dados do gráfico a seguir por meio de uma função potência $V = AP^B$, em que V = vendas, P = gastos em propaganda e A, B são parâmetros a estimar (**V** expresso em 10.000 unidades, **P** em $ 1000) e calcular o coeficiente de correlação linear. A seguir, construa uma tabela demonstrando a diferença entre os valores observados e esperados segundo o modelo estimado.

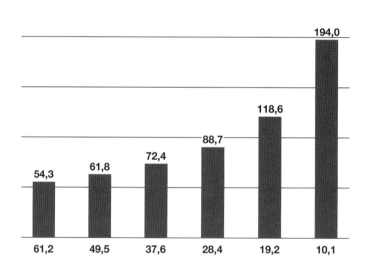

Solução:
Como $V = AP^B$, obtemos, tomando logaritmos decimais:

$$\text{Log}\,V = \text{Log}\,A + B\,\text{Log}\,P$$

Fazendo, Log $V = Y$, Log $A = K$ e Log $P = X$ a equação anterior pode ser escrita como:

$$Y = K + BX$$

em que P e V estão representados na tabela a seguir:

P	61,20	49,50	37,60	28,40	19,20	10,10
V	54,30	61,80	72,40	88,70	118,60	194,00

Considere o quadro auxiliar:

X_i	X_i^2	Y_i	X_iY_i	Y_i^2
1,7868	3,1925	1,7348	3,0997	3,0095
1,6946	2,8717	1,7910	3,0350	3,2076
1,5752	2,4812	1,8597	2,9294	3,4586
1,4533	2,1121	1,9479	2,8310	3,7944
1,2833	1,6469	2,0741	2,6617	4,3018
1,0043	1,0087	2,2878	2,2977	5,2340
8,7975	13,3130	11,6953	16,8544	23,0061

Cálculos auxiliares para os coeficientes:

$$n = 6$$

$$\bar{X} = \frac{\sum_{i=1}^{6} X_i}{6} = \frac{11,6953}{6} \cong 1,9492 \qquad \bar{Y} = \frac{\sum_{i=1}^{6} Y_i}{6} = \frac{8,7975}{6} \cong 1,4662$$

$$6 \times \sum_{i=1}^{6} X_iY_i - \sum_{i=1}^{6} X_i \sum_{i=1}^{6} Y_i = 6 \times 16,8544 - 11,6953 \times 8,7975 = -1,7630$$

$$6 \times \sum_{i=1}^{6} X_i^2 - \left[\sum_{i=1}^{6} X_i\right]^2 = 6 \times 23,0061 - 11,6953^2 = 1,2565$$

$$6 \times \sum_{i=1}^{6} Y_i^2 - \left[\sum_{i=1}^{6} Y_i\right]^2 = 6 \times 13,3130 - 8,7975^2 = 2,4819$$

Equação da reta de regressão:

$$B = \frac{-1,7630}{1,2526} \cong -1,4074$$

$$K = \bar{Y} - B \times \bar{X} = 1,4662 + 1,4074 \times 1,9492 \cong 4,2095$$

Portanto, $Y = 4,2095 - 1,4074\,X$

Ou ainda, $\hat{V} = 16.199,43\, P^{-1,4074}$ ✓

Coeficiente de correlação linear:

$$r = \frac{-1,7630}{\sqrt{1,2565 \times 2,4819}} \cong -0,9983 \checkmark$$

Tabela comparativa entre vendas e gastos com propaganda:

Gastos com propaganda	Vendas		Diferença (B − A)
	Observado A	Observado B	
61,2	54,3000	49,5251	−4,77
49,5	61,8000	66,7594	4,96
37,6	72,4000	98,3061	25,91
28,4	88,7000	145,9149	57,21
19,2	118,6000	253,1521	134,55
10,1	194,0000	625,1984	431,20

6.5 Mostre que a reta de regressão linear simples passa sempre pelo ponto $(\overline{X}, \overline{Y})$,

$$\text{em que } \overline{X} = \frac{\sum_{i=1}^{n} X_i}{n} \wedge \overline{Y} = \frac{\sum_{i=1}^{n} Y_i}{n}$$

Solução:

1º caso: X é a variável independente.

A equação da reta de mínimos quadrados é dada por:

$$Y = a + bX \tag{I}$$

Sabemos, também, que uma equação normal para a reta de mínimos quadrados é dada por:

$$\sum_{i=1}^{n} Y_i = an + b\sum_{i=1}^{n} X_i \tag{II}$$

Dividindo ambos os membros de (II) por n observações, obtemos:

$$\frac{\sum_{i=1}^{n} Y_i}{n} = a + b\frac{\sum_{i=1}^{n} X_i}{n}$$

$$\therefore\ \overline{Y} = a + b\overline{X} \tag{III}$$

232 *Capítulo 6*

Desse ponto, subtraindo (III) de (I), temos a reta de mínimos quadrados:

$$Y - \bar{Y} = b(X - \bar{X}) \qquad \text{(IV)} \checkmark$$

o que vem mostrar que a reta passa pelo ponto. Tal ponto é conhecido, normalmente, por centroide.

2º caso: Y é a variável independente.

Como no caso 1º, com X e Y permutados entre si, e as constantes $\underline{a}$ e $\underline{b}$, substituídas por $\underline{A}$ e $\underline{B}$, respectivamente, obtemos a equação de mínimos quadrados:

$$X - \bar{X} = A(Y - \bar{Y}) \qquad \text{(V)} \checkmark$$

Logo, a reta também passa pelo ponto $(\bar{X}, \bar{Y})$.

Convém lembrar que, em geral, as retas (IV) e (V) não são coincidentes, mas se interceptam no centroide.

6.6 Estudando-se a regressão linear simples dos preços unitários de determinado produto Y (em \$) sobre o tempo X (em anos), obteve-se a equação:

$$\hat{Y} = k + 0,98X$$

Sabendo-se que a média dos tempos é de seis anos e a média dos preços é de \$ 6,00, pede-se determinar o valor do intercepto k.

Solução:

Sabemos que a reta $\hat{Y}$ passa pelo ponto $(\bar{X}, \bar{Y})$, conforme o problema precedente. Assim acontecendo, podemos escrever:

$$6 = k + 0,98 \times 6$$
$$6 = k + 5,88$$
$$k = 6 - 5,88 \therefore k = 0,12 \checkmark$$

6.7 O quadro a seguir apresenta o número de bactérias por unidade de volume (V) presente em uma cultura ao cabo de X horas.

X	0	1	2	3	4	5	6
Y	32	47	65	92	132	190	275

a. Ajuste uma curva de mínimos quadrados da forma $V = ab^x$ aos dados.

b. Compare os valores de Y assim obtidos com os valores observados.

c. Estime o valor de Y para $X = 7$ horas.

Solução:

a. Como $V = ab^x$, obtemos, tomando logaritmos decimais:

$$\text{Log } V = \text{Log } a + X \text{ Log } b$$

Regressão Linear Simples **233**

Fazendo Log $V = Y$, Log $a = K$ e Log $b = R$, a equação anterior pode ser escrita como:

$$Y = K + R X$$

Considere o quadro auxiliar:

X_i	X_i^2	Y_i	$X_i Y_i$	Y_i^2
0,0000	0,0000	1,5051	0,0000	2,2655
1,0000	1,0000	1,6721	1,6721	2,7959
2,0000	4,0000	1,8129	3,6258	3,2867
3,0000	9,0000	1,9638	5,8914	3,8565
4,0000	16,0000	2,1206	8,4823	4,4968
5,0000	25,0000	2,2788	11,3938	5,1927
6,0000	36,0000	2,4393	14,6360	5,9503
21,0000	91,0000	13,7926	45,7013	27,8444

Cálculos auxiliares para os coeficientes:

$$n = 7$$

$$\bar{X} = \frac{\sum_{i=1}^{7} X_i}{7} = \frac{21}{7} = 3 \qquad \bar{Y} = \frac{\sum_{i=1}^{7} Y_i}{7} = \frac{13,7926}{7} \cong 1,97$$

$$7 \times \sum_{i=1}^{7} X_i Y_i - \sum_{i=1}^{7} X_i \sum_{i=1}^{7} Y_i = 7 \times 45,7013 - 21 \times 13,7926 = 30,2645$$

$$7 \times \sum_{i=1}^{7} X_i^2 - \left[\sum_{i=1}^{7} X_i \right]^2 = 7 \times 91 - 21^2 = 196$$

$$7 \times \sum_{i=1}^{7} Y_i^2 - \left[\sum_{i=1}^{7} Y_i \right]^2 = 7 \times 27,8444 - 13,7926^2 \cong 4,6749$$

Equação da reta de regressão:

$$R = \frac{30,2645}{196} \cong 0,1544$$

$$K = \bar{Y} - R \times \bar{X} = 1,97 - 0,1544 \times 3 = 1,5068$$

Portanto, $\hat{Y} = 1,5068 + 0,1544X$

Ou ainda, $\hat{V} = 32,12 \times 1,4269^X$ ✓

b. Tabela comparativa entre os valores observados e esperados:

Valor X	Valor Y		Diferença (B − A)
	Observado A	**Observado B**	
0	32,000	32,1200	0,1200
1	47,000	45,8320	−1,1680
2	65,000	65,3977	0,3977
3	92,000	93,3160	1,3160
4	132,000	133,1526	1,1526
5	190,000	189,9955	−0,0045
6	275,000	271,1045	−3,8955

c. Valor de $\hat{V}$ para $X = 7$ horas:

$$\hat{V}_{(7)} = 32,12 \times 1,42697^7 \cong 387 \text{ bactérias por unidade de volume.} \checkmark$$

6.8 Mostre que:

a. Quando se multiplica ou se divide um valor constante qualquer pelo valor da variável X ou da variável Y, ou de ambas, o coeficiente de correlação não se altera:

$$r(aX, bY) = r(X, Y)$$

b. Quando se soma um valor constante qualquer a cada valor da variável X ou da variável Y, ou de ambas, ou quando se subtrai esse mesmo valor da variável X ou da variável Y, ou de ambas, o coeficiente de correlação não se altera:

$$r(X + a, Y + b) = r(X, Y)$$

Solução:

a. Fazendo $Z = aX$ e $W = bY$, teremos $\bar{Z} = a\bar{X}$ e $\bar{W} = b\bar{Y}$.

Assim,

$$r(Z,W) = \frac{\displaystyle\sum_{i=1}^{n}(Z_i - \bar{Z})(W_i - \bar{W})}{\sqrt{\displaystyle\sum_{i=1}^{n}(Z_i - \bar{Z})^2} \times \sqrt{\displaystyle\sum_{i=1}^{n}(W_i - \bar{W})^2}} = \frac{\displaystyle\sum_{i=1}^{n}(aX_i - a\bar{X})(bY_i - b\bar{Y})}{\sqrt{\displaystyle\sum_{i=1}^{n}(aX_i - a\bar{X})^2} \times \sqrt{\displaystyle\sum_{i=1}^{n}(bY_i - b\bar{Y})^2}}$$

$$r(Z,W) = \frac{\displaystyle\sum_{i=1}^{n}(Z_i - \bar{Z})(W_i - \bar{W})}{\sqrt{\displaystyle\sum_{i=1}^{n}(Z_i - \bar{Z})^2} \times \sqrt{\displaystyle\sum_{i=1}^{n}(W_i - \bar{W})^2}} = \frac{ab\displaystyle\sum_{i=1}^{n}(X_i - \bar{X})(Y_i - \bar{Y})}{ab\sqrt{\displaystyle\sum_{i=1}^{n}(X_i - \bar{X})^2} \times \sqrt{\displaystyle\sum_{i=1}^{n}(Y_i - \bar{Y})^2}}$$

$$r(Z,W) = \frac{\displaystyle\sum_{i=1}^{n}(Z_i - \bar{Z})(W_i - \bar{W})}{\sqrt{\displaystyle\sum_{i=1}^{n}(Z_i - \bar{Z})^2} \times \sqrt{\displaystyle\sum_{i=1}^{n}(W_i - \bar{W})^2}} = \frac{\displaystyle\sum_{i=1}^{n}(X_i - \bar{X})(Y_i - \bar{Y})}{\sqrt{\displaystyle\sum_{i=1}^{n}(X_i - \bar{X})^2} \times \sqrt{\displaystyle\sum_{i=1}^{n}(Y_i - \bar{Y})^2}}$$

$$r(Z,W) = r(aX, bY) = r(X, Y) \checkmark$$

b. Fazendo $Z = X + a$ e $W = Y + b$, obteremos $\bar{Z} = \bar{X} + a$ e $\bar{W} = \bar{Y} + b$. Dessa forma,

$$r(Z,W) = \frac{\displaystyle\sum_{i=1}^{n}(Z_i - \bar{Z})(W_i - \bar{W})}{\sqrt{\displaystyle\sum_{i=1}^{n}(Z_i - \bar{Z})^2} \times \sqrt{\displaystyle\sum_{i=1}^{n}(W_i - \bar{W})^2}} = \frac{\displaystyle\sum_{i=1}^{n}(X_i + a - \bar{X} - a)(Y_i + b - \bar{Y} - b)}{\sqrt{\displaystyle\sum_{i=1}^{n}(X_i + a - \bar{X} - a)^2} \times \sqrt{\displaystyle\sum_{i=1}^{n}(Y_i + b - \bar{Y} - b)^2}}$$

$$r(Z,W) = \frac{\displaystyle\sum_{i=1}^{n}(Z_i - \bar{Z})(W_i - \bar{W})}{\sqrt{\displaystyle\sum_{i=1}^{n}(Z_i - \bar{Z})^2} \times \sqrt{\displaystyle\sum_{i=1}^{n}(W_i - \bar{W})^2}} = \frac{\displaystyle\sum_{i=1}^{n}(X_i - \bar{X})(Y_i - \bar{Y})}{\sqrt{\displaystyle\sum_{i=1}^{n}(X_i - \bar{X})^2} \times \sqrt{\displaystyle\sum_{i=1}^{n}(Y_i - \bar{Y})^2}}$$

$$r(Z,W) = r(X + a, Y + b) = r(X, Y) \checkmark$$

6.9 Mostre que o coeficiente angular da reta de regressão é função da intensidade da relação entre as variáveis X e Y, como também dos desvios padrões dessas variáveis. Em outras palavras:

$$\hat{Y} = \bar{Y} + \frac{s_y}{s_x} \times r \times (X - \bar{X})$$

em que r é o coeficiente de correlação linear de Pearson e s_x, s_y são os desvios padrões das variáveis X e Y.

Solução:

O coeficiente angular da reta de regressão é dado por:

$$b = \frac{n\displaystyle\sum_{i=1}^{n}X_iY_i - \displaystyle\sum_{i=1}^{n}X_i\displaystyle\sum_{i=1}^{n}Y_i}{n\displaystyle\sum_{i=1}^{n}X_i^2 - \left[\displaystyle\sum_{i=1}^{n}X_i\right]^2}$$

Daí, $\left[n\displaystyle\sum_{i=1}^{n}X_i^2 - \left[\displaystyle\sum_{i=1}^{n}X_i\right]^2\right]b = n\displaystyle\sum_{i=1}^{n}X_iY_i - \displaystyle\sum_{i=1}^{n}X_i\displaystyle\sum_{i=1}^{n}Y_i$ **(I)**

A fórmula de Pearson para o cálculo do coeficiente de correlação linear é definida por:

$$r = \frac{n\sum_{i=1}^{n} X_i Y_i - \sum_{i=1}^{n} X_i \sum_{i=1}^{n} Y_i}{\sqrt{n\sum_{i=1}^{n} X_i^2 - \left[\sum_{i=1}^{n} X_i\right]^2}\sqrt{n\sum_{i=1}^{n} Y_i^2 - \left[\sum_{i=1}^{n} Y_i\right]^2}} \tag{II}$$

Substituindo (I) em (II) obtemos:

$$r = \frac{n\sum_{i=1}^{n} X_i^2 - \left[\sum_{i=1}^{n} X_i\right]^2}{\sqrt{n\sum_{i=1}^{n} X_i^2 - \left[\sum_{i=1}^{n} X_i\right]^2}\sqrt{n\sum_{i=1}^{n} Y_i^2 - \left[\sum_{i=1}^{n} Y_i\right]^2}} \times b$$

$$\therefore\ r = \frac{\sqrt{n\sum_{i=1}^{n} X_i^2 - \left[\sum_{i=1}^{n} X_i\right]^2}}{\sqrt{n\sum_{i=1}^{n} Y_i^2 - \left[\sum_{i=1}^{n} Y_i\right]^2}} \times b \tag{III}$$

Dividindo o numerador e o denominador de (III) por $\sqrt{n}$ obtemos:

$$r = \frac{s_x}{s_y} \times b$$

$$\therefore\ b = \frac{s_y}{s_x} \times r$$

Portanto, $\widehat{Y} = \overline{Y} + \dfrac{s_y}{s_x} \times r \times (X - \overline{X})$ ✔

Nota: O resultado demonstrado indica que deve haver uma pequena variação na variável X para que ocorra uma grande variação em Y.

6.10 O coeficiente de correlação entre as variáveis X e Y é $r = 0,60$. Sabendo que $s_x = 1,5$, $s_y = 3$, $\overline{X} = 12$ e $\overline{Y} = 22$, determine a equação de regressão de Y em relação a X.

Solução:

A solução consiste na utilização direta do resultado obtido no problema anterior:

$$\widehat{Y} = \overline{Y} + \frac{s_y}{s_x} \times r \times (X - \overline{X})$$

Portanto,

$$\hat{Y} = 22 + \frac{3}{1,5} \times 0,6 \times (X - 12)$$

$$\therefore \ \hat{Y} = 7,6 + 1,2X \ \checkmark$$

6.11 O coeficiente de correlação obtido de uma amostra de n pares de valores X_i, Y_i é $r = 2/3$. Sabendo que $s_x = 4$ e $s_y = 6$, determine o coeficiente de regressão de Y em relação a X.

Solução:

A solução pode ser obtida utilizando também um dos resultados demonstrados no exercício 9:

$$b = \frac{s_y}{s_x} \times r$$

Portanto,

$$b = \frac{6}{4} \times \frac{2}{3} \ \therefore \ b = 1 \ \checkmark$$

6.12 Para duas variáveis correlacionadas negativamente foram obtidos: $s_x = 6$, $s_y = 9$, $\bar{X} = 0$, $\bar{Y} = 14$ e $R^2 = 0,81$. Determine a equação de regressão de Y em relação a X.

Solução:

Lembrando que o coeficiente de correlação r é igual à raiz quadrada do coeficiente de determinação, teremos:

$r = \pm \sqrt{0,81} = \pm 0,90 \ \therefore \ r = -0,90$ (escolhe-se o valor negativo para coeficiente de correlação, posto que as variáveis são correlacionadas negativamente).

Utilizando o resultado obtido no exercício 9:

$$\hat{Y} = \bar{Y} + \frac{s_y}{s_x} \times r \times (X - \bar{X})$$

Obtemos:

$$\hat{Y} = 14 + \frac{9}{6} \times -0,90 \times (X - 0)$$

$$\therefore \ \hat{Y} = 14 - 1,35X \ \checkmark$$

6.13 Mostre que o coeficiente de correlação populacional ρ varia entre -1 e $+1$, ou seja, $-1 \leq \rho \leq 1$.

Solução:

A variância de qualquer valor é sempre não negativo, por definição. Assim:

$$\text{Var}(\frac{X}{\sigma_x} \pm \frac{Y}{\sigma_y}) \geq 0$$

Usando a propriedade da variância, tem-se:

$$\text{Var}(\frac{X}{\sigma_x}) + \text{Var}(\frac{Y}{\sigma_y}) \pm 2 \times \text{Cov}(\frac{X}{\sigma_x}, \frac{Y}{\sigma_y}) \geq 0$$

$$\frac{1}{\sigma_x^2} \times \text{Var}(X) + \frac{1}{\sigma_y^2} \times \text{Var}(Y) \pm 2 \times \frac{\text{Cov}(X,Y)}{\sigma_x \sigma_y} \geq 0$$

$$1 + 1 \pm 2 \times \frac{\text{Cov}(X,Y)}{\sigma_x \sigma_y} \geq 0$$

$$2 \pm 2 \times \frac{\text{Cov}(X,Y)}{\sigma_x \sigma_y} \geq 0$$

$$1 \pm \rho(X,Y) \geq 0$$

Portanto,

$$1 + \rho(X,Y) \geq 0 \quad \therefore \quad \rho(X,Y) \leq -1$$

$$1 - \rho(X,Y) \geq 0 \quad \therefore \quad \rho(X,Y) \geq +1$$

Ou ainda,

$$-1 \leq \rho \leq 1 \checkmark$$

6.14 Considere ρ o coeficiente de correlação linear obtido entre uma amostra de n pares X e Y em que Y é uma variável dicotômica assumindo valores 0 e 1. Mostre que o coeficiente de correlação pode ser escrito como:

$$r = \frac{\bar{X}_p - \bar{X}}{s_x} \times \sqrt{\frac{p}{q}}$$

Em que:

$\bar{X}_p$: é a média dos valores de X para o grupo superior (grupo cuja variável Y assume valor 1);

$\bar{X}$: é a média total de X da amostra;

s_x: é o desvio padrão total de X da amostra;

p: é a proporção de casos do grupo superior (grupo cuja variável X assume valor 1);

q: é a proporção de casos do grupo inferior (grupo cuja variável Y assume valor 0).

Solução:

O estimador do coeficiente linear de Pearson pode ser escrito por:

$$r = \frac{\sum_{i=1}^{n} X_i Y_i - n\overline{X}\,\overline{Y}}{n s_x s_y}$$

Mas $s_y = \sqrt{pq}$ é o desvio padrão da distribuição de Bernoulli com $q = 1 - p$. Sabemos também que:

$$\sum_{i=1}^{n} X_i Y_i = n_p \overline{X}_p \text{ e } n\overline{X}\,\overline{Y} = n_p \overline{X}$$

Portanto,

$$r = \frac{n_p \times \overline{X}_p - n_p \times \overline{X}}{n s_x \times \sqrt{pq}}$$

Dividindo por n, temos:

$$r = \frac{p \times (\overline{X}_p - \overline{X})}{s_x \times \sqrt{pq}}$$

Dividindo por $\sqrt{p}$, temos:

$$r = \frac{\overline{X}_p - \overline{X}}{s_x} \times \sqrt{\frac{p}{q}} \;\checkmark$$

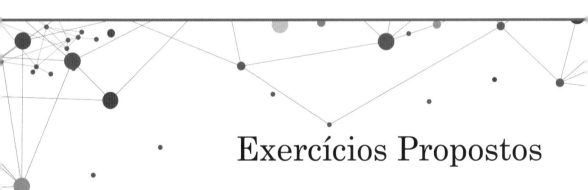

Exercícios Propostos

6.1 A tabela a seguir indica as quantidades produzidas de certo produto e os respectivos custos totais de produção apresentados pela Empresa Econométrica Ltda. durante a primeira semana do mês de janeiro de 1997:

Quantidade (kg)	10	25	50	80	90
Custo total ($)	150	290	540	840	900

Estabelecer, pela análise de regressão:

a. a reta que melhor se ajuste a esses dados;

b. o valor mais provável dos custos fixos;

c. o valor estimado do custo variável para uma produção de 180 unidades;

d. admitindo-se um preço de venda de \$ 16 por unidade, estimar a quantidade mínima que se deve produzir para se obter lucro.

6.2 Considere o índice da quantidade demandada Q e a tarifa elétrica T em (\$) no período de 1991 a1997:

Ano	1991	1992	1993	1994	1995	1996	1997
Q	69	76	81	90	94	100	103
T	143	134	117	111	109	100	107

Pede-se estimar:

a. a equação de demanda por energia elétrica por meio do modelo linear;

b. calcular o coeficiente de determinação para o modelo estimado.

6.3 As rendas R e vendas (V) das quatro regiões do município de El Mundo apresentaram, em 1999, as seguintes equações de regressão:

$$\hat{V} = 0,5 + 0,9R \qquad \hat{R} = 1,4 + 0,8V$$

a. calcular e interpretar o coeficiente de correlação;

b. a média das vendas e das rendas, sabendo-se que R e V estão expressos em \$ 1000;

c. o valor estimado das vendas quando as rendas atingirem \$ 10.000.

6.4 A administração do Banco Mucuripe S.A. deseja estabelecer um critério objetivo para avaliar a eficiência de seus gerentes. Para isso, levantou para cada um dos subdistritos onde possui agência, dados a respeito do depósito médio mensal (em \$ 1000,00) por agência e o número de estabelecimentos comerciais existentes nesses subdistritos, obtendo os seguintes resultados:

	Subdistritos							
	A	B	C	D	E	F	G	H
Número	16	30	35	70	80	90	120	160
Depósito	14	16	19	30	35	31	33	35

Pede-se:

a. ajustar uma reta de mínimos quadrados a seus valores;

b. calcular o coeficiente de correlação linear;

c. verificar quais são os gerentes eficientes.

Regressão Linear Simples **241**

Nota: Para verificar quais são os gerentes eficientes, basta substituir o número de estabelecimentos comerciais X_i na equação estimada e calcular os respectivos valores estimados dos depósitos Y_i. Serão considerados eficientes os gerentes cujos valores reais de Y_i expostos na tabela precedente forem maiores que os estimados pelo modelo de regressão.

6.5 A Empresa Mandacaru S.A. está estudando como varia a procura de certo produto em função do preço de venda e obteve as seguintes informações:

Preço de venda ($)	162	167	173	176	180
Venda mensal ($)	248	242	215	220	205

a. calcular o coeficiente de correlação linear;

b. escolher a melhor solução: vender por $ 160 ou por $ 182, sabendo-se que o custo total é da ordem de $ 60 por peça.

6.6 As taxas de inflação no País do Desperdício, durante a década dos anos 1960, foram respectivamente: 30, 35, 28, 32, 30, 28, 21, 25, 24 e 20 %. Fazer uma previsão do nível de preços para 1975, tomando-se o ano-base 1959 = 100, utilizando um ajustamento exponencial.

6.7 Os dados a seguir representam o número de rendas pessoais tributáveis (Y) e o registro de automóveis de passageiros (X) de 1996, em diversas regiões do Estado do Horizonte. Verificar se existe correlação entre as duas variáveis e determinar a equação da reta de regressão linear, fazendo Y como variável dependente (X e Y expressos em milhares).

Regiões administrativas	Rendas tributáveis	Carros de passageiros
A	23	192
B	11	90
C	13	162
D	31	246
E	91	310

6.8 Ajustar os dados da tabela a seguir por meio de uma função potência $V = AP^B$, $V =$ vendas, $P =$ gastos em propaganda e A, B parâmetros a estimar (V expresso em 10.000 unidades, P em $ 1000):

P	140	200	240	271	280	326	402
V	52	56	68	65	67	70	80

6.9 Calcular o coeficiente de determinação para os dados da questão anterior e estimar o gasto com propaganda quando as unidades vendidas atingirem 500 mil unidades.

6.10 Durante o exercício fiscal de 2003, os títulos da Indústria Betha S.A. tiveram, na Bolsa de Valores, as cotações médias mensais indicadas a seguir. Sabendo-se que o valor nominal do título é da ordem de $ 100,00, pede-se prever seu valor para setembro de 2004, utilizando uma reta de regressão linear.

Valores em (%)					
Jan.	3,0	Maio	3,5	Set.	2,0
Fev.	2,0	Jun.	5,0	Out.	2,5
Mar.	2,5	Jul.	–2,0	Nov.	3,0
Abr.	–1,5	Ago.	–1,5	Dez.	1,5

6.11 Sejam os seguintes valores relativos ao número de cheques devolvidos, expressos em mil unidades, no Estado de El Mundo:

Ano: 1997	
Mês	**Número**
Jan.	2884
Fev.	2359
Mar.	2764
Abr.	2695
Maio	2617
Jun.	2903
Jul.	3131
Ago.	2906

Ano: 1996	
Mês	**Número**
Ago.	2580
Set.	2430
Out.	2791
Nov.	2436
Dez.	2652

a. estimar uma reta de regressão para o ano de 1996 e calcular o coeficiente de determinação;

b. repetir o processo do item (a) para o ano de 1997;

c. novamente repetir o processo do item (a), considerando os dois períodos em estudo (1996/1997);

d. com base nas retas estimadas nos itens (a), (b), (c), fazer uma previsão para o número de cheques compensados em setembro de 1997, comparando-os.

Regressão Linear Simples **243**

6.12 Considere duas variáveis X e Y cuja amostra de cinco pares de observações está expressa na tabela seguinte:

X	10	20	30	K	50
Y	06	08	07	08	06

Pede-se determinar o valor de K para que exista ausência de relação linear entre as variáveis X e Y.

6.13 Destaque as variáveis Z e W expressas na tabela seguinte:

Z	02	04	05	06	08	11
W	18	12	10	08	07	05

a. calcule o coeficiente de correlação linear;

b. se cada valor de W for multiplicado por 3 e subtraído de 15, qual será o coeficiente de correlação linear entre os dois novos conjuntos de valores? Justifique sua resposta.

6.14 Estudando-se a regressão linear simples dos preços unitários de determinado produto Y (em \$) sobre o tempo X (em anos), obteve-se a equação:

$$\hat{Y} = \alpha + 2X$$

Sabendo-se que a média dos tempos é quatro anos e a média dos preços é \$ 10, pede-se determinar o valor do intercepto α.

6.15 Em um estudo sobre a relação entre as variáveis tempo de serviço (em anos) e salário (em milhares de \$) de empregados de uma grande empresa, foi utilizado o modelo linear simples $Y = \alpha + \beta X + \varepsilon_i$, em que Y_i é o salário do empregado i, X_i é o tempo de serviço do empregado i, b é a estimativa de β e ε_i é o erro aleatório, com as suposições usuais. Selecionou-se ao acaso uma amostra de 100 empregados, que resultou em:

$$\sum_{i=1}^{100} X_i = 800 \qquad \sum_{i=1}^{100} Y_i = 6\,000 \qquad b = 0,2$$

Determine o salário médio de empregados com 10 anos de serviço.

6.16 Mostre que o coeficiente de correlação linear de Pearson r é igual à média geométrica do par (a_1, b_1), em que a_1 e b_1 são os coeficientes angulares das retas:

$$\hat{Y} = a_0 + a_1 X \qquad \hat{X} = b_0 + b_1 Y$$

Sugestões para Leitura

ALEEN, R. G. D. *Estatística para economista*. Rio de Janeiro: Fundo de Cultura, 1967.

FONSECA, J. S. et al. *Curso de estatística*. São Paulo: Atlas, 1975.

FONSECA, J. S. et al. *Estatística aplicada*. São Paulo: Atlas, 1980.

KARMEL, P. H. et al. *Estatística e econometria*. São Paulo: McGraw-Hill, 1982.

KARMEL, P. H. et al. *Estatística geral e aplicada à economia*. São Paulo: Atlas, 1972.

KMENTA, Jan. *Elementos de econometria*. São Paulo: Atlas, 1978.

MONTELLO, Jessé. *Estatística para economista*. Rio de Janeiro: APEC, 1970.

STEVENSON, W. J. *Estatística aplicada à administração*. São Paulo: Harper & Row do Brasil, 1981.

WASSERMAN, William. et al. *Fundamentos de estatística aplicada a los negocios y a la economia*. México: Continental, 1963.

Tabelas Estatísticas

Área sob a curva normal de 0 a z

z	0,00	0,01	0,02	0,03	0,04	0,05	0,06	0,07	0,08	0,09
0,0	0,0000	0,0007	0,0080	0,0120	0,0160	0,0199	0,0239	0,0279	0,0319	0,0359
0,1	0,0398	0,0438	0,0478	0,0517	0,0557	0,0596	0,0636	0,0675	0,0714	0,0753
0,2	0,0793	0,0832	0,0871	0,0910	0,0948	0,0987	0,1026	0,1064	0,1103	0,1141
0,3	0,1179	0,1217	0,1255	0,1293	0,1331	0,1368	0,1406	0,1443	0,1480	0,1517
0,4	0,1554	0,1591	0,1628	0,1664	0,1700	0,1736	0,1772	0,1808	0,1844	0,1879
0,5	0,1915	0,1950	0,1985	0,2019	0,2054	0,2088	0,2123	0,2157	0,2190	0,2224
0,6	0,2258	0,2291	0,2324	0,2357	0,2389	0,2422	0,2454	0,2486	0,2518	0,2549
0,7	0,2580	0,2612	0,2624	0,2673	0,2704	0,2734	0,2764	0,2764	0,2823	0,2852
0,8	0,2881	0,2910	0,2939	0,2967	0,2996	0,3023	0,3051	0,3078	0,3106	0,3133
0,9	0,3159	0,3186	0,3212	0,3238	0,3264	0,3289	0,3315	0,3340	0,3365	0,3389
1,0	0,3413	0,3438	0,3461	0,3485	0,3508	0,3531	0,3554	0,3577	0,3599	0,3621
1,1	0,3643	0,3665	0,3686	0,3708	0,3729	0,3749	0,3770	0,3790	0,3810	0,3830
1,2	0,3849	0,3869	0,3888	0,3907	0,3925	0,3944	0,3962	0,3980	0,3994	0,4015
1,3	0,4032	0,4049	0,4066	0,4082	0,4099	0,4115	0,4131	0,4147	0,4162	0,4177
1,4	0,4192	0,4207	0,4222	0,4236	0,4251	0,4265	0,4279	0,4292	0,4306	0,4319
1,5	0,4332	0,4345	0,4357	0,4370	0,4382	0,4394	0,4406	0,4418	0,4429	0,4441
1,6	0,4452	0,4463	0,4474	0,4484	0,4495	0,4505	0,4515	0,4525	0,4535	0,4545
1,7	0,4554	0,4564	0,4573	0,4582	0,4591	0,4599	0,4608	0,4646	0,4625	0,4633
1,8	0,4641	0,4649	0,4656	0,4664	0,4671	0,4678	0,4686	0,4693	0,4699	0,4706
1,9	0,4713	0,4719	0,4726	0,4732	0,4738	0,4744	0,4750	0,4756	0,4761	0,4767
2,0	0,4772	0,4778	0,4783	0,4788	0,4793	0,4798	0,4803	0,4808	0,4812	0,4817

continua...

Área sob a curva normal de 0 a z

... *continuação*

z	0,00	0,01	0,02	0,03	0,04	0,05	0,06	0,07	0,08	0,09
2,1	0,4821	0,4826	0,4830	0,4834	0,4838	0,4842	0,4846	0,4850	0,4854	0,4857
2,2	0,4861	0,4864	0,4868	0,4871	0,4875	0,4878	0,4881	0,4884	0,4887	0,4890
2,3	0,4893	0,4896	0,4898	0,4901	0,4904	0,4906	0,4909	0,4911	0,4913	0,4916
2,4	0,4918	0,4920	0,4922	0,4925	0,4927	0,4929	0,4931	0,4932	0,4934	0,4936
2,5	0,4936	0,4940	0,4941	0,4943	0,4945	0,4946	0,4948	0,4949	0,4951	0,4952
2,6	0,4953	0,4955	0,4956	0,4957	0,4959	0,4960	0,4961	0,4962	0,4963	0,4964
2,7	0,4965	0,4966	0,4967	0,4968	0,4969	0,4970	0,4971	0,4972	0,4973	0,4974
2,8	0,4974	0,4975	0,4976	0,4977	0,4977	0,4978	0,4979	0,4979	0,4980	0,4981
2,9	0,4981	0,4982	0,4982	0,4983	0,4984	0,4984	0,4985	0,4985	0,4986	0,4986
3,0	0,4987	0,4987	0,4987	0,4988	0,4988	0,4989	0,4989	0,4989	0,4990	0,4990
3,1	0,4990	0,4991	0,4991	0,4991	0,4992	0,4992	0,4992	0,4992	0,4993	0,4993
3,2	0,4993	0,4993	0,4994	0,4994	0,4994	0,4994	0,4994	0,4995	0,4995	0,4995
3,3	0,4995	0,4995	0,4995	0,4996	0,4996	0,4996	0,4996	0,4996	0,4996	0,4997
3,4	0,4997	0,4997	0,4997	0,4997	0,4997	0,4997	0,4997	0,4997	0,4997	0,4998
3,5	0,4998	0,4998	0,4998	0,4998	0,4998	0,4998	0,4998	0,4998	0,4998	0,4998
3,6	0,4998	0,4999	0,4999	0,4999	0,4999	0,4999	0,4999	0,4999	0,4999	0,4999
3,7	0,4999	0,4999	0,4999	0,4999	0,4999	0,4999	0,4999	0,4999	0,4999	0,4999
3,8	0,4999	0,4999	0,4999	0,4999	0,4999	0,4999	0,4999	0,4999	0,4999	0,4999
3,9	0,5000	0,5000	0,5000	0,5000	0,5000	0,5000	0,5000	0,5000	0,5000	0,5000

Distribuição de Poisson Simples
Valores de $e^{-\lambda}$
$(0 < \lambda < 1)$

λ	0	1	2	3	4	5	6	7	8	9
0,0	1,0000	0,9900	0,9802	0,9704	0,9608	0,9515	0,9418	0,9324	0,9231	0,9139
0,1	0,9048	0,8958	0,8869	0,8781	0,8694	0,8607	0,8521	0,8437	0,8353	0,8270
0,2	0,8178	0,8106	0,8025	0,7945	0,7866	0,7788	0,7711	0,7634	0,7558	0,7483
0,3	0,7408	0,7334	0,7261	0,7189	,7118	0,7047	0,6977	0,6907	0,6839	0,6771
0,4	0,6703	0,6639	0,6570	0,6505	0,6440	0,6376	0,6313	0,6250	0,6188	0,6128
0,5	0,6065	0,6005	0,5945	0,5886	0,5827	0,5770	0,5712	0,5655	0,5599	0,5543
0,6	0,5488	0,5434	0,5379	0,5326	0,5273	0,5220	0,5169	0,5117	0,5066	0,5016
0,7	0,4966	0,4916	0,4868	0,4819	0,4771	0,4724	0,4677	0,4630	0,4584	0,4538
0,8	0,4493	0,4449	0,4404	0,4360	0,4317	0,4274	0,4232	0,4190	0,4148	0,4107
0,9	0,4066	0,4025	0,3985	0,3946	0,3906	0,3867	0,3829	0,3791	0,3753	0,3716

$\lambda = 1, 2, 3, ..., 10$

λ	1	2	3	4	5
$e^{-\lambda}$	0,36788	0,13534	0,04979	0,01832	0,006738

λ	6	7	8	9	10
$e^{-\lambda}$	0,00248	0,00091	0,00034	0,00012	0,000045

Nota: Para obter os valores de $e^{-\lambda}$ correspondentes a λ, empregue-se a lei de formação dos expoentes.

Por exemplo: $e^{-3,48} = (e^{-3,00}) \cdot (e^{-0,48}) = (0,04979) \cdot (0,6188) = 0,03081$.

Respostas dos Exercícios Propostos

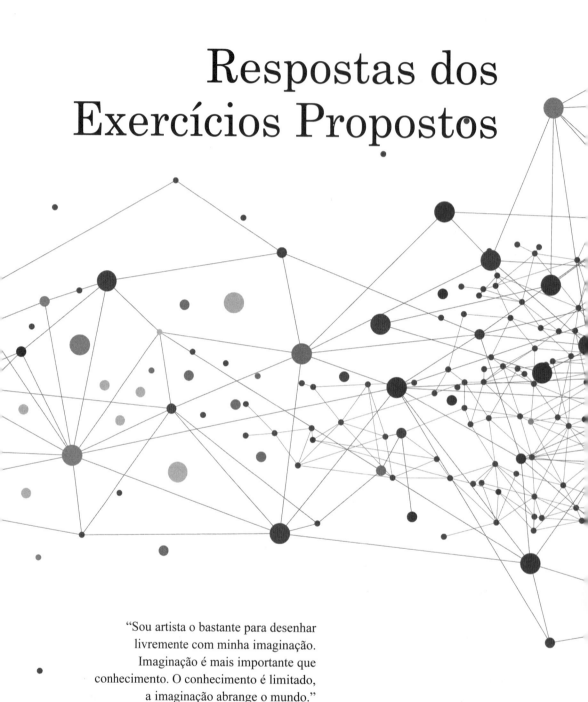

"Sou artista o bastante para desenhar livremente com minha imaginação. Imaginação é mais importante que conhecimento. O conhecimento é limitado, a imaginação abrange o mundo."

Albert Einstein

Estatística Descritiva

1.1

Ano	Número absoluto	Número índice (1996 = 100,00)	Variação (%) sobre 1996	Variação (%) sobre Ano anterior
1996	15.000	100,00	–	–
1997	20.000	133,33	+33,33	+33,33
1998	22.000	146,66	+46,66	+10,00
1999	15.000	100,00	–	−31,82
2000	25.000	166,00	+66,66	+66,66

1.3 $ 35,20

1.4 Cidade *B*

1.5 **a.** 72,2 pontos

b. 3 alunos

1.6 **a.** Proposta II, pois proporciona um reajuste global de 89 %

b. 7,5 %

1.7 8

1.8 300 g

1.9 **a.** $ 60.000.000.000,00

b. Curva assimétrica positiva

1.10 44,6 anos

1.11 **a.**

Classes	Frequências Simples Absoluta	Frequências Simples Percentual	Frequências Acumulada Absoluta	Frequências Acumulada Percentual
1,80 ⊢ 3,60	12	24,0	12	24,0
3,60 ⊢ 5,40	6	12,0	18	36,0
5,40 ⊢ 7,20	9	18,0	27	54,0
7,20 ⊢ 9,00	8	16,0	35	70,0
9,00 ⊢ 10,80	2	4,0	37	74,0
10,80 ⊢ 12,60	9	18,0	46	92,0
12,60 ⊢ 14,40	2	4,0	48	96,0
14,40 ⊢ 16,20	0	0,0	48	96,0
16,20 ⊢ 18,00	2	4,0	50	100,0
Total	50	100,00	–	–

    c. Média: 7,1 dias

       Mediana: 6,5 dias

       Moda: 2,0 dias

       Desvio padrão: 4,1 dias

       Coeficiente de variação: 58,1 %

       Coeficiente de assimetria: 1,237

    d. Média: 7,3 dias

       Mediana: 6,8 dias

       Moda: 2,7 dias

       Desvio padrão: 3,9 dias

       Coeficiente de variação: 53,8 %

       Coeficiente de assimetria: 1,171

1.12 **a.** 4,92 %

      b. 8,50 %

      c. 7,07 %

      d. Sim, usando a média ponderada das médias calculadas.

1.13 Média: 4,68 acidentes

      Moda: 3 acidentes

      Mediana: 5 acidentes

1.14 **a.** Média: 1,608 kg

      b. Desvio padrão: 0,262 kg

         Coeficiente de variação: 16,29 %

         Coeficiente de assimetria: 0,141

      c. Classe A: 1,375 kg

         Classe B: 1,600 kg

         Classe C: 1,792 kg

         Classe D: 2,200 kg

1.15 Apenas os itens (1), (5) e (7) são verdadeiros.

1.16 $ 188,14

1.17 **a.** Média: $ 15,50

         Moda: $ 19,14

         Mediana: $ 16,22

      b. Desvio médio: $ 4,42

         Desvio padrão: $ 5,30

      c. Coeficiente de variação: 34,23 %

         Coeficiente de assimetria: $-0,686$

1.18 **a.** Média: 16,65

         Moda: 16,86

         Mediana: 16,71

      b. Desvio médio: 1,63

         Desvio padrão: 2,06

      c. Coeficiente de variação: 12,38 %

         Coeficiente de assimetria: $-0,101$

d. Média: 166,5

Moda: 168,6

Mediana: 167,1

Desvio padrão: 20,6

Coeficiente de variação: 12,38

Coeficiente de assimetria: $-0,101$

e. Com exceção dos coeficientes de variação e assimetria, que permaneceram inalterados, todos os valores ficaram multiplicados por 10.

1.19   **a.** Amostra *B*

   b. Boi Kote

   c. Média: 637,50 kg

Desvio padrão: 117,02 kg

   d. Amostra *A*: 25 bovinos

Amostra *B*: 15 bovinos

1.20   Média: 7,67. Logo, não foi aprovado.

1.21   2

1.22   Homens: 80 %

Mulheres: 20 %

1.23   221 anos

1.24   4,54 %

1.25   **a.** Média: $ 15.500,00

Moda: $ 19.142,85

Mediana: $ 16.222,22

   b. Desvio médio: $ 4425,00

Desvio padrão: $ 5305,65

   c. Coeficiente de variação: 34,23 %

Coeficiente de assimetria: $-0,686$

1.27 $+ 33,33$ %

1.28   **a.** $+ 169,10$ %

   b. 42,27 % ao ano

   c. 2,08 % ao mês

1.29   **a.** Média: 7,8 litros

   b. Desvio padrão: 3,41 litros

Coeficiente de variação: 43,68 %

   c. No Edifício Paraíso

1.30   3,5 % ao ano

1.31   20 %

1.32   **a.** 118.024.765 habitantes

   b. 125.814.509 habitantes

1.33 $ 107,14

1.35   0,484

1.36   5,70 %

1.38   65,5 kg

1.39   21,21 %

Respostas dos Exercícios Propostos   **253**

1.40

a.

Valores médios das linhas									
1ª	2ª	3ª	4ª	5ª	6ª	7ª	8ª	9ª	10ª
3,571	3,857	2,571	2,857	2,857	5,714	4,286	3,857	4,857	2,571

b.

Variância das linhas									
1ª	2ª	3ª	4ª	5ª	6ª	7ª	8ª	9ª	10ª
4,286	4,476	1,619	2,143	3,476	7,571	4,905	6,476	4,143	0,286

c.

Valores médios das colunas						
1ª	2ª	3ª	4ª	5ª	6ª	7ª
3,300	3,200	3,700	4,500	3,900	3,200	4,100

d.

Variância das colunas						
1ª	2ª	3ª	4ª	5ª	6ª	7ª
6,233	1,733	2,233	2,278	6,989	5,289	7,433

e.

	Média global	Variância global
	Média das médias	Média das variâncias
Colunas	3,70	4,60
Linhas	3,70	3,94

1.41 40,55° g

1.42 A receita *per capita* passou de $ 400 para $ 328,57 por habitante, portanto, piorou.

1.43 3 cm

1.45 **a.** Média: 6,3

Desvio padrão: 2,1

b.

6,14	5,62	5,10	6,67
7,19	8,24	4,57	7,19
5,62	5,10	7,71	6,67

1.46 $ 13

1.50 3,49 %

1.51 26 %

1.52 36,2 minutos

1.53 5

254 *Respostas dos Exercícios Propostos*

1.54 4 e 16

1.57 $h = 4$

1.58 200 empregados

1.59 100 pessoas

1.60 37,5 %

1.61 **a.** Média: 3,13 acidentes/dia

Desvio padrão: 5,765 acidentes/dia

b. 21 % dos dias

1.62 **a.** $ 91,375 mil

b. $ 81,375 mil

c. $ 6,51 para os dois meses

d. Mediana em janeiro: $ 94 mil

Mediana em fevereiro: $ 84 mil

1.63 6,8 vezes

1.64 **a.** $ 2750

b. $ 2,29

c. $ 2,32

1.65 26

1.66 12

1.67 42

1.68 17

1.69

Região	Número de concordatas	
	Abs.	(%)
A	1408	44
B	1024	32
C	576	18
D	192	6
Total	3000	100

1.70 25

Fundamentos da Contagem

2.1 8 possibilidades. Diagrama omitido.

2.2 36 maneiras

2.3 36 maneiras

2.4 56 alternativas

2.5 $ 1,00; $ 3,00; $ 5,00

2.6 60 resultados

2.7	31 alternativas
2.8	7 apertos de mãos
2.9	6 elementos
2.10	**a.** 72 jogos
	b. 12 jogos
2.11	20.000 sandálias
2.12	92 comissões
2.13	12 maneiras
2.14	65.536 palavras
2.15	15 inscrições
2.16	5040 tentativas
2.17	78 números
2.18	91 jogos
2.19	2 cm^2
2.20	210 maneiras
2.21	15.120 maneiras
2.22	24 bandeiras
2.23	32 componentes
2.25	577,5 dias
2.26	1287 formas
2.27	126 maneiras
2.28	40 trajetórias
2.29	360 opções
2.30	2730 maneiras
2.31	$\dfrac{m!}{(m-n)!n!}$
2.32	7 piadas
2.33	45 torcedores
2.34	140 comissões
2.35	5400 grupos
2.36	60 %
2.37	$(n+1)$ maneiras
2.38	3 maneiras
2.39	1955

Introdução ao Cálculo das Probabilidades

3.1	0 %
3.2	50 %
3.3	**a.** 33,33 %
	b. 66,66 %

3.4   0,41 %

3.6   **a.**   18,18 %

      b.   54,54 %

      c.   16,66 %

3.7   6,66 %

3.8   11,11 %

3.9   **a.**   21 %

      b.   65,7 %

3.10   **a.**   52 %

      b.   18 %

      c.   80 %

      d.   47,36 %

3.11   58,57 %

3.12   **a.**   49.995.000

      b.   0,00000012

3.13   4 vezes

3.14   32,76 %

3.15   25 %

3.16   **a.**   92,16 %

      b.   4,85 %

      c.   0,17 %

3.17   44,76 %

3.18   **a.** $X_1 = 20\ \%; X_2 = 10\ \%; X_3 = 40\ \%; X_4 = 70\ \%; X_5 = 60\ \%$

      b.   6 %

      c.   100 %

3.19   4 %

3.20   72,73 %

3.21   1ª: 23,52 %; 2ª: 47,05 %; 3ª: 29,41

3.22   **a.**   25 %

      b.   75 %

3.23   6,89 %

3.24   **a.**   0,22 %

      b.   22,13 %

      c.   29,51 %

3.25   85,71 %

3.26   3 bolas pretas

3.27   80 %

3.28   87,5 %

3.29   1,81 %

3.30   32 %

3.31   66,66 %

3.32   51,61 %

3.33   43,75 %

3.34   **a.**   35 %
           b.   74,28 %
3.35   1,35 %
3.36 $p^2(2 - p^2)$
3.37   67,76 %
3.38   **a.**   66,66 %
           b.   30 %
3.39   3,25 %
3.40   16,66 %
3.41   **a.**   21 %
           b.   6 %
3.42   62,20 %
3.43   9,72 %
3.44   50,47 %
3.45   99,97 %
3.46   2,5 %
3.47 $\pi/4$
3.48   33,33 %
3.49   **a.**   20 %
           b.   10 %
3.50   10 %
3.51   97,02 %
3.52   43 %
3.54   0,00026561 %
3.55   2,20 %
3.56   72,90 %
3.57 $1/n$
3.58   Zero. Se cinco cartas estão nos envelopes corretos, a 6ª também está.
3.59   **a.**   20 %
           b.   88 %
           c.   55 %
           d.   92 %
3.61   1/4

Variáveis Aleatórias Discretas

4.1   Tico: $ 98; Teco: $ 14
4.3 $\beta = |\lambda|$
4.4   Média: 4,5 faixas
          Desvio padrão: 2,29 faixas
4.5   Comprar 160 revistas.
4.6 $ 144
4.7 $n = 4$

4.8 **a.** $P(Y = n) = pq^{n-1}$

4.9 **b.** $E(Y) = 1/p$

      c. $\text{Var}(Y) = q/p^2$

4.10 Média: 7 pontos

      Desvio padrão: 2,42 pontos

4.11 4.532.500 cotas

4.12 Média: 2

      Moda: 1, pois é o valor de Y que possui probabilidade máxima

4.13 $E(X) = 3,5$

      $\text{Var}(X) = 2,75$

4.14 16,66 %

4.15 **a.** Optar por pintura

      b. $p < 55\,\%$

4.16 $ 3600

4.17 Média: $ 50,00

      Desvio padrão: $ 4,03

4.18 Média: $ 14,00

      Desvio padrão: $ 1,28

4.20 3

4.22 Média: 3

      Variância: 2,5

4.24 13, 13 e 13

4.25 A afirmação do técnico é falsa, posto que a probabilidade de um componente durar de 1500 a 2500 é de, no mínimo, 75 % (utilize a desigualdade de Chebyschev para comprovar).

4.26 Como os retornos esperados são iguais, é indiferente a escolha de uma ou outra alternativa.

4.28 **a.** $a = 10\,\%$, $b = 20\,\%$, $c = 40\,\%$

      b. 9 %

      c.

Y	0	15	30	45	60
$P(Y)$	0,10	0,20	0,40	0,20	0,10

      d. 2/3

4.29 **a.** $ 35.800

      b. 6 %

4.30 **a.** 5 %

      b. 1500

      c. 150.000

      d. 2 %

      e. 4,76 %

      f. 1700

4.31 $k = \$\,3,50$; $\sigma = \$\,1,71$

Respostas dos Exercícios Propostos

Distribuições Teóricas de Probabilidades

5.1 99,90 %

5.2 12,40 %

5.3 Valor esperado: 396 pares
Desvio padrão: 19,5 pares

5.4 **a.** 99,94 %
b. 11,29 %

5.5 **a.** 40,95 %
b. 4,57 %
c. 7,10 %

5.6 290 pesquisadores

5.7 Média: 120 defeituosas
Desvio padrão: 9,79 defeituosas

5.8 Comprador D

5.9 **a.** 99,82 %
b. 0,018 %
c. $ 64,80 %

5.10 187 pesquisadores

5.11 19,28 %

5.12 0,30 %

5.13 **a.** 80,87 %
b. 44,23 %

5.14 62,88 %

5.15 **a.** 54,70 %
b. 14,28 %
c. $ 3427,20

5.16 0,45 %

5.17 26,50 %

5.18 76,18 %

5.19 **a.** 7,46 %
b. 8,62 %
c. 5 peças

5.20 $ 5054,53

5.21 3,51 %

5.22 526 gramas

5.23 **a.** 99,18 %
b. 33,64 %
c. 65,5 horas

5.24 Média: 50
Desvio padrão: 10

5.25 **a.** 81,86 %
b. 4,76 %
c. 0,02 %

5.26   **a.**   292 famílias

        b.   10.614 famílias

        c. $ 305,81

5.27   1,97 %

5.29   35,9 %

5.30   2,28 %

5.31   28,76 %

5.32   **a.**   73,74 %

        b.   0,26 %

        c.   3,45 %

        d.   99,97 %

5.33   24,24 %

5.34   **a.**   54,94 %

        b.   10,46 %

5.35   4 unidades

5.36   11,90 %

5.37   Como aproximadamente 97,70 % têm vida média superior a 40 horas, concluiu-se que a especificação foi satisfeita.

5.38   8,21 %

5.39   **a.**   24,7 %

        b. $ 6669,00

5.40   98,65 %

5.41   85,7 %

5.42   0,75 peça defeituosa

5.44   99,83 %

5.45   1,9 %

5.46   **a.**   0,108 %

        b.   5 peças defeituosas

5.47 $ 40

5.48   **a.** $P(N) = \dfrac{\binom{n}{k}\binom{N-n}{m-k}}{\binom{N}{m}}$

        b. $\hat{N} = 12.461$ peixes

Regressão Linear Simples

6.1   **a.**   Coeficiente linear: 55,286

           Coeficiente angular: 9,583

       b.   Custos fixos: $ 55,286

       c.   Custo variável: 1724,40

       d.   É necessário gerar valor superior a 8,615 kg para se obter lucro.

Respostas dos Exercícios Propostos   261

6.2 **a.** Coeficiente linear: 177,236
         Coeficiente angular: $-0{,}764$
    b. Coeficiente de determinação: 88,3 %

6.3 **a.** Correlação parcial positiva: 0,848
    b. Média das vendas: $ 6285,71
         Média das rendas: $ 6428,56
    c. Vendas: $ 9500,00

6.4 **a.** Coeficiente linear: 14,38
         Coeficiente angular: 0,157
    b. Coeficiente de correlação linear: $+\,0{,}871$
    c. Gerentes eficientes: D, E e F

6.5 **a.** Coeficiente de correlação linear: $-0{,}959$
    b. A melhor é o preço de venda de $ 160, visto que produzirá um lucro de $ 159,02, sendo portanto a opção mais lucrativa.

6.6 4931

6.7 Correlação parcial positiva: 0,868
    Coeficiente linear: $-34{,}831$
    Coeficiente angular: 0,343

6.8 Coeficiente A: 3934,57
    Coeficiente B: 3,5949

6.9 Coeficiente de determinação: 77,19 %
    Gastos com propaganda: $ 134.315,38

6.10 $ 133,50

6.11 **a.** Coeficiente linear: 2475,20
         Coeficiente angular: 29,40
         Coeficiente de determinação: 8,94 %
    b. Coeficiente linear: 2290,00
         Coeficiente angular: 51,82
         Coeficiente de determinação: 30,03 %
    c. Coeficiente linear: 2434,74
         Coeficiente angular: 37,63
         Coeficiente de determinação: 41,47 %
    d. Valores estimados para o número de cheques sem fundos segundo os itens:
         a: 2887
         b: 3015
         c: 2961
         Nota: Considerou-se o mês de agosto de 1996 como o período de ordem 01.

6.12 $K = 40$

6.13 $-0{,}9203$ para ambos os casos

6.14 2

6.15 $ 60.400,00

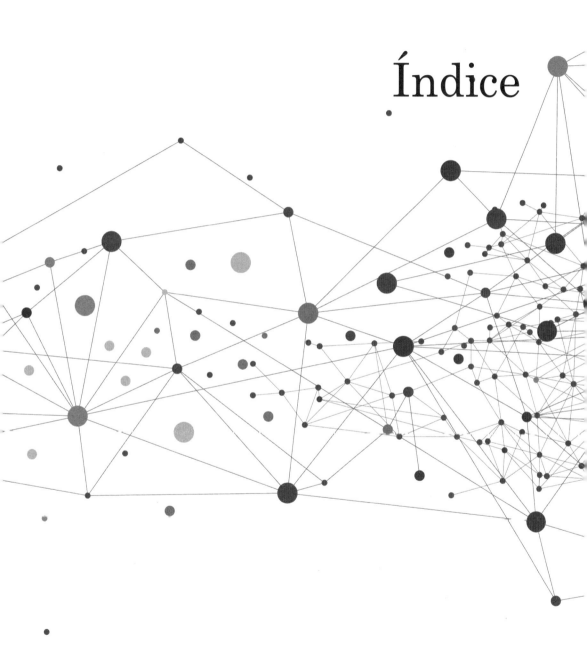
Índice

A

Amostra, 2
Amplitude total, 2, 8
Análise
   combinatória
      combinações, 83
      permutações, 83
      regra do produto, 82
   de regressão linear
      simples, 220
Área sob a curva normal de
   0 a Z, 247
Arranjos, 82
Assimetria, medidas de, 11
Axiomas da probabilidade, 107

B

Bayes, teorema de, 109
Bessel, correção de, 9

C

Classe, 2
Coeficiente, 3
   de Bowley, 11, 12
   de correlação linear
      de Pearson, 153
      simples de Pearson, 222
   de determinação, 224
   de explicação, 224
   de Pearson, 11
   de variação de Pearson, 10
   percentílico de Curtose, 12
Combinações, 83
Contagem, fundamentos
   da, 81-104
   análise combinatória, 82
   exercícios
      propostos, 100-104
      resolvidos, 84-100
Correção de Bessel, 9
Covariância, 153
Curva
   assimétrica, 11
   leptocúrtica, 12
   platicúrtica, 12
   simétrica, 11

D

Decis, 7

Desvios médio e padrão, 8
Distribuição(ões)
   amodais, 5
   binomial, 182
   de Poisson, 183
      simples, 249
   hipergeométrica, 182
   multimodais, 5
   normal, 184
   teóricas de probabilidades,
      181-218
   unimodais, 5

E

Espaço amostral, 106
Esperança matemática, 151
Estatística
   descritiva, 1-80
      coeficiente percentílico
      curtose, 12
      conceitos básicos, 2
      exercícios
         propostos, 65-79
         resolvidos, 15-64
      medidas, 3, 6, 8, 11
      notação somatório, 14
      taxa de variação
         aritmética e
         geométrica, 13
   independência, 108
   indutiva, 2
   inferencial, 2
Evento, 106
Experiência aleatória, 106

F

Fenômenos aleatórios, 106
Frequência
   absoluta
      acumulada, 3
      simples, 2
   distribuição de, 2
   relativa simples, 3

I

Independência
   estatística, 108
Índice
   conceito, 3
   somatório, 14

M

Média
   aritmética, 3
      desvantagens do emprego
         da, 4
      para dados agrupados, 4
      propriedades da, 4
      vantagens do emprego
         da, 4
   geral, 4
Mediana, 6
Medida(s)
   de assimetria, coeficiente
      de Bowley, 12
      de Pearson, 11
   de dispersão
      amplitude total, 8
      coeficiente de variação de
         Pearson, 10
      desvios médio e
         padrão, 8
      variância, 10
   de tendência central
      média aritmética, 3
      mediana, 6
      moda, 5
   separatrizes
      decis, 7
      percentis, 7
      quartis, 6
Método de mínimos
   quadrados, 222
Moda, 5
   desvantagens do emprego
      da, 6
   vantagens do emprego da, 5
Modelo de regressão linear
   simples, 220
   pressupostos, 221

N

Notação somatório, 14

O

Obliquidade, 11
Outliers, 3

P

Parâmetro(s), 3
   estimação dos, 221

Percentis, 7
Permutações, 83
Ponto médio de classe, 3
População, 2
Probabilidade(s), 106
   a posteriori, 107
   a priori, 106
   axiomas da, 107
   cálculo das, 105-149
   clássica, 106
   condicional, 108
   distribuições teóricas de,
      181-218
      exercícios
         propostos, 211-218
         resolvidos, 185-210
   frequencialista, 107
   teoremas sobre, 107
   total, teorema da, 109
Produto
   regra do, 82
   teorema do, 108

Q

Quartis, 6

R

Regra do produto, 82
Regressão linear
   simples, 219-245
      exercícios
         propostos, 240-244
         resolvidos, 225-240
Rol, 2

S

Somatórios, propriedades
   dos, 14

T

Tabelas estatísticas
   área sob a curva normal
      de 0 a Z, 247, 248
   distribuição de Poisson
      simples, 249
Taxa, 3
   aritmética, 13
   geométrica, 13
Teorema
   da probabilidade total, 109

de Bayes, 109
do produto, 108
sobre
   esperança matemática, 151
   probabilidade, 107
   variância, 152

U

Universo, 2

V

Valor esperado, 151
Variância(s), 10, 152
   aleatórias
      discretas, 150-180
      exercícios
         propostos, 174-179
         resolvidos, 154-173
   propriedades da, 10
   teoremas sobre, 152
Variável(is)
   aleatórias discretas, 150-179
   contínua, 2
   discreta, 2

Pré-impressão, impressão e acabamento

grafica@editorasantuario.com.br
www.editorasantuario.com.br
Aparecida-SP